新编高等职业教育电子信息、机电类精品教材

传感器与检测技术

（第4版）

谢志萍 ◎ 主　编
田亚铃　丁　超 ◎ 副主编
陈应松 ◎ 主　审

電子工業出版社
Publishing House of Electronics Industry
北京•BEIJING

内容简介

全书共9章，第1、2章着重介绍检测技术与传感器的基本知识；第3～5章介绍传感器的工作原理及应用；第6、7章介绍传感器与检测系统的信号处理及干扰抑制技术；第8章介绍典型非电参量的测量方法；第9章为实验与实训项目。本次修订除了调整部分章节结构，还增加了多传感器信息融合技术、智能传感器和服务机器人用传感器等内容，修订后取材更广泛，内容更丰富，更加注重知识的系统性和适用性，并及时反映传感器与检测技术领域的新技术和新动向。

本书可作为高职院校机电一体化技术、电气自动化技术、数控技术、工业机器人技术和电子信息专业“传感器与检测技术”课程的教材，也可供相近专业师生及有关工程技术人员参考使用。

图书在版编目（CIP）数据

传感器与检测技术 / 谢志萍主编. —4版. —北京：电子工业出版社，2022.11

ISBN 978-7-121-44497-5

Ⅰ. ①传… Ⅱ. ①谢… Ⅲ. ①传感器－检测－高等学校－教材 Ⅳ. ①TP212

中国版本图书馆CIP数据核字（2022）第209006号

责任编辑：王昭松　　特约编辑：田学清
印　　刷：三河市良远印务有限公司
装　　订：三河市良远印务有限公司
出版发行：电子工业出版社
　　　　　北京市海淀区万寿路173信箱　　邮编：100036
开　　本：787×1092　1/16　印张：14.5　字数：380千字
版　　次：2004年8月第1版
　　　　　2022年11月第4版
印　　次：2025年1月第3次印刷
定　　价：49.80元

凡所购买电子工业出版社图书有缺损问题，请向购买书店调换。若书店售缺，请与本社发行部联系，联系及邮购电话：（010）88254888，88258888。

质量投诉请发邮件至zlts@phei.com.cn，盗版侵权举报请发邮件至dbqq@phei.com.cn。

本书咨询联系方式：（010）88254015，wangzs@phei.com.cn，QQ83169290。

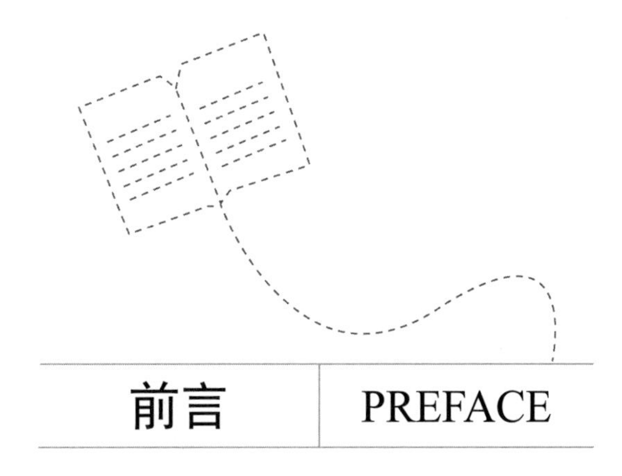

前言 PREFACE

随着计算机辅助设计（CAD）技术、微机电系统（MEMS）技术和信息技术的发展，获取各种信息的传感器已经成为各个应用领域，特别是自动检测、自动控制系统中不可缺少的重要工具，成为信息社会赖以生存和发展的物质与技术基础。因此，在信息时代掌握传感器与检测技术尤为重要。

传统的“传感器与检测技术”教材在内容编排上有两种方式：一种是以传感器的工作原理分类为主线；另一种是以传感器的功用分类为主线。本书把传感器与检测技术结合起来，使其更具广泛性和实用性。本书根据教育部积极发展高等职业教育、大力推进高等专科教育人才培养模式的改革，按照《高职高专教育传感器与检测技术教学基本要求》编写而成。本书以培养学生从事实际工作的基本能力和基本技能为目标，理论知识以必需、够用为度，注重知识的系统性和适用性，同时及时反映传感器与检测技术领域的新技术和新动向。

全书共 9 章，其中第 1、2、5、8、9 章由谢志萍独立编写，其他章节由谢志萍、田亚铃、丁超、唐欣玮联合编写，陈应松为主审。本书在对传感器与检测系统的信号处理技术进行介绍时，增加了多传感器信息融合技术相关内容；把原来在新型传感器中介绍的超声波传感器调整到常用传感器的工作原理及应用中进行介绍；在新型传感器中增加了智能传感器和服务机器人用传感器的相关内容；改写了常用传感器的工作原理及应用和新型传感器相应章节的内容。

本书可作为高职院校机电一体化技术、电气自动化技术、数控技术、工业机器人技术和电子信息专业“传感器与检测技术”课程的教材，也可供相近专业师生及有关工程技术人员参考使用。

本书在编写过程中参考了何希才、薛永毅、金捷和马西秦等作者的资料，并参考了多个网站提供的信息，在此对上述作者和信息提供者一并表示衷心的感谢。

鉴于传感器与检测技术知识面广，编者水平有限，书中不妥之处在所难免，恳请各位读者批评指正。

编　者

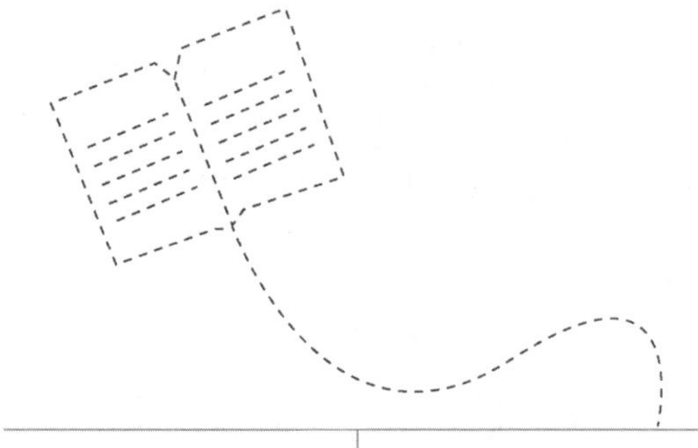

目录 CONTENTS

第1章

检测技术的基本知识

内容提要

测量和检测问题广泛地存在于生产、生活等领域，而且随着生产力水平与人类生活水平的不断提高，对测量和检测技术提出了越来越高的要求。一方面要求检测系统具有更高的速度、精度、可靠性和自动化水平，以便尽量减少人力，提高工作效率；另一方面要求检测系统具有更大的灵活性和适应性，并向多功能化、智能化方向发展。传感器的广泛使用使这些要求成为可能。传感器处于研究对象与测控系统的接口位置，是感知、获取检测信息的窗口。一切科学实验和生产过程，特别是自动检测和自动控制系统要获取信息，都要通过传感器将信息转换成容易传输与处理的电信号。

在工程实践和科学实验中提出的检测任务是指正确及时地掌握各种信息，大多数情况下要获取被检测对象信息的大小，即被测量的大小，所以信息采集的主要含义就是测量和取得测量数据。为了有效地完成检测任务，必须掌握测量的基本概念、测量误差及数据处理等方面的理论和方法。

1.1 测量方法及检测系统的组成

1.1.1 测量的基本概念

在科学实验和工业生产中，为了及时了解实验进展、生产过程及它们的结果，人们经常需要对一些物理量，如电流、电压、温度、压力、流量、液位等进行测量，这时就要选择合适的测量装置，采用一定的检测方法进行测量。

测量是人们借助专门的设备，通过一定的方法，对被测对象收集信息、取得数据的过程。为了确定某一物理量的大小，就要进行比较，因此有时也把测量定义为将被测量与具有同种性质的标准量进行比较，确定被测量与标准量的倍数关系的过程。若用 x 表示被测量，$\{X\}$表示被测量的数值（即比值，含测量误差），$[X]$表示标准量，即测量单位，则上述定义用数学公式表示为

$$x=\{X\}[X] \tag{1-1}$$

测量的结果可以表现为数值，也可以表现为一条曲线或某种图形等。但不管以什么形式表现，测量结果总包含数值（大小和符号）和单位两部分。例如，测得某一电流为20A，表示该被测量的数值为20，单位为A（安培）。

随着科学技术和生产力的发展，测量过程除了传统的比较过程，还必须进行转换，即把不容易直接测量的量转换为容易测量的量，把静态测量转换为动态测量，因此人们常把前面提到的简单比较过程称为狭义的测量，而把能完成对被测量进行检出、转换、分析、处理、存储、控制和显示等功能的综合过程称为广义的测量。

1.1.2 测量方法

测量方法是指实现测量过程所采用的具体方法。在测量过程中，由于测量对象、测量环境、测量参数不同，因此需要采用不同的测量仪表和测量方法。针对不同的测量任务进行具体分析，以找出切实可行的测量方法，这对测量工作是十分重要的。

对于测量方法，从不同的角度有不同的分类方法。根据获得测量值的方法可分为直接测量、间接测量和组合测量；根据测量的精度情况可分为等精度测量和非等精度测量；根据测量方式可分为偏差式测量、零位式测量和微差式测量；根据被测量变化的快慢可分为静态测量和动态测量；根据测量敏感元件是否与被测介质接触可分为接触测量和非接触测量；根据测量系统是否向被测对象施加能量可分为主动式测量和被动式测量等。

1．直接测量、间接测量和组合测量

（1）直接测量。用事先分度或标定好的测量仪表，直接读取被测量值的方法称为直接测量。例如，用电磁式电流表测量电路的某一支路电流、用电压表测量电压、用温度计测量温度等，都属于直接测量。直接测量是工程技术中大量采用的方法，其优点是测量过程简单、迅速，但不易达到很高的测量精度。

（2）间接测量。首先对与被测量有确定函数关系的几个量进行测量，然后将测量值代入函数关系式，经过计算得到所需结果，这种测量方法称为间接测量。例如，在测量直流功率时，根据 $P=UI$，先对 U 和 I 进行直接测量，再计算出功率 P。间接测量的测量手续多，花费时间较长，一般用在直接测量不方便或没有相应直接测量仪表的场合。

（3）组合测量。若被测量必须经过求解联立方程组才能得到最后结果，则这种测量方法称为组合测量。组合测量是一种特殊的精密测量方法，操作手续复杂，花费时间长，多用于科学实验等特殊场合。

2．等精度测量和非等精度测量

（1）等精度测量。用相同仪表与测量方法对同一被测量进行多次重复测量，这种测量方法称为等精度测量。

（2）非等精度测量。用不同精度的仪表或不同的测量方法，或在环境条件相差很大时对同一被测量进行多次重复测量，这种测量方法称为非等精度测量。

3．偏差式测量、零位式测量和微差式测量

（1）偏差式测量。在测量过程中，用仪表指针的位移（即偏差）决定被测量值，这种测量方法称为偏差式测量。仪表上有经过标准量具校准过的标尺或刻度盘。在测量时，利用仪表指针在标尺上的示值，读取被测量的数值。偏差式测量简单、迅速，但精度不高，这种测量方法广泛应用于工程测量中。

（2）零位式测量。用已知的标准量去平衡或抵消被测量的作用，并用指零式仪表来检测测量系统的平衡状态，从而判定被测量等于已知标准量的方法称为零位式测量。用天平测量物体的质量、用电位差计测量未知电压都属于零位式测量。在零位式测量中，标准量是一个可连续调节的量，被测量能够直接与标准量相比较，测量误差主要取决于标准量具的误差，因此可获得较高的测量精度。另外，指零机构越灵敏，平衡的判断越准确，越有利于提高测

量精度。但这种方法需要平衡操作，测量过程复杂，花费时间长，因此不适用于测量迅速变化信号的场合。

（3）微差式测量。微差式测量综合了偏差式测量和零位式测量的优点。其先将被测量 x 的大部分作用与已知标准量 N 的作用相抵消，取得差值Δ后，再用偏差法测得此差值，则 $x = N + \Delta$。由于$\Delta \ll N$，因此可选用高灵敏度的偏差式仪表测量Δ。即使测量Δ的精度较低，但因$\Delta \ll x$，故总的测量精度仍很高。例如，当测量稳压电源输出电压随负载电阻变化的情况时，可采用微差式测量。图 1.1 所示为微差式测量原理图。

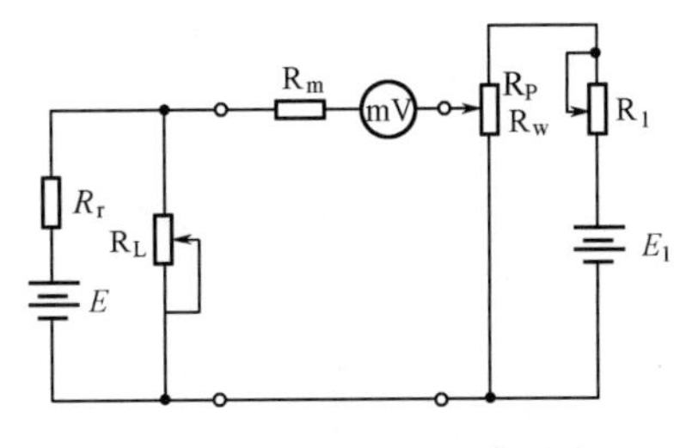

图 1.1　微差式测量原理图

在图 1.1 中，R_r 和 E 分别表示稳压电源的内阻和电动势，R_L 为稳压电源的负载，E_1、R_1 和 R_W 表示电位差计的参数。在测量前先调节 R_1，使电位差计工作电流 I_1 为标准值，然后使稳压电源负载电阻 R_L 为额定值。调节 R_P 的活动触点，使毫伏表指示为零，这相当于事先用零位式测量法测量出额定输出电压 U_0。最后，增加或减少负载电阻 R_L 的值，负载变化所引起的稳压电源输出电压的微小波动值ΔU 即可由毫伏表指示出来。根据稳压电源的输出电压 $U_0 = U + \Delta U$，即可准确地测量出稳压电源在各种负载下的输出值。

微差式测量的反应速度快，测量精度高，特别适用于在线控制参数的测量。

1.1.3　检测系统的组成

在自动检测系统中，各个组成部分是以信息流的过程来划分的。检测时，首先获取被测量的信息，并通过信息的转换把获得的信息转换为电量，然后进行一系列的处理，再用指示仪或显示仪将信息输出，或由计算机对数据进行处理，最后把信息输送给执行机构。所以，一个检测系统主要分为信息的获得、信息的转换、信息的处理和信息的输出等部分。要完成这些功能主要依靠传感器、信号处理电路、显示装置、数据处理装置和执行机构等。自动检测系统的组成如图 1.2 所示。

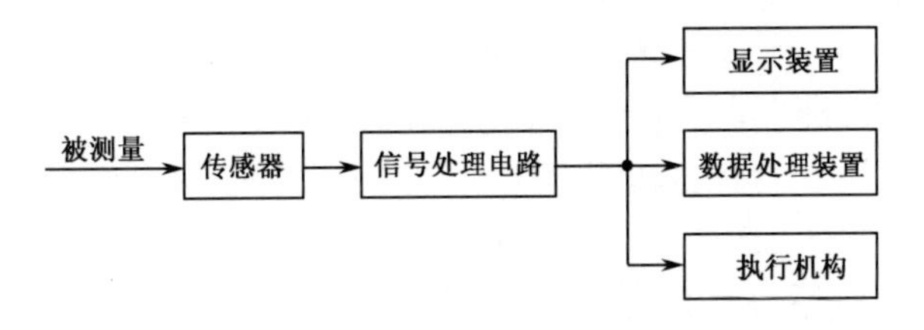

图 1.2　自动检测系统的组成

1．传感器

传感器是把被测量（如物理量、化学量、生物量等）转换为另一种与之有确定对应关系，并且容易测量的量（通常为电学量）的装置。它是一种获得信息的重要手段，它所获得信息的正确与否，关系到整个检测系统的精度，因此在非电量检测系统中占有重要的地位。

2．信号处理电路

通常传感器输出信号是微弱的，需要由信号处理电路加以放大、调制、解调、滤波、运算及数字化处理等。信号处理电路的主要作用是把传感器输出的电学量转换为具有一定功率的模拟电压（或电流）信号或数字信号，以推动后级的输出显示或记录设备、数据处理装置及执行机构。

根据测量对象和显示方法的不同，信号处理电路可以是简单的传输电缆，也可以是由许多电子元件组成的数据采集卡，甚至是包括计算机在内的装置。

3．显示装置

测量的目的是使人们了解被测量的数值，所以必须有显示装置。显示装置的主要作用是使人们了解检测数值的大小或变化的过程。目前常用的显示方式有模拟显示、数字显示、图像显示三种。

（1）模拟显示。模拟显示是指利用指针对标尺的相对位置来表示被测量数值的大小，如毫伏表、毫安表等，其特点是读数方便、直观，结构简单，价格低廉，在检测系统中一直被大量使用。但这种显示方式的精度受标尺最小分度限制，而且读数时易引入主观误差。

（2）数字显示。数字显示是指用数字形式来显示测量值，目前大多采用 LED 发光数码管或液晶显示屏等，如数字电压表。这类检测仪器还可附加打印机，打印记录的测量值，并易于与计算机联机，使数据处理更加方便。

（3）图像显示。图像显示是指用显示屏显示读数或被测参数变化的曲线，主要用于计算机自动检测系统中。如果被测量处于动态变化中，用一般的显示仪表读数就十分困难，这时可将输出信号送至计算机进行图像显示或送至记录仪，从而描绘出被测量随时间变化的曲线，并以之作为检测结果，供分析使用。常用的自动记录仪器有笔式记录仪、光线示波器、磁带记录仪和计算机等。

4．数据处理装置和执行机构

数据处理装置是指利用微机技术，对被测结果进行处理、运算、分析，对动态测量结果进行频谱、幅值和能量谱分析等。

在自动测控系统中，经信号处理电路输出的与被测量对应的电压或电流信号可以驱动某些执行机构动作，为自动控制系统提供控制信号。

随着计算机技术的飞速发展，微机在自动检测系统中已得到非常广泛的应用。微机在检测技术分支领域中的应用主要有自动测试仪器及系统、智能仪器仪表和虚拟仪器等。微机自动检测系统的典型结构如图 1.3 所示，它主要由微机基本子系统（包括 CPU、RAM、ROM、EPROM 等）、数据采集子系统及其接口、数据通信子系统及其接口、数据分配子系统及其接口和基本 I/O 子系统及其接口组成。

被检测的各种参数（如温度、流量、压力、位移、速度等）由传感器转换成易于后续处理的电信号。如果传感器输出信号太弱或信号质量不高，那么应先经过前端预处理电路进行放大、滤波等，然后经过数据采集子系统转换成数字量，并通过接口送入微机子系统，经过微机运算、转换处理后，由数据分配子系统及其接口输出到执行机构，以实现自动控制；或由基本 I/O 子系统及其接口输出，用于显示、记录、打印或绘制成各种图表、曲线等。另外，基本 I/O 子系统还可完成状态、参数的设置和人–机联系。此外，其他仪表或系统通过数据通信子系统及其接口完成相互之间的信息交换和互连。所以，我们常把微机自动检测系统称为计算机数据采集系统，或简称为数据采集系统。

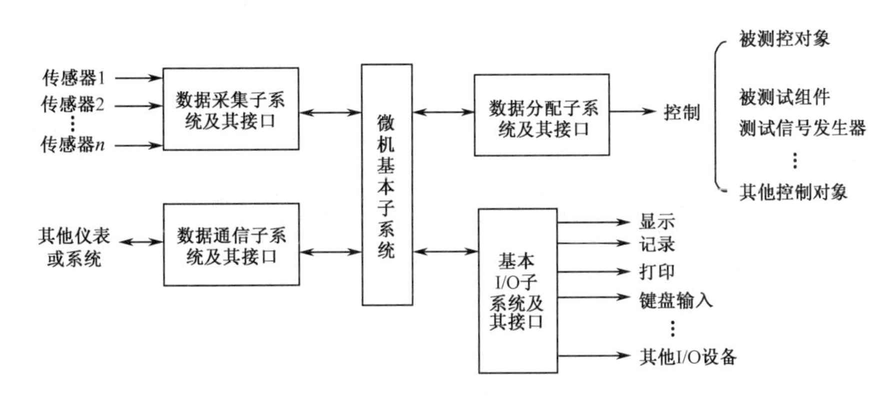

图 1.3　微机自动检测系统的典型结构

微机自动检测技术不仅能解决传统的检测技术不能或不易解决的问题，而且能简化电路、增加功能、提高精度和可靠性等，还能实现人脑的部分功能，使自动检测系统智能化，实现代替人工进行自动检测的目的。随着微机自动检测技术的不断发展，自动检测系统会变得更加智能化、多功能化。

1.2　误差的基本概念

1.2.1　测量误差

在检测过程中，不论采用什么样的测量方式和方法，也不论采用什么样的测量仪表，由于测量仪表本身不够准确、测量方法不够完善及测量者本人经验不足等，都会使测量结果与被测量的真值之间存在差异，这个差值就称为测量误差。测量误差的主要来源可以概括为工具误差、环境误差、方法误差和人员误差等。

测量的目的是求得与被测量真值最接近的测量值，在合理的前提下，这个值越逼近真值越好。但不管怎么样，测量误差都不可能为零。在实际测量中，只需达到相应的精确度就可以了，绝不是精确度越高越好。必须清楚地知道，提高测量精确度是要付出人力、物力的，是要以牺牲测量可靠性为代价的。那种不计工本、不顾场合、一味追求越准越好的做法是不可取的，要有技术与经济兼顾的意识，应追求最高的性价比。

为了便于对误差进行分析和处理，人们通常把测量误差从不同角度进行分类。按照误差的表示方法可分为绝对误差和相对误差；按照误差出现的规律可分为系统误差、随机误差和粗大误差；按照被测量与时间的关系可分为静态误差和动态误差。

1．绝对误差和相对误差

（1）绝对误差。绝对误差是指测量值 A_x 与被测量真值 A_0 之间的差值，用δ表示，即

$$\delta = A_x - A_0 \tag{1-2}$$

由式（1-2）可知，绝对误差的单位与被测量的单位相同，且有正负之分。用绝对误差表示仪表的误差大小比较直观，它被用来说明测量结果接近被测量真值的程度。在实际使用中，被测量真值 A_0 是得不到的，一般用理论真值或计量学约定真值 X_0 来代替 A_0，则式（1-2）可写成

$$\delta = A_x - X_0 \tag{1-3}$$

绝对误差不能作为衡量测量精确度的标准，如用一个电压表测量 200V 电压，绝对误差为+1V，而用另一个电压表测量 10V 电压，绝对误差为+0.5V，前者的绝对误差虽然大于后者，但误差值相对于被测量值却是后者大于前者，即两者的测量精确度相差较大，为此人们引入了相对误差。

（2）相对误差。所谓相对误差（用γ 表示）是指绝对误差δ与被测量真值 X_0 的百分比，即

$$\gamma = \frac{\delta}{X_0} \times 100\% \tag{1-4}$$

在上面的例子中，

$$\gamma_1 = \frac{1}{200} \times 100\% = 0.5\%$$

$$\gamma_2 = \frac{0.5}{10} \times 100\% = 5\%$$

由于$\gamma_1 < \gamma_2$，所以相对误差比绝对误差能更好地说明测量的精确度。

在实际测量中，由于被测量真值是未知的，而指示值又很接近真值，因此可以用指示值 A_x 代替真值 X_0 来计算相对误差。

一般情况下，使用相对误差来说明不同测量结果的准确程度，即用来评定某一测量值的精确度，但不适用于衡量测量仪表本身的质量。因为同一仪表可以用来测量许多不同真值的被测量，在整个测量范围内的相对误差不是一个定值。随着被测量的减小，相对误差变大。为了更合理地评价仪表质量，引入了引用误差的概念。

（3）引用误差。引用误差是绝对误差δ与仪表量程 L 的比值，通常以百分数表示，即

$$\gamma_0 = \frac{\delta}{L} \times 100\% \tag{1-5}$$

如果以测量仪表整个量程中可能出现的绝对误差最大值δ_m 代替δ，就可得到最大引用误差γ_{0m}，即

$$\gamma_{0m} = \frac{\delta_m}{L} \times 100\% \tag{1-6}$$

对于一台确定的仪表或一个检测系统，出现的绝对误差最大值是一个定值，所以其最大引用误差也是一个定值，由仪表本身性能所决定。一般用最大引用误差来确定测量仪表的精度等级。工业仪表常见的精度等级有 0.1 级、0.2 级、0.5 级、1.0 级、1.5 级、2.0 级、2.5 级、5.0 级等。

在具体测量某一个值时，其相对误差可以根据仪表允许的最大绝对误差和仪表指示值进行计算。例如，2.0 级的仪表，量程为 100，在使用时它的最大引用误差不超过±2.0%，也就是

说，在整个量程内，它的绝对误差最大值不会超过其量程的±2.0%，即为±2.0。当用它测量真值为 80 的测量值时，其相对误差最大为±2.0÷80×100%=±2.5%。当测量真值为 10 的测量值时，其相对误差最大为±2.0÷10×100%=20%。由此可见，精度等级已知的测量仪表只有在被测量值接近满量程时，才能发挥它的测量精度。因此，选用测量仪表时，应当根据被测量的大小和测量精度要求，合理地选择仪表量程和精度等级，只有这样才能提高测量精度，达到最好的性价比。

例 1.1　有一台测量仪表，测量范围为−200～+800℃，精度为 0.5 级，现用它测量 500℃的温度，求仪表引起的最大绝对误差和相对误差是多少？

解： 仪表量程 $L = 800 - (-200) = 1000$（℃）

最大绝对误差 $\delta_{\mathrm{m}} = 0.5\% \times 1000 = 5$（℃）

最大相对误差 $\gamma = \dfrac{\delta_{\mathrm{m}}}{A_{\mathrm{x}}} = \dfrac{5}{500} \times 100\% = 1\%$

例 1.2　已知待测拉力为 70N，现有两只测力仪表，一只为 0.5 级，测量范围为 0～500N；另一只为 1.0 级，测量范围为 0～100N。问选用哪一只测力仪表较好？为什么？

解： 选择正确的测量仪表，要求相对误差要小。

当用 0.5 级仪表测量时，最大相对误差为

$$\gamma_1 = \frac{\delta_{\mathrm{m}}}{A_{\mathrm{x}}} \times 100\% = \frac{500 \times 0.5\%}{70} \times 100\% = 3.57\%$$

当用 1.0 级仪表测量时，最大相对误差为

$$\gamma_2 = \frac{\delta_{\mathrm{m}}}{A_{\mathrm{x}}} \times 100\% = \frac{100 \times 1\%}{70} \times 100\% = 1.43\%$$

因为 $\gamma_1 > \gamma_2$，所以选用 1.0 级的较好。

2．系统误差、随机误差和粗大误差

（1）系统误差。在相同条件下，多次重复测量同一量时，保持恒定或遵循某种规律变化的误差称为系统误差。其误差的数值和符号不变的称为恒值系统误差。按照一定规律变化的称为变值系统误差。变值系统误差又可分为累进性的、周期性的和按复杂规律变化的等类型。

检测装置本身性能不完善、测量方法不当、对仪器的使用不当、环境条件的变化等原因都可能产生系统误差。如果能设法消除这些原因，系统误差就可以被消除。例如，由于仪表刻度起始位错误产生的误差，只要在测量前校正指针零位即可消除。

系统误差的大小表明测量结果的准确度。系统误差越小，测量结果越准确。系统误差的大小说明了测量结果偏离被测量真值的程度。系统误差是有规律的，因此可通过实验或分析的方法，查明其变化规律和产生的原因，通过对测量值的修正或者采取一定的预防措施，就能够消除或减小它对测量结果的影响。

（2）随机误差。在相同条件下，多次测量同一量时，其误差的大小和符号以不可预见的方式变化，这种误差称为随机误差。

随机误差是由很多复杂因素的微小变化的总和所引起的，分析起来比较困难。但是，随

机误差具有随机变量的一切特点，在一定条件下服从统计规律，因此通过多次测量后，对其总和可以用统计规律来描述，从而在理论上估计出其对测量结果的影响。随机误差的大小表明测量结果重复一致的程度，即测量结果的分散性。通常，用精密度表示随机误差的大小。随机误差大，测量结果分散，精密度低；反之，测量结果的重复性好，精密度高。

（3）粗大误差。明显歪曲测量结果的误差称为粗大误差，又称过失误差。含有粗大误差的测量值称为坏值或异常值。在实际测量中，由于粗大误差的误差数值特别大，容易从测量结果中发现，一旦发现粗大误差，可以认为该次测量无效，坏值应从测量结果中剔除，从而消除它对测量结果的影响。

粗大误差主要是由人为因素造成的。例如，测量人员工作时的疏忽大意，出现了读数错误、记录错误、计算错误或操作不当等。另外，测量方法不恰当，测量条件意外地突然变化，也可能造成粗大误差。在分析测量结果时，应先分析有没有粗大误差，然后把坏值从测量值中剔除，再进行系统误差和随机误差的分析。

3．静态误差和动态误差

静态误差是指在测量过程中，被测量随时间变化很缓慢或基本上不变化的测量误差。以上所介绍的测量误差均属于静态误差。

在被测量随时间变化时进行测量所产生的附加误差称为动态误差。由于检测系统（或仪表）对动态信号的响应需要一定时间，输出信号来不及立即反应输入信号的量值，加上传感器对不同频率的输入信号的增益和时间延迟不同，因此输出信号与输入信号的波形将不完全一致，从而造成动态误差。在实际应用中，应尽量选用动态特性好的仪表，以减小动态误差。

1.2.2　误差的处理及消除方法

从工程实践可知，测量数据中含有系统误差和随机误差，有时还含有粗大误差。它们的性质不同，对测量结果的影响及处理方法也不同。在测量中，对测量数据进行处理时，首先判断测量数据中是否含有粗大误差，若有，则必须予以剔除。其次，看数据中是否存在系统误差，对系统误差可设法消除或加以修正。对于排除了系统误差和粗大误差的测量数据，可利用随机误差性质进行处理。总之，对于不同情况的测量数据，先要加以分析研究，判断情况，再经综合整理，得出合乎科学的结果。

1．随机误差的处理

在相同条件下，对某个量重复进行多次测量，排除系统误差和粗大误差后，若测量数据仍出现不稳定现象，则存在随机误差。

在等精度测量情况下，得到 n 个测量值 $x_1,x_2,\cdots,x_n$，设只含有随机误差 $\delta_1,\delta_2,\cdots,\delta_n$，这组测量值或随机误差都是随机事件，可以用概率数理统计的方法来处理。随机误差的处理目的是从这些随机数据中求出最接近真值的值，对数据精密度的高低（或可信度）进行评定，并给出测量结果。

测量实践表明，多数测量的随机误差具有以下特征。

（1）绝对值小的随机误差出现的概率大于绝对值大的随机误差出现的概率。

（2）随机误差的绝对值不会超出一定界限。

（3）当测量次数 n 很大时，绝对值相等、符号相反的随机误差出现的概率相等。当 $n\to\infty$ 时，随机误差的代数和趋近于零。

随机误差的上述特征，说明其分布是单一峰值的和有界的，且当测量次数无穷大时，这类误差还具有对称性（即抵偿性），所以测量过程中产生的随机误差服从正态分布规律。分布密度函数为

$$f(\delta)=\frac{1}{\sigma\sqrt{2\pi}}\mathrm{e}^{\left(-\frac{\delta^2}{2\sigma^2}\right)} \tag{1-7}$$

式（1-7）称为高斯误差方程。其中，δ是随机误差，$\delta=x-x_0$（x 为测量值，x_0 为测量值的真值）；σ是均方根误差或标准误差。标准误差σ可由下式求得：

$$\sigma=\lim_{n\to\infty}\sqrt{\frac{1}{n}\sum_{i=1}^{n}\left(x_i-x_0\right)^2}$$

即

$$\sigma=\lim_{n\to\infty}\sqrt{\frac{1}{n}\sum_{i=1}^{n}\delta_i^2} \tag{1-8}$$

计算σ时，必须已知真值 x_0，并且需要进行无限次等精度重复测量。这显然是很难做到的。

根据长期的实践经验，人们公认，一组等精度的重复测量值的算术平均值最接近被测量的真值，而算术平均值很容易根据测量结果求得，即

$$\bar{x}=\frac{1}{n}\sum_{i=1}^{n}x_i=\frac{x_1+x_2+\cdots+x_n}{n} \tag{1-9}$$

因此，可以利用算术平均值$\bar{x}$代替真值 x_0 来计算式（1-8）中的δ_i。此时，式（1-8）中的 $\delta_i=x_i-x_0$，就可换成$v_i=x_i-\bar{x}$，v_i称为剩余误差。不论 n 为何值，总有

$$\sum_{i=1}^{n}v_i=\sum_{i=1}^{n}\left(x_i-\bar{x}\right)=\sum_{i=1}^{n}x_i-\sum_{i=1}^{n}\bar{x}=n\bar{x}-n\bar{x}=0 \tag{1-10}$$

由此可以看出，虽然我们可求得 n 个剩余误差，但实际上它们之中只有（n−1）个是独立的。考虑到这一点，当测量次数 n 为有限值时，标准误差的估计值σ_{s}可由下式计算：

$$\sigma_{\mathrm{s}}=\sqrt{\frac{1}{n-1}\sum_{i=1}^{n}\left(x_i-\bar{x}\right)^2}=\sqrt{\frac{1}{n-1}\sum_{i=1}^{n}v_i^2} \tag{1-11}$$

式（1-11）为贝塞尔公式。在一般情况下，我们对σ和σ_{s}并不加以严格区分，统称为标准误差。

标准误差σ的大小可以表示测量结果的分散程度。图 1.4 所示为不同σ下正态分布曲线。由图 1.4 可见，σ越小，分布曲线越陡峭，说明随机变量的分散性越小，测量精度越高；反之，σ越大，分布曲线越平坦，随机变量的分散性越大，测量精度也越低。

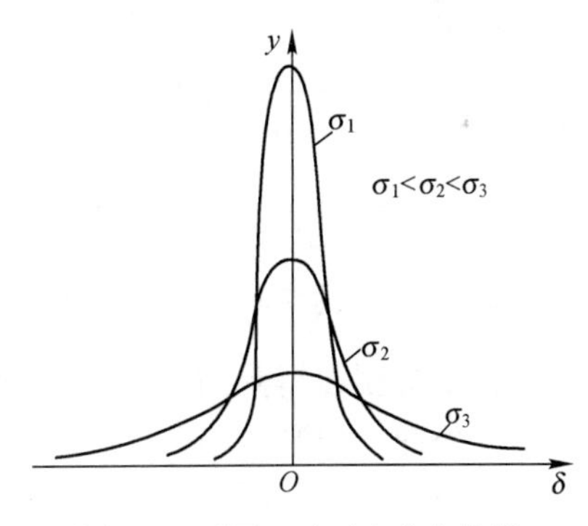

图 1.4　不同σ下正态分布曲线

通常在有限次测量时，算术平均值不可能等于被测量的真值 x_0，它也是随机变动的。设对被测量进行 m 组的“多次测量”后（每组测量 n 次），各组所得的算术平均值$\overline{x_1},\overline{x_2},\cdots,\overline{x_m}$围绕真值 x_0 有一定的分散性，也是随机变量。算术平均值的精度可由算术平均值的均方根偏

差 $\sigma_{\bar{x}}$ 来评定。它与 σ_s 的关系如下：

$$\sigma_{\bar{x}}=\frac{\sigma_s}{\sqrt{n}} \tag{1-12}$$

所以，当对被测量进行 m 组“多次测量”后，在无系统误差和粗大误差的情况下，根据概率分析（具体分析请读者查阅有关著作）可知，它的测量结果 x 可表示为

$$x=\bar{x}\pm\sigma_{\bar{x}} \quad （概率 P=0.6827）$$

或

$$x=\bar{x}\pm 3\sigma_{\bar{x}} \quad （概率 P=0.9973） \tag{1-13}$$

例 1.3 等精度测量某电阻 10 次，得到的测量值为 167.95Ω、167.60Ω、167.87Ω、168.00Ω、167.82Ω、167.45Ω、167.60Ω、167.88Ω、167.85Ω、167.60Ω，求测量结果。

解：将测量值列于表 1.1 中。

表 1.1 测量值列表

序 号	测量值 x_i	残余误差 v_i	v_i^2
1	167.95	0.188	0.035344
2	167.60	−0.162	0.026244
3	167.87	0.108	0.011664
4	168.00	0.238	0.056644
5	167.82	0.058	0.003364
6	167.45	−0.312	0.097344
7	167.60	−0.162	0.026244
8	167.88	0.118	0.013924
9	167.85	0.088	0.007744
10	167.60	−0.162	0.026244
	$\bar{x}=167.762$	$\sum v_i=0$	$\sum v_i^2=0.304760$

$$\sigma_s=\sqrt{\frac{\sum v_i^2}{n-1}}=\sqrt{\frac{0.304760}{10-1}}\approx 0.184$$

$$\sigma_{\bar{x}}=\frac{\sigma_s}{\sqrt{n}}=\frac{0.184}{\sqrt{10}}\approx 0.058$$

测量结果为

$$x=167.762\pm 0.058 \quad （概率 P=0.6827）$$

或

$$x=167.762\pm 3\times 0.058=167.762\pm 0.174 \quad （概率 P=0.9973）$$

2．粗大误差的判别与坏值的舍弃

在重复测量得到的一系列测量值中，首先应将含有粗大误差的坏值剔除，然后进行有关数据的处理。但是应当防止无根据地丢掉一些误差大的测量值。对怀疑为坏值的数据，应当加以分析，尽可能找出产生坏值的明确原因，再决定取舍。实在找不出产生坏值的原因，或不能确定哪个测量值是坏值时，可以按照统计学的异常数据处理法则，判别坏值并加以舍弃。

统计判别法的准则很多，在这里我们只介绍拉依达准则（3σ准则）。

在等精度测量情况下，得到 n 个测量值 $x_1,x_2,\cdots,x_n$，先算出其算术平均值 $\bar{x}$ 及剩余误差 $v_i = x_i - \bar{x}$（i=1,2,…,n），并按贝塞尔公式 $\sigma = \sqrt{\frac{1}{n-1}\sum_{i=1}^{n} v_i^2}$ 算出标准误差 σ。若某个测量值 x_a 的剩余误差 v_a 满足下式：

$$|v_a| = |x_a - \bar{x}| > 3\sigma \tag{1-14}$$

则认为 x_a 是含有粗大误差的坏值，应予剔除。这就是 3σ 准则。

使用此准则时应当注意，在计算 $\bar{x}$、v_i 和 σ 时，应当使用包含坏值在内的所有测量值。按照式（1-14）剔除后，应重新计算 $\bar{x}$、v_i 和 σ，再用 3σ 准则检验现有的测量值，看有无新的坏值出现。重复进行，直到检验不出新的坏值为止，此时所有测量值的剩余误差均在 $\pm 3\sigma$ 范围之内。

3σ 准则简便，易于使用，因此得到广泛应用。但它是以重复测量次数 $n \to \infty$，数据按正态分布为前提的。当偏离正态分布，特别是测量次数 n 较小时，此准则并不可靠。因此，可采用其他统计判别准则。这里不再一一介绍。另外，除对粗大误差用剔除准则外，更重要的是提高工作人员的技术水平和工作责任心；保证测量条件稳定，降低因环境条件剧烈变化而产生的突变影响。

3．系统误差的消除

在测量结果中，一般都含有系统误差、随机误差和粗大误差。我们可以采用 3σ 准则，剔除含有粗大误差的坏值，从而消除粗大误差对测量结果的影响。虽然随机误差是不可能消除的，但我们可以通过多次重复测量，利用统计分析的方法估算出随机误差的取值范围，从而减小随机误差对测量结果的影响。

尽管系统误差的值固定或按一定规律变化，但往往不易从测量结果中发现，也不容易找出其变化规律，又不能像对待随机误差那样，用统计分析的方法确定它的存在和影响，而只能针对具体情况采取不同的处理措施，对此没有普遍适用的处理方法。

减小或消除系统误差的关键是找出误差根源，这就需要对测量设备、测量对象和测量系统进行全面分析，了解其中有无产生明显系统误差的因素，并采取相应措施予以修正或消除。由于具体条件不同，在分析查找误差根源时并无一成不变的方法，这与测量者的经验和测量技术的发展密切相关，但我们可以从以下几个方面进行分析。

（1）所用传感器、测量仪表或组成元件是否准确可靠。例如，传感器或仪表灵敏度不高，仪表刻度不准确，变换器、放大器等性能不太优良，这些都可能引起系统误差。

（2）测量方法是否完善。例如，我们可以利用电位差计和标准电阻，采用对称测量法来测量未知电阻，测量电路如图 1.5（a）所示。在图 1.5（a）中，$\mathrm{R_N}$ 是已知电阻，$\mathrm{R_x}$ 是待测电阻。一般测量步骤是先测出 $\mathrm{R_N}$ 和 $\mathrm{R_x}$ 上的电压 U_N 和 U_x，然后按下式计算出 R_x 的值：

$$R_x = \frac{U_x}{U_N} R_N \tag{1-15}$$

但 U_N 和 U_x 的值不是在同一时刻测量的，而电流 I 随时间有较缓慢的变化，这个变化将给测量带来系统误差。假设电流 I 随时间的缓慢变化是与时间呈线性关系的，如图 1.5（b）所示，若在 t_1、t_2 和 t_3 三个等间隔的时刻，按照 U_x、U_N、U_x 的顺序测量，相应的电流变化量是

ε，则有以下关系。

在 t_1 时刻：$\mathrm{R_x}$ 上的电压为 $U_1 = IR_x$。

在 t_2 时刻：$\mathrm{R_N}$ 上的电压为 $U_2 = (I-\varepsilon)R_N$。

在 t_3 时刻：$\mathrm{R_x}$ 上的电压为 $U_3 = (I-2\varepsilon)R_N$。

解此方程组可得

$$R_x = \left(\frac{U_1 + U_3}{2U_2}\right)R_N \tag{1-16}$$

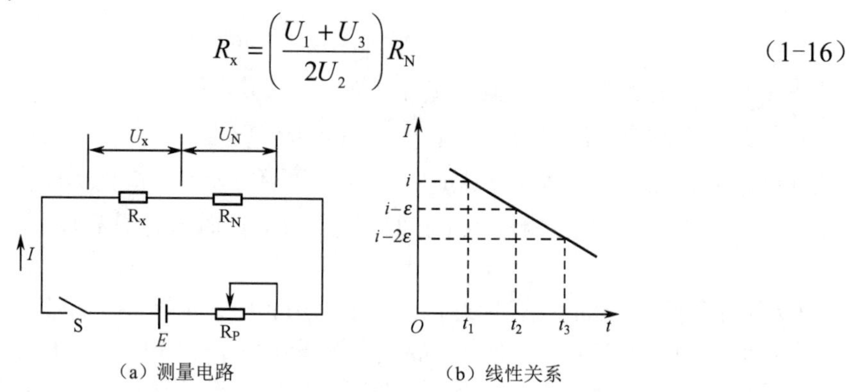

（a）测量电路　　（b）线性关系

图 1.5　对称测量法的应用

采用这种方法测得的 R_x 就可消除电流 I 在测量过程中因缓慢变化而引入的线性系统误差。

（3）传感器或仪表安装、调整或放置是否合理。例如，安装时没有调好仪表水平位置、仪表指针偏心等都会引起系统误差。

（4）传感器或仪表工作场所的环境条件是否符合规定条件。例如，环境温度、湿度、气压等的变化也会引起系统误差。

（5）测量者的操作是否正确。

分析并查找出系统误差的产生根源后，应采取有效的措施予以修正或消除。消除系统误差的常用方法有以下几种。

（1）对测量结果进行修正。对于已知的系统误差，可以用修正值对测量结果进行修正；对于变值系统误差，设法找出误差的变化规律，用修正公式或修正曲线对测量结果进行修正；对于未知系统误差，则按随机误差进行处理。

（2）消除产生系统误差的根源。在测量之前，仔细检查仪表，正确调整和安装；防止外界干扰；选择环境条件比较稳定时进行读数等。

（3）在测量系统中采用补偿措施。找出系统误差的规律，在测量系统中采取补偿措施，自动消除系统误差。例如，用热电偶测量温度时，要考虑两端温度变化引起的系统误差，消除此误差的方法之一是在热电偶回路中加一个冷端补偿器，进行自动补偿。

（4）实时反馈修正。由于微机自动检测技术的发展，可用实时反馈修正的方法来消除复杂变化的系统误差。当查明某种误差因素的变化对测量结果有明显的复杂影响时，应尽可能找出其影响测量结果的函数关系或近似的函数关系。在测量过程中，用传感器将这些误差因素的变化转换成某种物理量形式（一般为电学量），及时按照其函数关系，通过计算机算出影响测量结果的误差值，对测量结果进行实时的自动修正。

习　题　1

1.1　什么是被测量值的绝对误差、相对误差和引用误差？

1.2　用测量范围为 0～150kPa 的压力传感器测量 140kPa 压力时，传感器测得示值为 142kPa，求该示值的绝对误差、相对误差和引用误差。

1.3　什么是随机误差？随机误差具有哪些特征？随机误差产生的原因是什么？

1.4　对某一电压进行多次精密测量，测量结果如表 1.2 所示，试写出测量结果的表达式。

表 1.2

测 量 次 序	读数（mV）	测 量 次 序	读数（mV）
1	85.65	9	85.35
2	85.24	10	85.21
3	85.36	11	85.16
4	85.30	12	85.32
5	85.30	13	84.86
6	85.71	14	85.21
7	84.70	15	84.97
8	84.94	16	85.19

1.5　有三台测温仪表，量程均为 0～600℃，精度等级分别为 2.5 级、2.0 级和 1.5 级，现要测量 500℃的温度，要求相对误差不超过 2.5%，选用哪台仪表合理？

1.6　有两台测温仪表，测量范围为−300～+300℃和 0～700℃，已知两台仪表的绝对误差最大值都为 $\Delta T_{\max} = 6℃$，试问哪台仪表的精度高？

1.7　有一测压仪表，测量范围为 0～800Pa，精度等级为 0.5 级。现用它测量 400Pa 的压强，求由仪表引起的绝对误差和相对误差分别是多少？

1.8　有一温度计，它的测量范围为 0～200℃，精度等级为 0.5 级。

（1）求该温度计可能出现的最大绝对误差。

（2）求当示值分别为 20℃、100℃时的示值相对误差。

1.9　有一台测压仪表，测量范围为 0～1×10^5Pa，压力 P 与仪表输出电压 U_0 的关系为 $U_0 = a + bp + cp^2$。式中，a=1mV；b=5 mV/(1×10^4Pa)；c=−0.3mV/(1×10^4Pa)^2。

（1）求该仪表的灵敏度表达式。

（2）画出灵敏度曲线。

（3）求该仪表的线性度。

（4）画出输入-输出特性曲线示意图。

1.10　什么是系统误差和随机误差？精密度和准确度各反映何种误差？

1.11　服从正态分布规律的随机误差有哪些特征？

第2章

传感器的基本知识

内容提要

在信息化时代，传感器已经成为各个应用领域，特别是自动检测、自动控制系统中不可缺少的重要工具。从航天、航空、兵器、船舶、交通、冶金、机械、电子、化工、轻工、能源、环保、医疗卫生、生物工程、宇宙开发等领域至农、林、牧、渔业，甚至人们日常生活的各个方面，几乎无处不使用传感器，无处不需要传感器技术。可以说，传感器越来越成为信息社会赖以存在和发展的物质与技术基础。

2.1 传感器的定义与组成

传感器是一种能感受规定的被测量，并按照一定的规律将被测量转换成可用输出信号的器件或装置。常用传感器的输出信号多为易于处理的电学量，如电压、电流等。

传感器一般由敏感元件、转换元件和信号调理与转换电路组成，如图 2.1 所示。其中，敏感元件是指传感器中能直接感受或响应被测量的部分；转换元件是指传感器中将敏感元件感受或响应的被测量转换成适用于传输或测量的电信号的部分。由于传感器的输出信号一般都很微弱，因此需要有信号调理与转换电路对其进行放大、运算和调制等。随着半导体器件与集成技术在传感器中的应用，传感器的信号调理与转换电路可安装在传感器的壳体里或与敏感元件一起集成在同一芯片上，构成集成传感器（如美国 Analog Devices 公司生产的 AD22100 型模拟集成温度传感器）。此外，信号调理与转换电路及转换元件工作时必须有辅助电源。

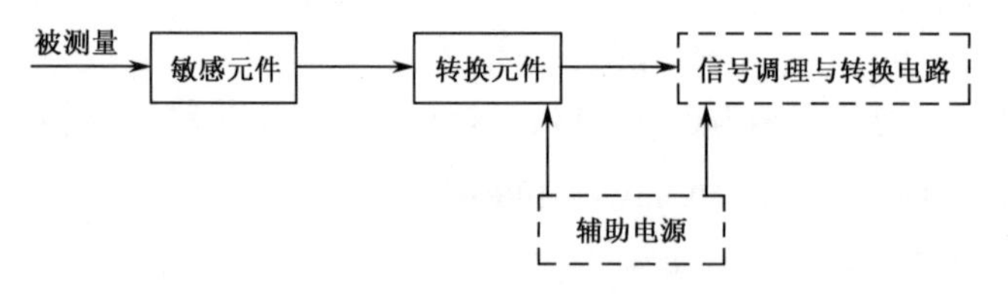

图 2.1 传感器的组成

2.2 传感器的分类

传感器的种类繁多，分类方法各有不同。按被测量的性质，主要分为位移传感器、压力传感器、温度传感器等。按传感器的工作原理，主要分为电阻应变式传感器、电感式传感器、电容式传感器、压电式传感器等。习惯上常把两者结合起来命名传感器，如电阻应变式压力传感器、电感式位移传感器等。

按被测量的转换特征，传感器又可分为结构型传感器和物性型传感器。结构型传感器是通过传感器结构参数的变化而实现信号转换的，如电容式传感器依靠极板间距离的变化引起电容量的变化。物性型传感器是利用某些材料本身的物理性质随被测量变化的特性而实现参数的直接转换的。这种类型的传感器具有灵敏度高、响应速度快、结构简单、便于集成等特点，是传感器的发展方向之一。

按能量传递的方式，传感器还可分为能量控制型传感器和能量转换型传感器两大类。能量控制型传感器的输出能量由外部供给，但受被测输入量的控制，如电阻应变式传感器、电感式传感器、电容式传感器等。能量转换型传感器的输出量直接由被测量的能量转换而来，如压电式传感器等。

2.3　传感器的基本特性

在测量过程中，要求传感器能感受到被测量的变化并将其不失真地转换成容易测量的量。被测量一般有两种形式：一种是稳定的、不随时间变化或变化极其缓慢的静态信号；另一种是随时间变化而变化的动态信号。由于输入量的状态不同，传感器所呈现的输出-输入特性也不同，因此传感器的基本特性一般用静态特性和动态特性来描述。

2.3.1　传感器的静态特性

传感器的静态特性是指被测量的值处于稳定状态时的输出-输入关系。衡量其静态特性的重要指标有线性度、灵敏度、迟滞、重复性、分辨率、稳定性和漂移等。

1．线性度

线性度是指其输出量与输入量之间的实际关系曲线（即静特性曲线）偏离直线的程度，又称非线性误差。静特性曲线可通过实际测试获得。在实际使用中，大多数传感器为非线性的，为了得到线性关系，常引入各种非线性补偿环节，如采用非线性补偿电路或计算机软件进行线性化处理等。但如果传感器非线性的次方不高，输入量变化范围较小，那么可用一条直线（切线或割线）近似地代表实际曲线的一段，使传感器的输出-输入线性化。所采用的直线称为拟合直线。图 2.2 所示为几种直线拟合方法。静特性曲线与拟合直线之间的偏差称为传感器的非线性误差（或线性度），通常用相对误差 γ_L 表示，即

$$\gamma_L = \pm \frac{\Delta L_{max}}{Y_{FS}} \times 100\% \tag{2-1}$$

式中　ΔL_{max}——最大非线性绝对误差；

Y_{FS}——满量程输出。

从图 2.2 可以看出，即使是同类传感器，拟合直线不同，其线性度也是不同的。选取拟合直线的方法很多，常用的有切线法、端点法、割线法、理论直线法、最小二乘法和计算机程序法等，其中用最小二乘法求取的拟合直线的拟合精度最高。

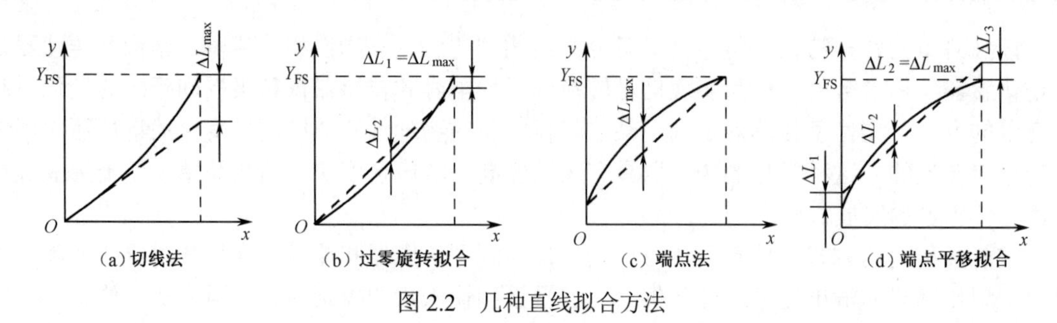

图2.2　几种直线拟合方法

2．灵敏度

灵敏度S是指传感器的输出量增量Δy与引起输出量增量Δy的输入量增量Δx的比值，即

$$S=\frac{\Delta y}{\Delta x} \tag{2-2}$$

对于线性传感器，它的灵敏度就是它的静特性曲线的斜率，即S为常数；而非线性传感器的灵敏度为一变量，用$S=\mathrm{d}y/\mathrm{d}x$表示。传感器的灵敏度如图2.3所示。

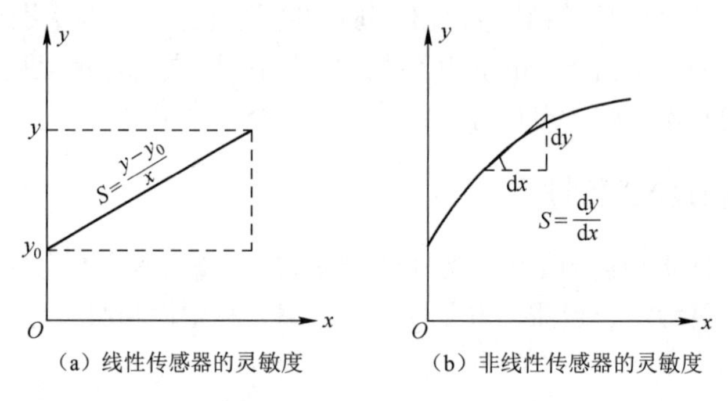

图2.3　传感器的灵敏度

另外，有时用输出灵敏度这个性能指标来表示某些传感器的灵敏度，如应变片式压力传感器。输出灵敏度是指传感器在额定载荷作用下，测量电桥供电电压为1V时的输出电压。

3．迟滞（回差滞环）现象

传感器在正向（输入量增大）行程和反向（输入量减小）行程期间，输出-输入特性曲线不重合的现象称为迟滞，如图2.4所示。也就是说，对于同一大小的输入信号，传感器的正、反行程输出信号大小不等。产生这种现象的主要原因是传感器敏感元件材料的物理性质和机械零部件的缺陷，如弹性敏感元件的弹性滞后、运动部件摩擦、传动机构的间隙、紧固件松动等，具有一定的随机性。

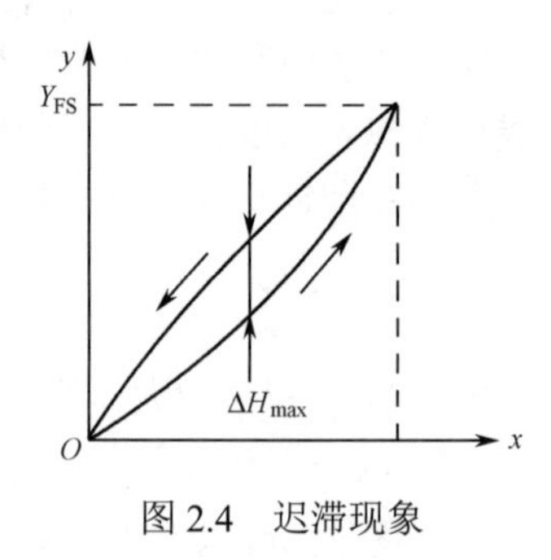

图2.4　迟滞现象

迟滞大小通常由实验确定。迟滞误差γ_H可由下式计算：

$$\gamma_H=\pm\frac{\Delta H_{max}}{Y_{FS}}\times 100\% \tag{2-3}$$

式中　ΔH_{max}——正、反行程输出值间的最大差值。

4．重复性

重复性是指传感器在输入量按同一方向做全量程多次测试时，所得特性曲线的不一致性，如图 2.5 所示。多次按相同输入条件测试的输出特性曲线越重合，其重复性越好，误差越小。

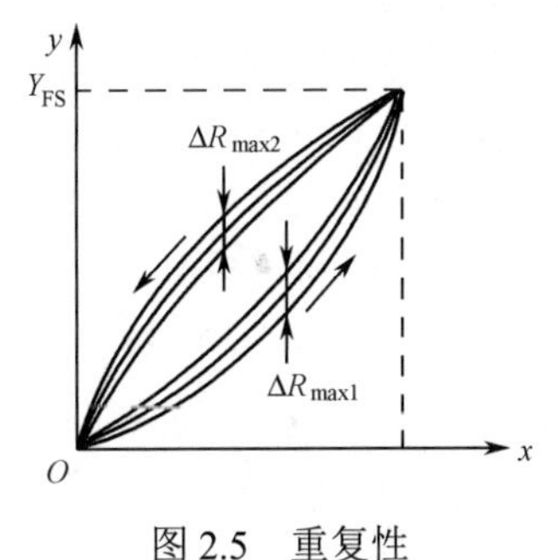

图 2.5　重复性

不重复性 γ_R 常用标准偏差 σ 表示，也可用正、反行程中的最大偏差 ΔR_{max} 表示，即

$$\gamma_R = \pm\frac{(2\sim3)\sigma}{Y_{FS}}\times100\% \tag{2-4}$$

或

$$\gamma_R = \pm\frac{\Delta R_{max}}{Y_{FS}}\times100\% \tag{2-5}$$

5．分辨率

传感器的分辨率是指在规定测量范围内所能检测到的输入量的最小变化值 Δx_{min}。有时也用该值相对满量程输入值的百分数（$\Delta x_{min}/x_{FS}\times100\%$）表示。

6．稳定性

传感器的稳定性一般指长期稳定性，即在室温条件下，经过相当长的时间间隔，如一天、一个月或一年，传感器的输出与起始标定时的输出之间的差异。通常用其不稳定度来表征传感器输出的稳定程度。

7．漂移

传感器的漂移是指在外界的干扰下，输出量发生与输入量无关的变化，包括零点漂移和灵敏度漂移等。

传感器在零输入时，输出的变化称为零点漂移。零点漂移或灵敏度漂移又可分为时间漂移和温度漂移。时间漂移是指在规定的条件下，零点或灵敏度随时间的缓慢变化。温度漂移是指当环境温度变化时，引起的零点或灵敏度漂移。漂移一般可通过串联或并联可调电阻来消除。

2.3.2　传感器的动态特性

在实际测量工作中，大量的被测信号是随时间变化的动态信号，对动态信号的测量不仅需要精确地测量信号幅值的大小，而且需要反映动态信号变化过程的波形，这就要求传感器能迅速准确地测量信号幅值的大小和无失真地再现被测信号随时间变化的波形。传感器对动态输入信号（激励）的响应特性，称为传感器的动态特性。

一个动态特性好的传感器，其输出将再现输入量的变化规律，即具有相同的时间函数。在动态输入信号情况下，由于制作传感器的敏感材料对不同的变化会表现出一定程度的惯性（如温度测量中的热惯性），输出信号与输入信号并不具有完全相同的时间函数，这种输出与输入间的差异称为动态误差，动态误差反映的是惯性延迟所引起的误差。

在被测温度随时间变化或传感器突然插入被测介质中及传感器以扫描方式测量某温度场的温度分布等情况下，都存在动态误差。例如，当把一个热电偶从温度为 F_0 ℃环境中迅速插入一个温度为 F_S ℃的恒温水槽中（插入时间忽略不计）时，这时热电偶测量的介质温度从 F_0 ℃突然上升到 F_S ℃，而热电偶反映出来的温度从 F_0 ℃变化到 F_S ℃需要经历一段时间，即有一段过渡过程，如图 2.6 所示。热电偶反映出来的温度与介质温度的差值称为动态误差。

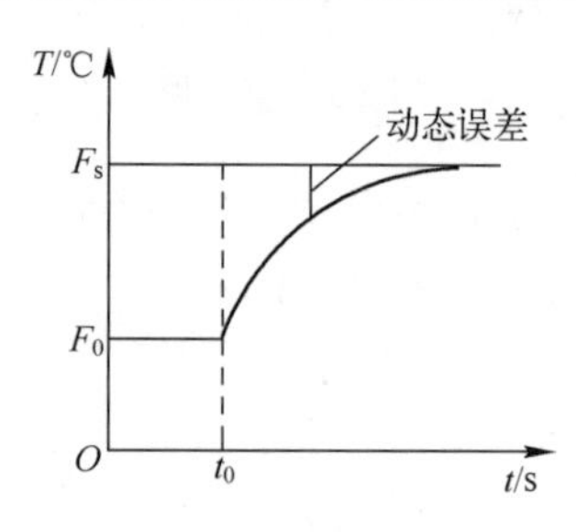

图 2.6　热电偶测温过程

造成热电偶输出波形失真和产生动态误差的原因是温度传感器有热惯性（由传感器的比热和质量大小决定），这种热惯性是热电偶固有的，它决定了热电偶在测量快速温度变化时会产生动态误差。任何传感器都存在影响其动态特性的“固有因素”，只不过它们的表现形式和作用程度不同而已。

另外，除固有因素外，传感器的动态特性还与输入信号的变化形式有关。也就是说，在研究传感器的动态特性时，通常是根据不同输入变化规律来考察传感器的动态响应的。对传感器动态特性的分析，同自动控制系统分析一样，通常从时域和频域两方面采用瞬态响应法和频率响应法进行分析。由于在实际应用中输入信号的变化形式是多种多样的，在时域内研究传感器的响应特性时，只研究几种特定的输入时间函数，如阶跃函数、脉冲函数和斜坡函数等；在频域内研究传感器的动态特性时一般采用正弦函数。为了便于比较和评价，通常采用阶跃信号和正弦信号作为标准输入信号。当传感器输入阶跃信号时，可分析传感器的过渡过程和输出随时间变化的情况，称为传感器的阶跃响应或瞬态响应。当传感器输入正弦信号时，可分析传感器动态特性的相位、振幅、频率特性，称为频率响应或频率特性。

1．瞬态响应法

研究传感器的动态特性时，在时域中对传感器的响应和过渡过程进行分析的方法称为时域分析法，这时传感器对所加激励信号的响应称为瞬态响应。常用激励信号有阶跃函数、斜坡函数、脉冲函数等。下面以最典型、最简单、最易实现的阶跃信号作为标准输入信号来分析评价传感器的动态性能指标。

当给静止的传感器输入一个单位阶跃函数信号

$$u(t)=\begin{cases}0 & t\leqslant 0\\ 1 & t>0\end{cases} \tag{2-6}$$

时，其阶跃响应如图 2.7 所示。

（1）最大超调量σ_{p}：最大超调量就是响应曲线偏离阶跃曲线的最大值，常用百分数表示。当稳态值为 1 时，最大百分比超调量 $\sigma_{\mathrm{p}}=\dfrac{y(t_{\mathrm{p}})-y(\infty)}{y(\infty)}\times 100\%$。最大超调量反映传感器的相对稳定性。

（2）延滞时间 t_{d}：t_{d}是阶跃响应达到稳态值的 50%所需要的时间。

（3）上升时间 t_{r}：根据控制理论，它有以下定义。

① 响应曲线从稳态值的 10%上升到 90%所需要的时间。

② 从稳态值的 5%上升到 95%所需要的时间。

③ 从零上升到第一次到达稳态值所需要的时间。

对有振荡的传感器常用③描述，对无振荡的传感器常用①描述。

（4）峰值时间 t_{p}：响应曲线从零到第一个峰值时所需要的时间。

（5）响应时间 t_{s}：响应曲线衰减到稳态误差不超过±5%或±2%时所需要的时间。有时又称为过渡过程时间。

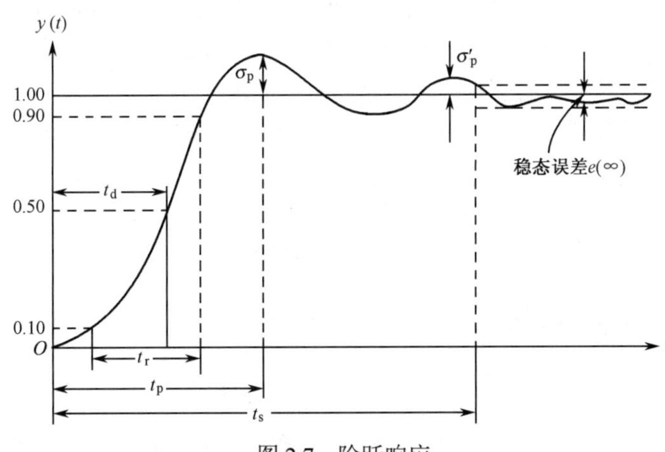

图 2.7　阶跃响应

2．频率响应法

频率响应法是指从传感器的频率特性出发研究传感器的动态特性。传感器对正弦输入信号的响应特性，称为频率响应特性。对传感器动态特性的理论研究，通常是先建立传感器的数学模型，通过拉氏变换找出传递函数表达式，再根据输入条件得到相应的频率特性。大部分传感器可简化为单自由度一阶或二阶系统，其传递函数可分别简化为

$$H(\mathrm{j}\omega)=\frac{1}{\tau(\mathrm{j}\omega)+1} \tag{2-7}$$

$$H(\mathrm{j}\omega)=\frac{1}{1-\left(\dfrac{\omega}{\omega_{\mathrm{n}}}\right)^{2}+2\mathrm{j}\xi\dfrac{\omega}{\omega_{\mathrm{n}}}} \tag{2-8}$$

因此，我们可以方便地应用自动控制原理中的分析方法和结论，读者可参考相关书籍，这里

不再赘述。研究传感器的频域特性时，主要用幅频特性来分析。传感器频率响应特性指标主要有以下几种。

（1）频带：传感器增益保持在一定值内的频率范围称为传感器的频带或通频带，对应有上、下截止频率。

（2）时间常数τ：用时间常数τ来表征一阶传感器的动态特性。τ越小，频带越宽。

（3）固有频率ω_n：二阶传感器的固有频率ω_n表征了其动态特性。

对于一阶传感器，减小τ可改善传感器的频率特性。对于二阶传感器，为了减小动态误差和扩大频率响应范围，一般提高传感器固有频率ω_n。而固有频率ω_n与传感器运动部件质量m和弹性敏感元件的刚度k有关，即$\omega_n=\sqrt{k/m}$。增大刚度k和减小质量m可提高固有频率，但增加刚度k会使传感器灵敏度降低。所以，在实际应用中，应综合各种因素来确定传感器的各个特征参数。

2.4 传感器的应用领域及其发展

现代信息技术的三大基础是信息采集（传感器技术）、信息传输（通信技术）和信息处理（计算机技术），它们在信息系统中分别起到了“感官”“神经”“大脑”的作用。传感器技术以研究传感器的原理、传感器的材料、传感器的设计、传感器的制作、传感器的应用为主要内容，以传感器敏感材料的电、磁、光、声、热、力等物理效应、现象，化学中的各种反应及生物学中的各种机理为理论基础，并综合了物理学、微电子学、光学、化学、生物工程、材料学、精密加工、试验测量等方面的知识和技术而形成的一门综合性学科。传感器属于信息技术的前沿尖端产品，其作用如同人体的五官。它是信息采集系统的首要部件，是实现现代化测量和自动控制（包括遥感、遥测、遥控）的主要环节。

2.4.1 传感器的应用领域

1．生产过程的测量与控制

在生产过程中，对温度、压力、流量、位移、液位和气体成分等参量进行测量，从而实现对工作状态的控制。

2．安全报警与环境保护

利用传感器可对高温、放射性污染及粉尘弥漫等恶劣工作条件下的过程参量进行远距离测量与控制，并实现安全生产。可用于温控、防灾、防盗等方面的报警系统。在环境保护方面，可用于对大气与水质污染的监测、放射性和噪声的测量等。

3．自动化设备和机器人

传感器可提供各种反馈信息，尤其是传感器与计算机结合，可以使自动化设备的自动化程度得到很大提高。现代机器人中大量使用了传感器，其中包括力、扭矩、位移、超声波、转速和射线等各类传感器。

4．交通运输和资源探测

传感器可用于对交通工具、道路和桥梁的管理，以提高运输的效率，防止事故的发生，还可用于陆地与海底资源探测及空间环境、气象等方面的测量。

5．医疗卫生和家用电器

利用传感器可实现对患者的自动监测与监护，可用于微量元素的测定、食品卫生检疫等，尤其是作为离子敏感器件的各种生物电极，已成为生物工程理论研究的重要测试装置。

近年来，由于科学技术和经济的发展及生态平衡的需要，传感器的应用领域还在不断扩大。

2.4.2　传感器的发展

随着计算机辅助设计（Computer Aided Design，CAD）技术、微机电系统（Micro Electro-Mechanical System，MEMS）技术、光纤技术、信息理论及数据分析算法不断迈上新的台阶，传感器正朝着微型化、智能化、网络化和多功能化的方向发展。

1．微型传感器（Micro Sensor）

为了能够与信息时代信息量激增、要求捕获和处理信息的能力日益增强的技术发展趋势保持一致，对于传感器的性能指标（包括精确性、可靠性、灵敏度等）的要求越来越严格。此外，还要求传感器系统具有操作友好性，且配有标准的输出模式。而传统的大体积、弱功能传感器往往很难满足上述要求，所以它们已逐步被各种不同类型的高性能微型传感器所取代。

一方面，计算机辅助设计技术和微机电系统技术的发展，促进了传感器的微型化。在当前技术水平下，微切削加工技术已经可以生产出具有不同层次的 3D 微型结构，从而可以生产出体积非常微小的微型传感器敏感元件，像毒气传感器、离子传感器、光电探测器这样的以硅为主要构成材料的传感器都装有极好的敏感元件。目前，这一类元件已作为微型传感器的主要敏感元件被广泛应用于不同的研究领域中。

另一方面，敏感光纤技术的发展也促进了传感器的微型化。当前，敏感光纤技术已成为微型传感器技术发展的新方向。预计随着插入技术的日趋成熟，敏感光纤技术的发展还会进一步加快。光纤传感器的工作原理是将光作为信号载体，并通过光纤来传送信号。由于光纤具有良好的传光性能，对光的损耗极低，加之光纤传输光信号的频带非常宽，且光纤本身就是一种敏感元件，所以光纤传感器所具有的许多优良特征为其他传统传感器所不及。概括来讲，光纤传感器的优良特征主要包括质量轻、体积小、敏感性高、动态测量范围大、传输频带宽、易于转向作业及它的波形特征能够与客观情况相适应，因此能够较好地实现实时操作、联机检测和自动控制。光纤传感器还可以应用于 3D 表面的无触点测量。近年来，随着半导体激光 LD、CCD、CMOS 图形传感器、方位探测装置 PSD 等新一代探测设备的问世，光纤无触点测量技术得到了空前发展。

就当前技术发展现状来看，微型传感器已经应用于许多领域，对航空、远距离探测、医疗及工业自动化等领域的信号探测系统产生了深远影响。目前，开发并进入实用阶段的微型传感器已可以用来测量各种物理量、化学量和生物量，如位移、速度、加速度、压力、应力、应变、声、光、电、磁、热、pH值、离子浓度及生物分子浓度等。

2．智能化传感器（Smart Sensor）

智能化传感器是20世纪80年代末出现的一种涉及多种学科的新型传感器，主要指那些装有微处理器，不但能够执行信息处理和信息存储，而且能够进行逻辑思考和结论判断的传感器。这类传感器相当于微机与传感器的综合体，其主要组成部分包括主传感器、辅助传感器及微机的硬件设备。例如，智能化压力传感器，其主传感器为压力传感器，用来探测压力参数，辅助传感器通常为温度传感器和环境压力传感器。采用这种技术可以方便地调节和校正由温度变化导致的测量误差，环境压力传感器测量工作环境的压力变化并对测量结果进行校正。而硬件系统除了能够对传感器的弱输出信号进行放大、处理和存储，还可以执行与计算机的通信。通常情况下，一个通用的检测仪器只能用来检测一种物理量，其信号调节是由那些与主检测部件相连接的模拟电路来完成的，但智能化传感器能够实现所有的功能，而且其精度更高，价格更便宜，信号处理质量也更好。

目前，智能化传感器技术正处于蓬勃发展时期，具有代表意义的典型产品是美国霍尼韦尔公司的ST-3000系列全智能变送器和德国斯特曼公司的二维加速度传感器，以及一些含有微处理器的单片集成压力传感器、具有多维检测能力的智能传感器和固体图像传感器等。与此同时，模糊理论和神经网络技术在智能化传感器研究和发展中的重要作用也日益得到了相关研究人员的重视。

智能化传感器多用于压力、振动加速度、流量、温度、湿度的测量。此外，智能化传感器在空间技术研究领域也有比较成功的应用实例。在今后的发展中，智能化传感器无疑将会进一步扩展到化学、电磁、光学和核物理等研究领域。可以预见，新兴的智能化传感器将在关系到国计民生的各个领域发挥越来越大的作用。

3．网络化传感器（Networked Sensor）

随着数字化技术、现场总线技术、云计算技术、TCP/IP技术等在测控领域的快速拓展、计量测试与互联网的深度融合（互联网+传感器），传感器的网络化得以快速发展，“超视距”测量变得稀松平常。其主要表现在两个方面：一是为了解决现场总线的多样性问题，IEEE 1451.2工作组建立了智能传感器接口模块（STIM）标准，该标准描述了传感器网络适配器和微处理器之间的硬件和软件接口，使传感器具有工业化标准接口和协议功能，为传感器和各种网络连接提供了条件和方便；二是以IEEE 802.15.4（ZigBee）为基础的无线传感网技术发展迅速，它是物联网的关键技术之一，具有以数据为中心、功耗极低、组网方式灵活、成本低等优点，在军事侦测、环境监测、智能家居、医疗健康、科学研究等领域具有广泛的应用前景，是目前的技术研究热点之一，并在此基础上发展出了“传感云”平台。

4．多功能传感器（Multi-Function Sensor）

通常情况下，一个传感器只能用来测量一种物理量，但在许多应用领域中，为了能够完美而准确地反映客观事物和环境，往往需要同时测量大量的物理量。由若干种各不相同的敏感元件组成或借助同一个传感器的不同效应或利用在不同的激励条件下同一个敏感元件表现的不同特征构成的多功能传感器系统，可以用来同时测量多种参数。例如，可以将一个温度检测器和一个湿度检测器配置在一起（将热敏元件和湿敏元件分别配置在同一个传感器承载体上）制造成一种新的传感器，这种新的传感器就能够同时测量温度和湿度。

随着传感器技术和微机技术的飞速发展，目前已经可以生产出将若干种敏感元件总装在同一种材料或单独一块芯片上的一体化多功能传感器。例如，将某些类型的传感器进行适当组合而使之成为新的传感器。又如，为了能够以较高的灵敏度和较小的粒度同时检测多种信号，微型数字式三端口传感器可以同时采用热敏元件、光敏元件和磁敏元件，这种组配方式的传感器不但能够输出模拟信号，而且能够输出频率信号和数字信号。

从当前的发展现状来看，最热门的研究领域当属各种类型的仿生传感器，其在感触、刺激及视听辨别等方面已有最新研究成果问世。从实用的角度考虑，多功能传感器中应用较多的是各种类型的多功能触觉传感器。人造皮肤触觉传感器就是其中之一，这种传感器由 PVDF 材料、无触点皮肤敏感系统及具有压力敏感传导功能的橡胶触觉传感器等组成。

综上所述，传感器正向着微型化、智能化、网络化和多功能化的方向发展。在各种新兴科学技术呈辐射状广泛渗透的当今社会，作为现代科学耳目的传感器，是人们快速获取、分析和利用有效信息的基础，必将进一步得到社会各界的普遍关注。

2.5　传感器的正确选用

现代工业生产与自动控制系统是以计算机为核心，以传感器为基础组成的。传感器是实现自动检测和控制的首要环节，没有精确可靠的传感器，就没有精确可靠的自动测控系统。近年来，随着科学技术的发展，各种类型的传感器已应用到工业生产与控制的各个领域。要利用传感器设计开发高性能的测量或控制系统，必须了解传感器的性能，根据系统要求，选择合适的传感器，并设计精确可靠的信号处理电路。

如何正确选择和使用各种传感器，需要考虑的事项很多，但不必一一考虑。根据传感器的使用目的、指标、环境条件和成本等限制条件，从不同的侧重点出发，优先考虑几个重要的条件就可以了。例如，测量某一对象的温度时，要求测量范围为 0～100℃，测量精度为±1℃，且要多点测量，那么选用何种传感器呢？满足这些要求的传感器有各种热电偶、热敏电阻、半导体温度传感器、智能化温度传感器等。在这种情况下，我们着重考虑成本的高低，测量电路、配置设备是否简单等因素，比较后选择半导体温度传感器。如果测量范围变为 0～800℃，其他要求不变，那么我们应考虑选择热电偶。总之，选择和使用传感器时，应根据几项基本要求，具体情况具体分析，选择性价比高的传感器。选择传感器时，应从以下几个方面考虑。

（1）与测量条件有关的因素。随着传感器技术的发展，被测对象涉及各个领域。在选择传感器时，首先应了解与测量条件有关的因素，如测量的目的、被测量的选择、测量范围、输入信号的幅值和频带宽度、精度要求、测量所需时间等。

（2）与使用环境条件有关的因素。在了解被测量要求后，还应考虑使用环境，如安装现场的条件及情况、环境条件（湿度、温度、振动等）、信号传输距离和所需现场提供的功率容量等因素。

（3）与传感器有关的性能指标。根据测量要求选择传感器的性能指标，如精度、稳定性、响应特性、模拟量与数字量、输出幅值、对被测物体产生负载效应、校正周期、超标准过大的输入信号保护等。另外，为了提高测量精度，应根据使用时的显示值在满量程的 80%左右来选择测量范围或刻度范围。

此外，还应考虑与购买和维修有关的因素，如价格、零配件的储备、服务与维修、交货日期等。

习 题 2

2.1 试述传感器的定义及其在检测中的作用。

2.2 什么是传感器的静态特性？它有哪些性能指标？如何用公式表征这些性能指标？

2.3 什么是传感器的动态特性？其分析方法有哪几种？

2.4 进行某次位移测量时，所采用的电容式位移传感器的灵敏度为 2×10^{-12}F/mm，将它与增益（灵敏度）为 5×10^{9}V/F 的放大器相连，而放大器的输出接到一台笔式记录仪上，记录仪的灵敏度为 20mm/V。试计算这个测量系统的灵敏度。当位移为 3mm 时，笔式记录仪在记录纸上的偏移量又是多少？

2.5 用压电式加速度传感器配电荷放大器测量加速度，已知传感器的灵敏度为 50pc/($m\cdot s^{-2}$)，电荷放大器的灵敏度为 150μV/pc。当被测加速度为 30m/s^2 时，试计算此时输出电压是多少？

第3章

常用传感器的工作原理及应用

内容提要

本章主要介绍电阻式传感器、电容式传感器、电感式传感器、压电式传感器、霍尔传感器、热敏传感器和光电传感器等常用传感器的工作原理及应用。

3.1 电阻式传感器

电阻式传感器是将被测量转换为电阻变化的一种传感器。由于它具有结构简单、易于制造、价格便宜、性能稳定、输出功率大等特点，在检测系统中得到了广泛应用。

3.1.1 电阻式传感器的工作原理

金属导体都有一定的电阻，其电阻值因金属的种类不同而不同。同样的材料，越细或越薄，其电阻值越大。当被施加外力时，金属若变细变长，则阻值增加；若变粗变短，则阻值减小。如果发生应变的物体上安装有（通常是粘贴）金属电阻，当物体伸缩时，金属导体就按一定比例发生伸缩，因而电阻值产生相应的变化。

设有一根长度为 l，截面积为 A，电阻率为 ρ 的金属丝，则它的电阻值 R 可用下式表示：

$$R = \rho \frac{l}{A}$$

从上式可见，若导体的三个参数（电阻率、长度、截面积）中的一个或数个发生变化，则电阻值随之变化，因此可利用此原理来构成传感器。例如，若改变 l，则可形成电位器式传感器；若改变 l、A 和 ρ，则可做成电阻应变片；若改变 ρ，则可形成热敏电阻、光导性光检测器等。下面介绍两种最常用的电阻式传感器：电位器式传感器和电阻应变式传感器。

3.1.2 电位器式传感器

电位器式传感器通过滑动触点把位移转换为电阻丝的长度变化，从而改变电阻值的大小，进而将这种变化值转换成电压或电流的变化值。

电位器式传感器分为直线位移型电位器式传感器、角位移型电位器式传感器和非线性型电位器式传感器三种类型，如图 3.1 所示。不管哪种类型的传感器，都由线圈、骨架和滑动触点等组成。线圈绕于骨架上，触点可在线圈上滑动，当滑动触点在线圈上的位置改变时，即可实现将位移变化转换为电阻变化。

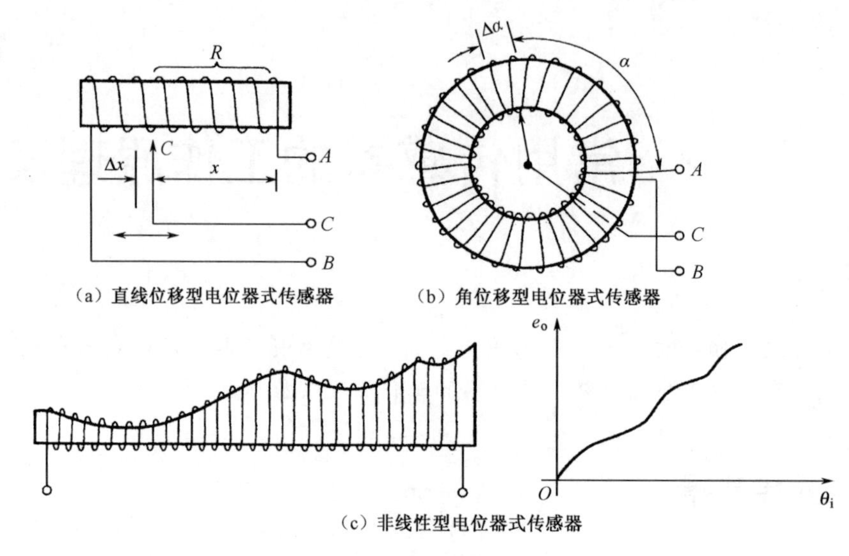

（a）直线位移型电位器式传感器　（b）角位移型电位器式传感器

（c）非线性型电位器式传感器

图 3.1　电位器式传感器

图 3.1（a）所示为直线位移型电位器式传感器，其中触点 C 沿变阻器表面移动的距离 x 与 A、C 两点间的电阻值 R 之间有以下关系：

$$R = k_t x \tag{3-1}$$

式中　k_t——单位长度的电阻值。

当绕线分布均匀时，传感器的输出（电阻）与输入（位移）呈线性关系，此时传感器的灵敏度为

$$s = \frac{\Delta R}{\Delta x} = k_t \tag{3-2}$$

图 3.1（b）所示为角位移型电位器式传感器，其电阻值随转角位移而变化，该传感器的灵敏度为

$$s = \frac{\Delta R}{\Delta \alpha} = k_\tau \tag{3-3}$$

式中　k_τ——单位弧度对应的电阻值。

图 3.1（c）所示为非线性型电位器式传感器，当输入位移呈非线性变化时，为了保证输出与输入的线性关系，利于后续仪表的设计，可以根据输入的函数规律来确定这种传感器的骨架形状。例如，若输入量为 $f(x) = Rx^2$，则为了使输出的电阻值 $R(x)$ 与输入量 $f(x)$ 呈线性关系，电位器的骨架应采用三角形；若输入量为 $f(x) = Rx^3$，则电位器的骨架应采用抛物线形。

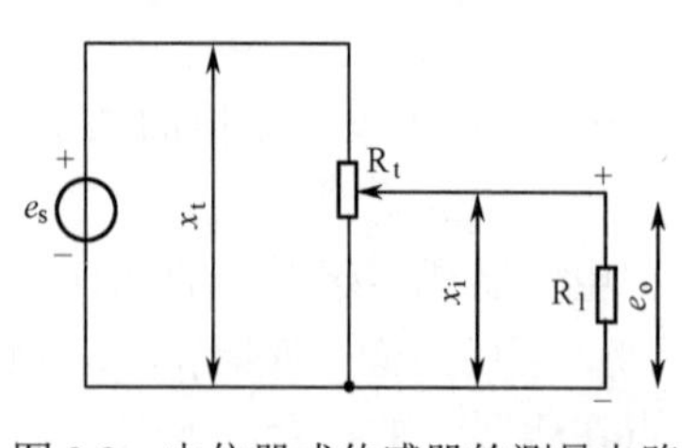

图 3.2　电位器式传感器的测量电路

电位器式传感器一般采用电阻分压电路，将电参量 R 转换为电压输出给后续电路，如图 3.2 所示。当触点移动 x_i 时，输出电压 e_o 为

$$e_o = \frac{e_s}{\dfrac{x_t}{x_i} + \dfrac{R_t}{R_l}\left(1 - \dfrac{x_i}{x_t}\right)} \tag{3-4}$$

式中　R_t——电位器总电阻；

x_t——电位器的总长度；

R_l——负载电阻。

式（3-4）表明，传感器经过后续电路后的实际输出与输入呈非线性关系，为减小后续电路的影响，一般使 $R_l \gg R_t$，此时，$e_o \approx \frac{e_s}{x_t}x_i$，近似呈线性关系。

电位器式传感器的结构简单、性能稳定、使用方便，但其分辨率低、绕线困难，常被用于线位移和角位移的测量，在测量仪器中用于伺服记录仪或电子电位差计等。

3.1.3　电阻应变式传感器

电阻应变式传感器是利用电阻应变片将应变转换为电阻变化（应变效应）的传感器。任何非电量，只要能设法转换为应变片的应变，都可以利用此种传感器进行测量。因此，电阻应变式传感器可以用来测量应变、力、扭矩、位移和加速度等多种参数。

1．电阻应变效应

导体或半导体材料在外力作用下产生机械变形时，其电阻值也相应发生变化的物理现象，称为电阻应变效应。

设金属电阻丝在外力作用下沿轴线伸长，伸长量为 Δl，并因此产生截面积变化 ΔA 和电阻率变化 $\Delta\rho$，这时电阻的相对变化可表示为

$$\frac{\Delta R}{R}=\frac{\Delta\rho}{\rho}+\frac{\Delta l}{l}-\frac{\Delta A}{A} \tag{3-5}$$

对于直径为 d 的圆形截面的电阻丝，因为 $A=\pi d^2/4$，所以有

$$\frac{\Delta A}{A}=2\frac{\Delta d}{d} \tag{3-6}$$

由力学知识可知，横向收缩和轴向伸长的关系可用泊松比 μ 表示，即

$$\mu=-\frac{\Delta d}{d}\bigg/\frac{\Delta l}{l} \tag{3-7}$$

若 $\varepsilon=\frac{\Delta l}{l}$（$\varepsilon$ 为轴向应变），则有

$$\frac{\Delta A}{A}=-2\mu\frac{\Delta l}{l}=-2\mu\varepsilon \tag{3-8}$$

把式（3-7）和式（3-8）代入式（3-5）可得

$$\frac{\Delta R}{R}=\frac{\Delta l}{l}(1+2\mu)+\frac{\Delta\rho}{\rho}=\left(1+2\mu+\frac{\Delta\rho/\rho}{\Delta l/l}\right)\frac{\Delta l}{l}=K_0\varepsilon \tag{3-9}$$

式中　K_0——金属电阻丝的应变灵敏度系数，表示单位应变引起的电阻值的相对变化。

式（3-9）表明，K_0 的大小受两个因素影响：（$1+2\mu$）表示由几何尺寸的改变所引起的变化，$\frac{\Delta\rho/\rho}{\Delta l/l}$ 表示材料的电阻率因应变所引起的变化。对于金属材料，以前者为主；而对于半导体材料，K_0 值主要由后者决定。另外，式（3-9）还表明电阻值的相对变化与应变成正比，因此通过测量电阻的变化便可测量出应变 ε。

2．电阻应变片的结构

电阻应变片结构示意图如图 3.3 所示，一般由敏感栅（金属丝或箔）、基底、覆盖层、黏合剂、引线等组成。敏感栅是转换元件，它把感受到的应变转换为电阻的变化；基底用来将弹性元件的表面应变准确地传送到敏感栅上，并使敏感栅与弹性元件之间相互绝缘；覆盖层用来保护敏感栅；黏合剂把敏感栅与基底粘贴在一起；引线作为连接测量导线。常用电阻应变片有两大类：金属电阻应变片和半导体应变片。

（1）金属电阻应变片。金属电阻应变片有丝式、箔式及薄膜式等结构形式。

丝式金属电阻应变片结构示意图如图 3.4（a）所示，它是将金属丝按图示形状弯曲后用黏合剂粘贴在基底上而成的。基底可分为纸基、胶基和纸浸胶基等。电阻丝两端焊有引线，使用时只要将应变片粘贴于弹性元件上就可构成应变式传感器。

箔式金属电阻应变片结构示意图如图 3.4（b）所示，它的敏感栅是通过光刻、腐蚀等工艺制成的，厚度一般在 0.003～0.01mm 之间。与丝式金属电阻应变片相比，其表面积大、散热性好，允许通过较大的电流。由于它的厚度薄，因此具有较好的可挠性，灵敏度系数较高。箔式金属电阻应变片还可以根据需要制成任意形状，适合批量生产。

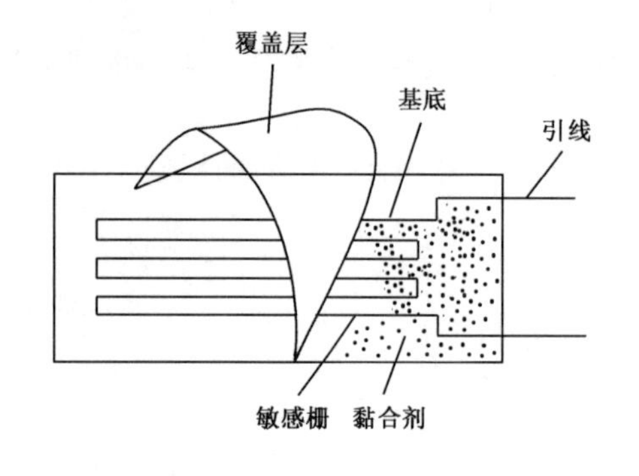

图 3.3　电阻应变片结构示意图

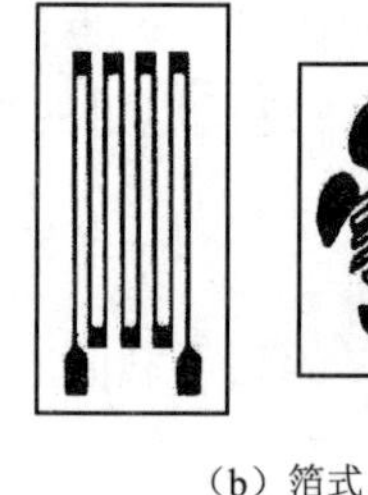

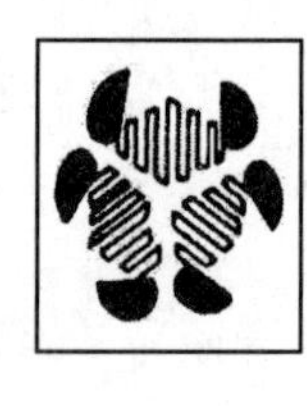

（a）丝式　（b）箔式

图 3.4　金属电阻应变片结构示意图

薄膜式金属电阻应变片采用真空蒸镀或溅射式阴极扩散等方法，在薄的基底材料上制成一层金属电阻材料薄膜以形成应变片。这种应变片有较高的灵敏度系数，允许电流密度大，工作温度范围较广。

（2）半导体应变片。半导体应变片是利用半导体材料的压阻效应制成的一种纯电阻元件。当对半导体材料的某一轴向施加一定的载荷而产生应力时，它的电阻率会发生变化，这种物理现象称为压阻效应。半导体应变片主要有体型、薄膜型和扩散型三种。

① 体型半导体应变片是将半导体材料硅或锗晶体按一定方向切割成片状小条，经腐蚀压焊粘贴在基片上而制成的应变片，其结构示意图如图 3.5 所示。

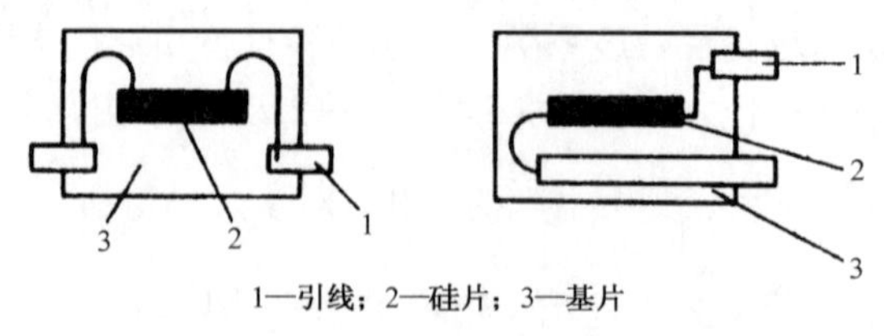

1—引线；2—硅片；3—基片

图 3.5　体型半导体应变片结构示意图

② 薄膜型半导体应变片是利用真空沉积技术将半导体材料沉积在带有绝缘层的基底上而制成的，其结构示意图如图 3.6 所示。

③ 扩散型半导体应变片是先将 P 型杂质扩散到 N 型硅单晶基底上，形成一层极薄的 P 型导电层，再通过超声波和热压焊法接上引线而形成的。图 3.7 所示为扩散型半导体应变片结构示意图。

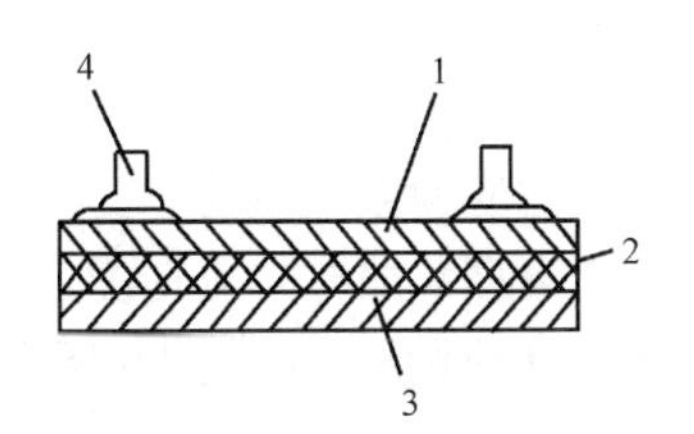

1—锗膜；2—绝缘层；3—金属箔基底；4—引线

图 3.6　薄膜型半导体应变片结构示意图

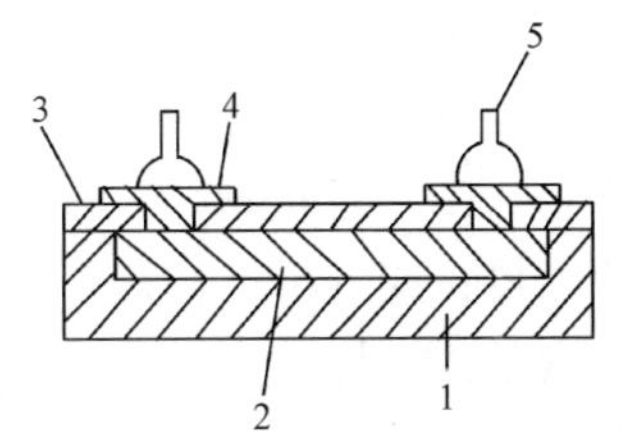

1—N型硅；2—P型硅扩散层；3—二氧化硅绝缘层；4—铝电极；5—引线

图 3.7　扩散型半导体应变片结构示意图

半导体应变片与金属电阻应变片相比，其灵敏度高 50～70 倍，横向效应和机械滞后小。但它的温度稳定性差，在较大应变下，灵敏度的非线性误差大。

3．电阻应变式传感器的应用

应变片在使用时通常是用黏合剂粘贴在弹性元件上的，粘贴技术对传感器的质量起着重要作用。

应变片的黏合剂必须适合应变片基底材料和被测材料，并且要根据应变片的工作条件、工作温度和湿度、有无腐蚀、加温加压固化的可能性、粘贴时间长短等因素来进行选择。常用的黏合剂有硝化纤维素黏合剂、酚醛树脂胶、环氧树脂胶、502 胶水等。

在粘贴应变片时，必须遵循正确的粘贴工艺，保证粘贴质量，这些都与最终的测量精度有关。应变片的粘贴步骤如下。

（1）应变片的检查与测量。首先，应对采用的应变片进行外观检查，观察应变片的敏感栅是否整齐、均匀，是否有锈斑、断路、短路及折弯等现象。其次，要对选用的应变片的阻值进行测量，确定是否选用了正确阻值的应变片。

（2）试件的表面处理。为了获得良好的黏合强度，必须对试件表面进行处理，清除试件表面杂质、油污及疏松层等。一般的处理方法是砂纸打磨，较好的处理方法是采用无油喷砂法，这样不但能得到比抛光更大的表面积，而且可以获得质量均匀的效果。为了表面的清洁，可用化学清洗剂（如四氯化碳、甲苯等）进行反复清洗，也可采用超声波清洗。为了避免氧化，应变片的粘贴应尽快进行。如果不立刻粘贴应变片，可涂上一层凡士林暂作保护层。

（3）底层处理。为了保证应变片能牢固地粘贴在试件上，并具有足够的绝缘电阻值，改善胶接性能，可在粘贴位置涂上一层底胶。

（4）贴片。先将应变片底面用清洁剂清洗干净，然后在试件表面和应变片底面各涂上一层薄而均匀的黏合剂，待稍干后，将应变片对准划线位置迅速粘贴，再盖一层玻璃纸，用手指或胶辊加压，挤出气泡及多余的胶水，保证胶层尽可能薄而均匀。

（5）固化。黏合剂的固化是否完全，直接影响胶的物理机械性能，关键是要掌握好温度、时间和循环周期。无论是自然干燥还是加热固化，都要严格按照工艺规范进行。为了防止强度降低、绝缘破坏及电化腐蚀，在固化后的应变片上应涂上防潮保护层，防潮保护层一般可采用稀释的黏合剂。

（6）粘贴质量检查。首先从外观上检查粘贴位置是否正确，黏合层是否有气泡、漏粘、破损等，然后测量应变片敏感栅是否有断路或短路现象，以及测量敏感栅的绝缘电阻。

（7）引线焊接与组桥连线。检查合格后即可焊接引线，引线应适当加以固定。应变片之间通过粗细合适的漆包线连接组成桥路，连接长度应尽量一致，且不宜过长。

电阻应变式传感器主要有以下两种应用方式。

（1）将应变片直接粘贴在试件上，用来测量工程结构受力后的应力或产生的应变，为结构设计、应力校正或分析结构在使用中产生破坏的原因等提供试验数据，如电阻应变仪。在测量齿轮轮齿弯矩或立柱应力时，也常在被测位置处直接粘贴应变片进行测量，如图 3.8 所示。

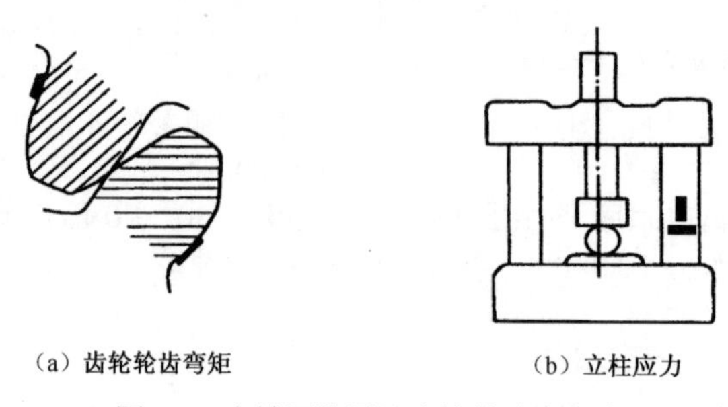

（a）齿轮轮齿弯矩　　（b）立柱应力

图 3.8　在被测位置处直接粘贴应变片

（2）将应变片粘贴在弹性元件上，进行标定后作为测量压力、位移等物理量的传感器。在这种情况下，弹性元件将得到与被测量成正比的应变，通过应变片转换为电阻的变化后输出，如应变式力传感器、应变式加速度传感器。

图 3.9 所示为应变式力传感器的几种形式。悬臂梁是一端固定、一端自由的弹性敏感元件，它的特点是灵敏度比较高，所以多用于较小力的测量，如民用电子秤多采用悬臂梁式。

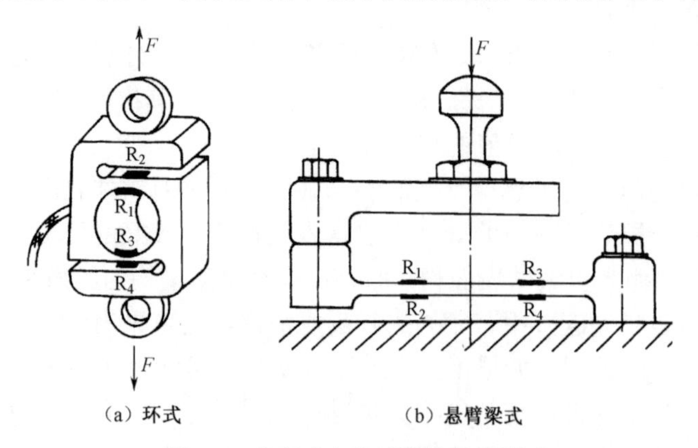

（a）环式　　（b）悬臂梁式

图 3.9　应变式力传感器的几种形式

应变式加速度传感器是将质量块相对于基座（被测物体）的移动转换为应变值的变化而得到加速度的。图 3.10 所示为一种应变式加速度传感器结构示意图，测量时，底座 7 固定在振动体上，振动加速度使质量块 1 产生惯性力，应变梁 2 则相当于惯性系统的“弹簧”，在惯性力的作用下产生弯曲变形。工作时，梁的应变与质量块相对于底座的位移成正比，因此梁的应变在一定的频率范围内与振动体的加速度成正比。

图 3.11 所示为纱线张力检测装置结构示意图，检测辊 4 通过连杆 5 与悬臂梁 2 的自由端相连，连杆 5 同阻尼器 6 的活塞相连，纱线 7 通过导线辊 3 与检测辊 4 接触。当纱线张力变化时，悬臂梁随之变形，使应变片 1 的阻值变化，并通过电桥将其转换为电压的变化后输出。

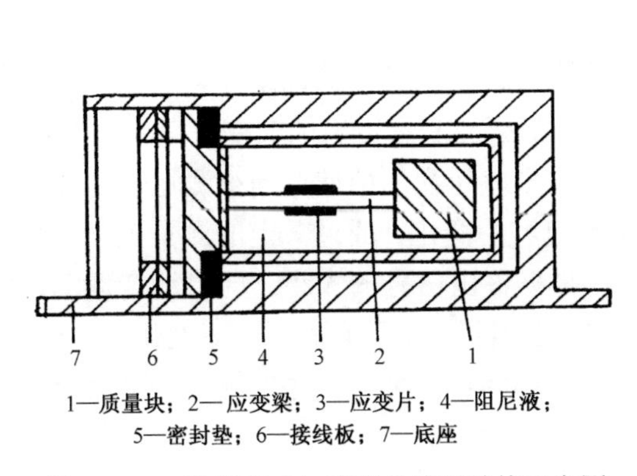

1—质量块；2—应变梁；3—应变片；4—阻尼液；
5—密封垫；6—接线板；7—底座

图 3.10　一种应变式加速度传感器结构示意图

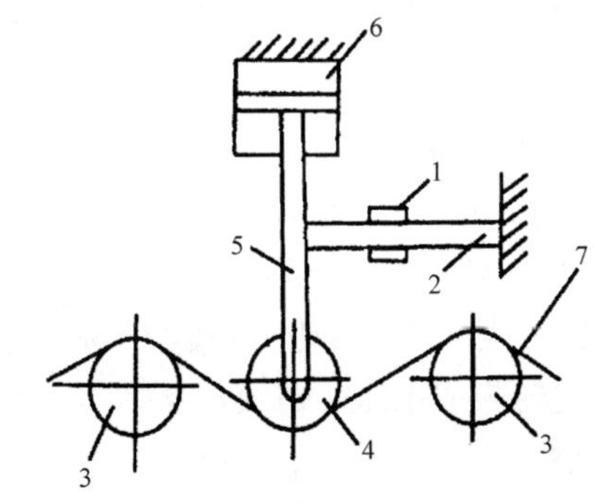

1—应变片；2—悬臂梁；3—导线辊；4—检测辊；
5—连杆；6—阻尼器；7—纱线

图 3.11　纱线张力检测装置结构示意图

4．电阻应变式传感器的测量电路

电阻应变片在工作时，将应变片用黏合剂粘贴在弹性元件或试件上，弹性元件或试件受外力作用变形所产生的应变就会传递到应变片上，从而使应变片的电阻值发生变化，通过测量阻值的变化，就能得知外界被测量的大小。但是，由于金属电阻应变片灵敏系数 K 通常都很小，机械应变一般也很小，所以电阻的相对变化是很小的，用一般的测量电阻仪表很难直接测量出来，必须用专门的电路来测量这种微弱的电阻变化。一般采用电桥电路实现微小阻值的转换。电桥电路将在第 6 章介绍。

温度的变化会引起电阻值的变化，从而造成应变测量结果的误差。而且由温度变化所引起的电阻值变化与由应变引起的电阻值变化往往具有同等数量级，所以为了保证测量的精度，一般要采取温度补偿措施，以消除温度变化所造成的误差。例如，测量时，在试件变形较大处粘贴两片工作片，在试件变形较小或没有变形处粘贴另两片应变片作为补偿片（见图 3.12），同时接入测量电桥的四个桥臂，就可消除温度变化对测量的影响。

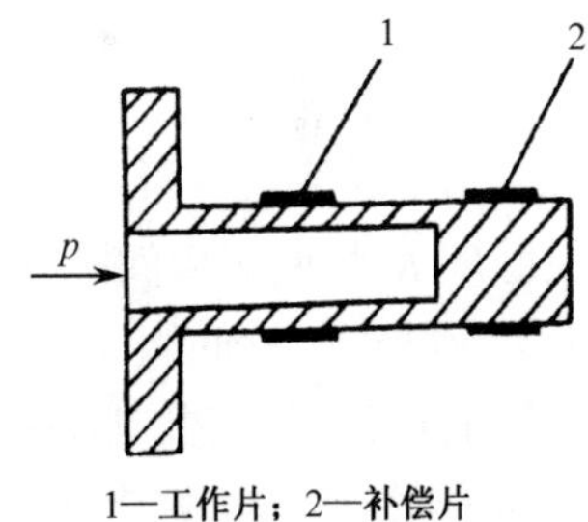

1—工作片；2—补偿片

图 3.12　温度补偿

3.2　电容式传感器

电容式传感器采用电容器作为传感元件，将不同物理量的变化转换为电容量的变化。它实质上是一个具有可变参数的电容器。在大多数情况下，作为传感元件的电容器是由两平行板组成的以空气为介质的电容器，有时也采用由两平行圆筒或其他形状平面组成的电容器。

3.2.1 电容式传感器的工作原理

电容式传感器的工作原理可用图 3.13 所示的平行板电容器来说明。设两极板相互覆盖的有效面积为 A（单位为 m^2），两极板间的距离为 δ（单位为 m），两极板间介质的介电常数为 ε（单位为 $F \cdot m^{-1}$）。当不考虑边缘电场影响时，其电容量 C 为

$$C = \frac{\varepsilon A}{\delta} \tag{3-10}$$

由式（3-10）可知，平行板电容器的电容量是关于 ε、A 和 δ 的函数，即 $C = f(\varepsilon, A, \delta)$。如果保持其中两个参数不变，而改变另一个参数，那么被测量参数的改变就可由电容量 C 的改变反映出来。例如，将上极板固定，下极板与被测运动物体相连，当被测运动物体上下移动（δ 变化）或左右移动（A 变化）时，就会引起电容的变化，通过一定的测量电路可将这种电容变化转换成电压、电流、频率等信号输出，根据输出信号的大小，即可测定运动物体位移的大小。因此，根据工作原理的不同，电容式传感器可分为变间隙式（δ 变化）、变面积式（A 变化）和变介质式（ε 变化）三种；按极板形状不同，电容式传感器可分为平板形和圆柱形两种。

1．变间隙式电容传感器

图 3.14 所示为变间隙式电容传感器。图 3.14 中 1 为固定极板，2 为与被测对象相连的活动极板，初始状态时两极板间的距离为 d。当活动极板因被测参数的改变而引起移动时，两极板间的距离发生变化，在极板面积 A 和介质的介电常数不变时，电容量 C 也相应发生改变。设移动距离为 x，两极板间隙为 δ（$\delta = d - x$），其电容量为

$$C = \frac{\varepsilon A}{d - x} = \frac{\varepsilon A}{\delta} \tag{3-11}$$

由式（3-11）可以看出，电容 C 与 x 呈非线性关系。灵敏度为

$$K = \frac{\mathrm{d}C}{\mathrm{d}\delta} = -\frac{\varepsilon A}{\delta^2} \tag{3-12}$$

灵敏度 K 与两极板间隙 δ 的平方成反比，两极板间隙越小，灵敏度越高。因此，要提高灵敏度，应减小起始间隙 d。但 d 过小又容易引起击穿，并且加工精度要求也高，为此，一般在极板间放置云母、塑料膜等介电常数高的物质来改善这种情况。一般来说，电容式传感器的起始电容在 20～30pF 之间，两极板间隙在 25～200μm 的范围内。

图 3.13　平行板电容器

图 3.14　变间隙式电容传感器

在实际应用中，为了提高传感器的灵敏度，常采用差动式结构。差动式电容传感器如图 3.15 所示。差动式电容传感器的中间可移动电容器极板分别与两边固定的电容器极板形成两个电容器 C_1 和 C_2，平衡时两极板间的距离 $\delta_1 = \delta_2 = \delta$。当中间极板向一方向移动 $\Delta\delta$ 时，其中

一个电容器 C_1 的电容因间隙增大而减小，而另一个电容器 C_2 的电容则因间隙减小而增大，由式（3-11）可得电容总变化量为

$$\Delta C = C_1 - C_2 = -\frac{2\varepsilon A}{\delta^2}\Delta\delta \tag{3-13}$$

灵敏度为

$$K = \frac{\Delta C}{\Delta\delta} = -\frac{2\varepsilon A}{\delta^2} \tag{3-14}$$

由此可见，采用差动式结构可提高测量的灵敏度，还可消除因外界干扰所造成的测量误差。

2．变面积式电容传感器

图 3.16 所示为直线位移型变面积式电容传感器的示意图，极板长为 b，宽为 a，极距为 d。当活动极板移动 Δx 后，覆盖面积就发生变化，电容也随之改变，其值为

$$C = \frac{\varepsilon b(a-\Delta x)}{d} = C_0 - \frac{\varepsilon b}{d}\Delta x \tag{3-15}$$

其灵敏度为

$$K = \frac{\Delta C}{\Delta x} = -\frac{\varepsilon b}{d} \tag{3-16}$$

由此可见，增加 b 或减小 d 均可提高传感器的灵敏度。变面积式电容传感器的灵敏度为常数，即输出与输入呈线性关系。

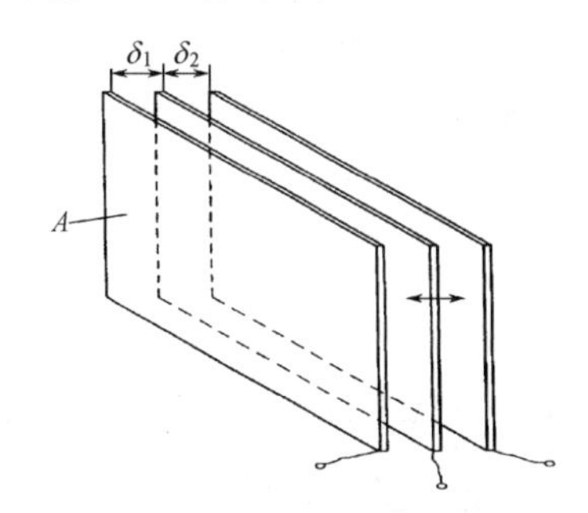

图 3.15 差动式电容传感器

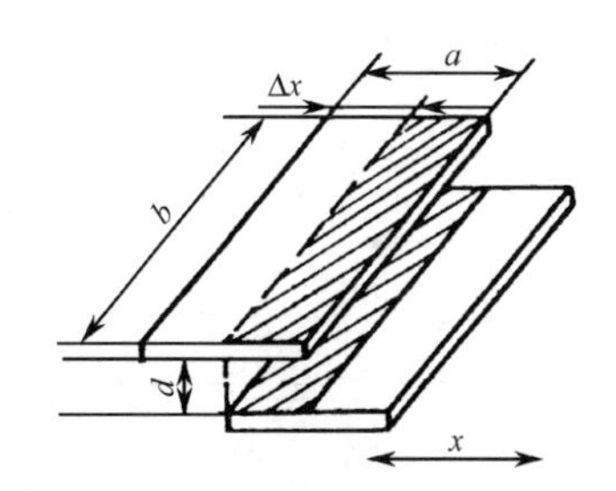

图 3.16 直线位移型变面积式电容传感器的示意图

图 3.17（a）所示为变面积式电容传感器的几种派生类型。图 3.17（a）所示为角位移型变面积式电容传感器，当动片有一角位移 θ 时，两极板间的覆盖面积就发生变化，从而导致电容发生变化，此时电容为

$$C_\theta = \frac{\varepsilon A\left(1-\frac{\theta}{\pi}\right)}{d} = C_0 - C_0\frac{\theta}{\pi} \tag{3-17}$$

图 3.17（b）所示的传感器极板采用了齿形极板，其目的是增加覆盖面积，提高灵敏度。当齿形极板的齿数为 n 时，移动 Δx 后，其灵敏度为

$$K = \frac{\Delta C}{\Delta x} = -n\frac{\varepsilon b}{d} \tag{3-18}$$

图 3.17（c）所示为圆筒型变面积式电容传感器。

变面积式电容传感器线性度好，但其灵敏度低，一般用于较大位移的测量。为了提高灵

敏度，常采用差动式结构，如图 3.17（d）所示。

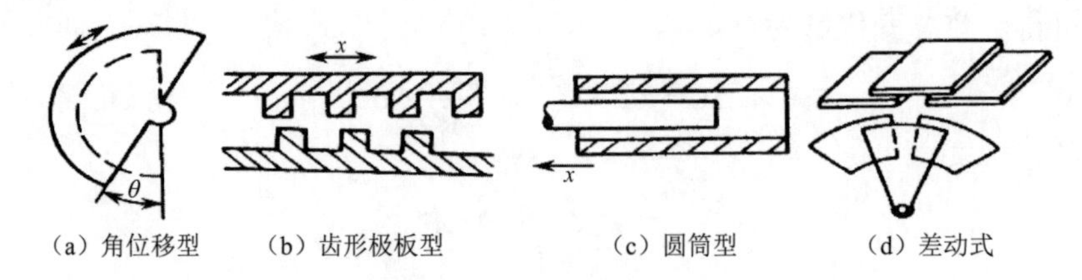

图 3.17　变面积式电容传感器的几种派生类型

3．变介质式电容传感器

图 3.18 所示为变介质式电容传感器的两种形式。如图 3.18（a）所示，该电容器具有两种不同的介质，其相对介电常数分别为 ε_{r1} 和 ε_{r2}，介质厚度分别为 a_1 和 a_2，且 $a_1+a_2=a_0$，即两者之和等于两极板间距 a_0，极板面积为 A。整个装置可视为两个电容器串联而成，其总电容量 C 由两电容器的电容 C_1 和 C_2 所确定，即

$$\frac{1}{C}=\frac{1}{C_1}+\frac{1}{C_2}=\frac{1}{\varepsilon_0 A}\left(\frac{a_1}{\varepsilon_{r1}}+\frac{a_2}{\varepsilon_{r2}}\right) \tag{3-19}$$

因此有

$$C=\frac{\varepsilon_0 A}{\dfrac{a_1}{\varepsilon_{r1}}+\dfrac{a_2}{\varepsilon_{r2}}} \tag{3-20}$$

一般取介质 1 为空气，其介电常数为 1，则式（3-20）变为

$$C=\frac{\varepsilon_0 A}{a_1+\dfrac{a_2}{\varepsilon_{r2}}}=\frac{\varepsilon_0 A}{a_0-a_2+\dfrac{a_2}{\varepsilon_{r2}}} \tag{3-21}$$

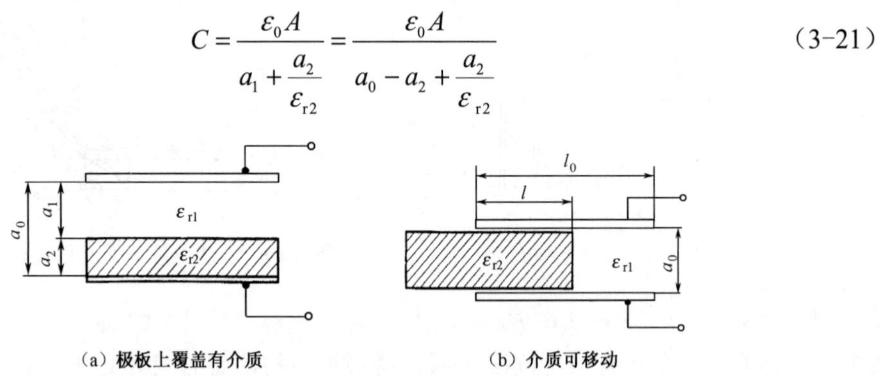

图 3.18　变介质式电容传感器的两种形式

由式（3-21）可知，总电容量 C 取决于介电常数 ε_{r2} 及介质厚度 a_2。因此，只要这两个参数中的一个为已知时，可通过上述公式求出另一个参数值。这种方法可用来对不同材料，如纸、塑料膜、合成纤维等进行厚度测定。测量时，让材料通过电容器两极板之间，由于材料的介电常数已知，因此可由被测的电容确定材料的厚度。

在图 3.18（b）中，介质 2 插入电容器中一定深度，这种结构相当于两电容器并联。此时总电容为

$$C=C_1+C_2=\frac{\varepsilon_0\varepsilon_{r1}b_0(l_0-l)}{a_0}+\frac{\varepsilon_0\varepsilon_{r2}b_0 l}{a_0}=\frac{\varepsilon_0 b_0}{a_0}[\varepsilon_{r1}(l_0-l)+\varepsilon_{r2}l] \tag{3-22}$$

同样，一般取介质 1 为空气，设介质全部为空气的电容器的电容为 C_0，则

$$C_0 = \frac{\varepsilon_0 b_0 l_0}{a_0}$$

由介质 2 的插入所引起的电容 C 的相对变化为

$$\frac{\Delta C}{C_0} = \frac{C - C_0}{C_0} = \frac{l_0 - l}{l_0} + \frac{\varepsilon_{r2}}{l_0} - 1 = \frac{\varepsilon_{r2} - 1}{l_0} l \tag{3-23}$$

由此可见，由介质 2 的插入所引起的电容的相对变化正比于插入深度。利用这一原理可对非导电液体和松散物料的液位或填充高度进行测量。

总之，变间隙式电容传感器的灵敏度为变量，只有当被测量远小于极板间距时才可近似为常数，一般用来测量微小线位移（可小至 0.01μm～0.1mm），也可用于测量由力、位移、振动等引起的极板间距离的变化。它灵敏度较高，易实现非接触测量，因而应用较为普遍。变面积式电容传感器的灵敏度为常数，一般用来测量角位移或较大线位移。变介质式电容传感器可用于测量固体或液体的物位，也可用于测定各种介质的温度、密度等参数。

3.2.2　电容式传感器的测量电路

电容式传感器在实际使用过程中，由于传感器本身电容很小，仅几微法至几十微法，而且由被测量变化所引起的电容量变化都很小，容易受到外界寄生电容的干扰，所以必须经过转换电路进行转换。电容式传感器常用的转换电路有普通交流电桥电路、变压器式电桥电路、运算放大器电路、双 T 电桥电路和调频电路等。它们各有特点，应按使用场合选用，如普通交流电桥，测量精度高，适合在频率低于 100kHz 时使用；而调频电路适合小电容测量，但不适合被测量在线连续监测。不管采用哪种测量电路，都应装在紧靠传感器处，或采用集成电路将全部测量电路装在传感器壳体内，对壳体和引线采取屏蔽措施。

1．运算放大器电路

图 3.19 所示为运算放大器电路，电容式传感器跨接在高增益运算放大器的输入端与输出端之间。运算放大器的输入阻抗很高，因此可认为是一个理想运算放大器，其输出电压为

$$u_o = -u_i \frac{C_0}{C_x}$$

把 $C_x = \dfrac{\varepsilon A}{d}$ 代入上式，则有

$$u_o = -u_i \frac{C_0}{\varepsilon A} d \tag{3-24}$$

式中　u_o——运算放大器输出电压；

u_i——信号源电压；

C_x——传感器电容；

C_0——固定初始状态电容器电容。

由式（3-24）可看出，输出电压 u_o 与动极片机械位移 d 呈线性关系。

2．双 T 电桥电路

双 T 电桥电路如图 3.20 所示，其工作原理如下。

E_i 为高频电源，它提供幅值为 E 的对称方波。当 E_i 为正半周时，二极管 VD_1 导通，VD_2

截止，于是电容 C_1 上的电荷通过电阻 R_1、负载电阻 R_L 放电，此时流过 R_L 的电流为 i_1。在负半周内，VD_2 导通，VD_1 截止，则电容 C_2 充电；在下一个半周（正半周），C_2 通过电阻 R_2、R_L 放电，流过 R_L 的电流为 i_2。如果二极管 VD_1 和 VD_2 具有相同的特性，且令 $C_1=C_2$，$R_1=R_2$，那么电流 i_1 和 i_2 大小相等，方向相反，流过 R_L 的平均电流为零。若 $C_1 \neq C_2$，则在 R_L 上必定有信号输出。若取 $R_1=R_2=R$，其输出电压平均值为

$$E_o = I_L R_L = \left[\frac{1}{T}\int_0^T \left|i_1(t) - i_2(t)\right| \mathrm{d}t\right] \times R_L \approx \frac{R(R+2R_L)}{(R+R_L)^2} R_L Ef(C_1 - C_2) \tag{3-25}$$

式中　f——电源频率。

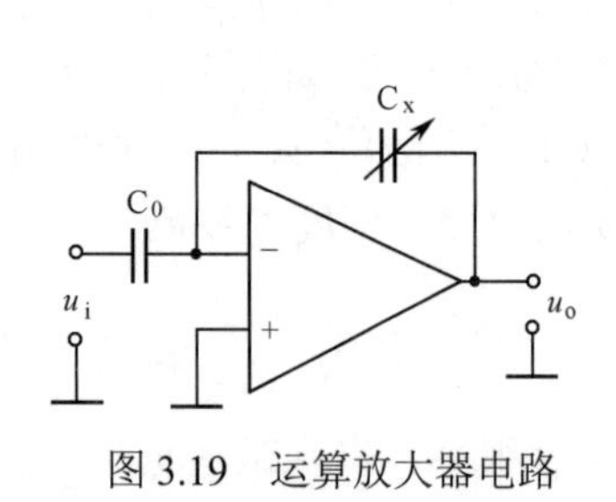

图 3.19　运算放大器电路

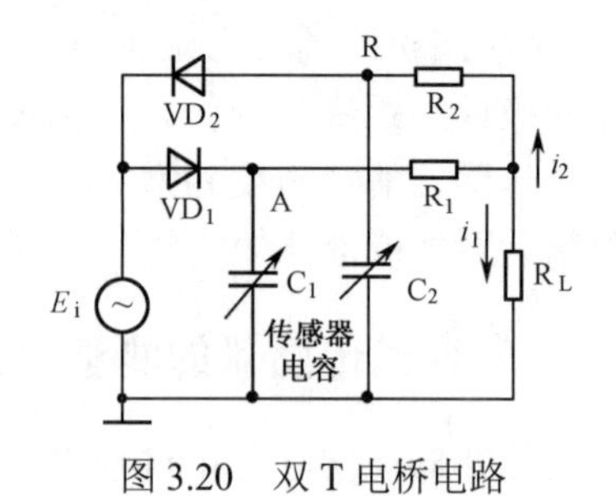

图 3.20　双 T 电桥电路

若已知 R_L，且令

$$\frac{R(R+2R_L)}{(R+R_L)^2} R_L = M \quad (\text{常数})$$

则

$$E_o = EfM(C_1 - C_2) \tag{3-26}$$

由式（3-26）可知，输出电压不仅与电源 E_i 的频率和幅值有关，而且与双 T 电桥电路中的电容 C_1 和 C_2 的差值有关。当电源电压 E_i 确定后，输出电压 E_o 只是关于电容 C_1、C_2 的函数。根据有关实验证明：当 E_i 的有效幅值为 46V、频率为 1.3MHz 时，传感器电容 C_1 和 C_2 从 -7～+7pF 变化，则在 R_L=1MΩ时可产生-5～+5V 的直流电压输出。该电路的输出阻抗与 R_1、R_2、R_L 有关，为 1～100kΩ，与电容 C_1、C_2 无关，故只要适当选择电阻 R_1 和 R_2，则输出电流可以直接用毫安表或微安表测量。输出信号的上升沿时间取决于负载电阻。例如，当 R_L=1kΩ 时，其上升沿时间为 20μs 左右，因此该电路能用于高速机械运动量的测量。如果 E_i 的幅值很高，由于 VD_1、VD_2 工作在特性曲线的线性区域，故测量的非线性误差很小。

双 T 电桥电路的输出电压较高，电路的灵敏度与电源频率有关，因此电源频率需要稳定，该电路可以用于动态测量。

3. 调频电路

调频电路如图 3.21 所示，电容式传感器作为振荡器谐振回路的一部分，调频振荡器的谐振频率 f 为

$$f = \frac{1}{2\pi\sqrt{LC}} \tag{3-27}$$

式中　L——振荡回路电感；

　　　C——传感器电容 C_x 和固定电容 C_1 并联后的等效电容。

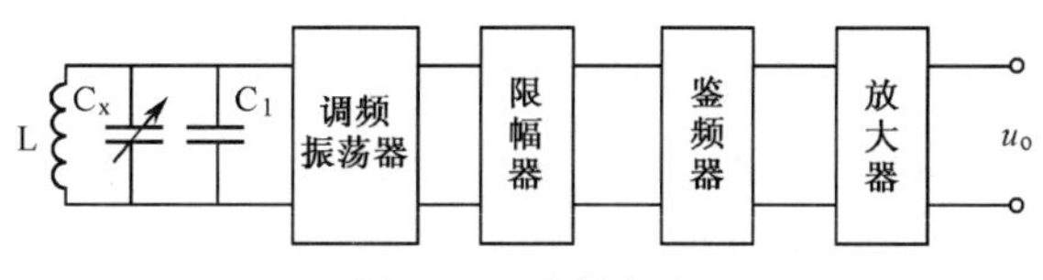

图3.21　调频电路

当被测量使电容值发生变化时，振荡器频率也发生变化，经限幅、鉴频和放大后变成电压输出。

该测量电路的灵敏度高，可测量0.01μm的微小位移变化，但易受电缆形成的杂散电容的影响，也易受温度变化的影响，给使用带来一定困难。

3.2.3　电容式传感器的应用

电容式传感器具有结构简单、灵敏度高、动态响应特性好、适应性强、抗过载能力强及价格低等特点，因此可以用来测量压力、位移、振动和液位等参数。随着电子技术的迅速发展，特别是集成电路的出现，电容测量技术在非电量测量和自动检测中得到了越来越广泛的应用，它不仅可用于位移、振动等传统机械量的精密测量，还可用于差压、加速度等物理量的测量。

1．电容式压力传感器

图3.22所示为一种典型的差动式电容压力传感器。该传感器主要由金属膜片（动片）和玻璃上的金属镀层（定片）组成。在被测压力的作用下，膜片弯向低压的一边，使一个电容增加，另一个电容减少，电容变化的大小反映了压力变化的大小。其灵敏度取决于初始间隙，初始间隙越小，灵敏度越高，一般可用于测量0～0.75Pa的微小压差。

2．电容式加速度传感器

图3.23所示为一种空气阻尼电容式加速度计。它有两个固定电极，两极板间有一用弹簧支撑的质量块，质量块的两个端平面作为活动极板。当测量垂直方向的振动时，由于质量块的惯性作用，使上、下两对极板形成的电容发生变化。通过测量电容的变化即可计算出被测加速度的大小。

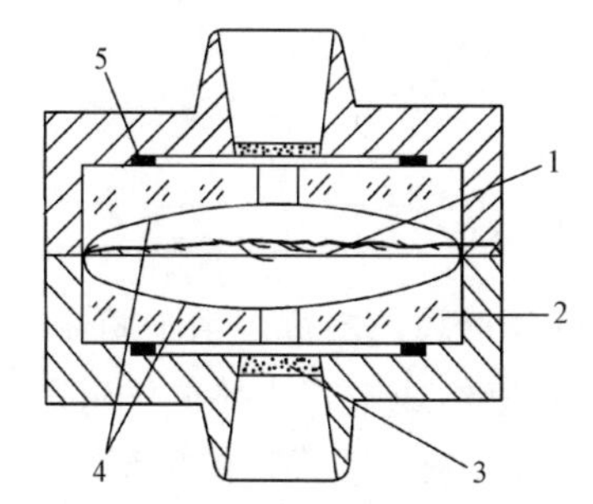

1—金属膜片（动片）；2—玻璃；3—多孔金属滤波器；
4—金属镀层（定片）；5—垫圈

图3.22　一种典型的差动式电容压力传感器

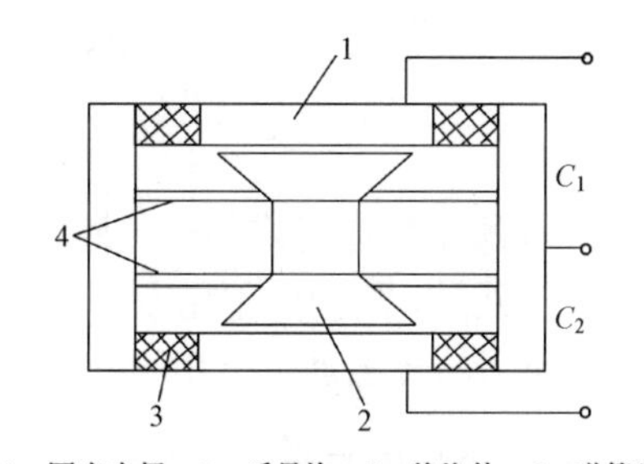

1—固定电极；2—质量块；3—绝缘体；4—弹簧片

图3.23　一种空气阻尼电容式加速度计

3．电容式测厚仪

电容式测厚仪主要用于金属带材在轧制过程中厚度的在线检测。

电容式测厚仪工作原理如图 3.24 所示，在被测带材的上、下两侧各设置一块面积相等、与被测带材距离相等的工作极板。工作极板与被测带材之间形成两个电容，即 C_1 和 C_2。若两块工作极板用导线连接作为传感器的一个电极板，被测带材本身作为电容式传感器的另一个极板，则总电容量为 C_1+C_2。当被测带材在轧制过程中的厚度发生变化时，将引起电容的变化。通过测量电路和指示仪表可显示被测带材的厚度。

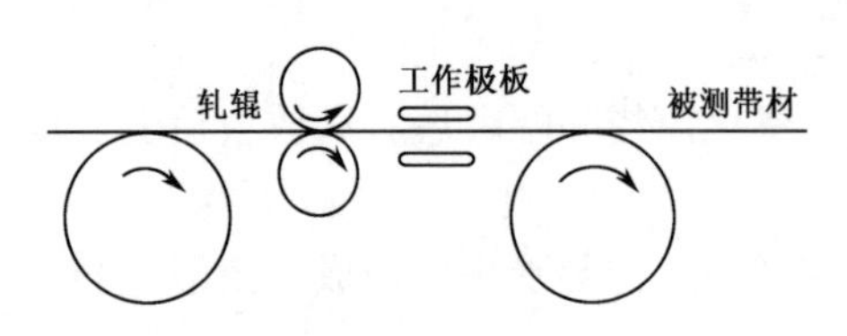

图 3.24　电容式测厚仪工作原理

4．电容式物位传感器

电容式物位传感器是利用被测介质面的变化引起电容变化的一种变介质型电容式传感器。图 3.25 所示为用于被测介质为液体的电容式液位传感器。图 3.25（a）所示为被测介质为非导电液体的电容式液位传感器，当被测液面高度变化时，两个同轴电极间的介电常数将发生变化，从而导致电容变化。

上述原理也可用于导电介质液位的测量，这时传感器极板必须与被测介质绝缘，如图 3.25（b）所示。另外，对于导电介质液位的测量也可采用图 3.25（c）所示的液位传感器。液面变化时相当于外电极的面积在改变，这是一种变面积式电容传感器。

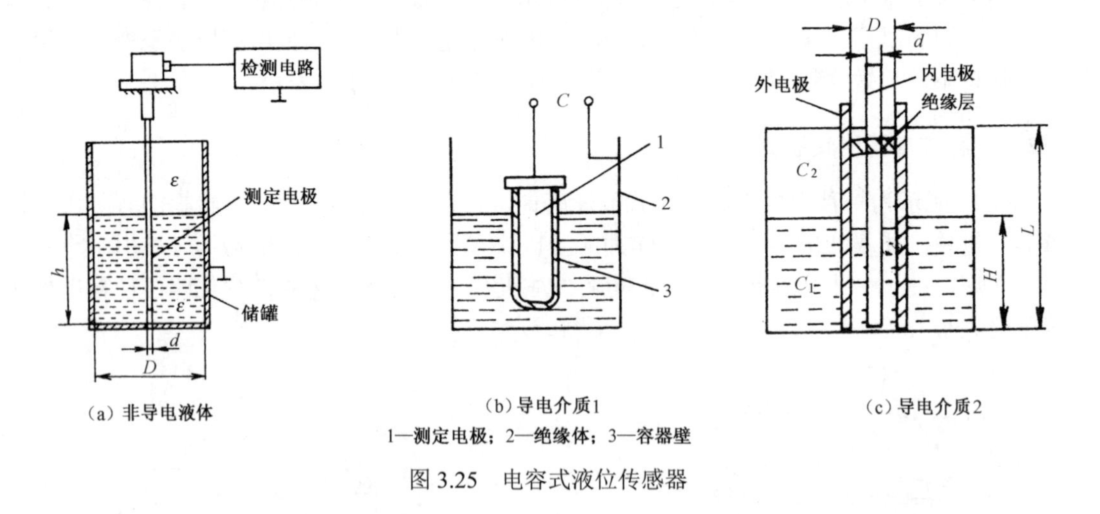

（a）非导电液体　（b）导电介质1　（c）导电介质2

1—测定电极；2—绝缘体；3—容器壁

图 3.25　电容式液位传感器

图 3.26 所示为电容式料位传感器，用来测量非导电固体散粒的料位。由于固体摩擦力较大，容易“滞留”，故一般不用双层电极，而用电极棒与容器壁组成电容式料位传感器的两极。

以上介绍的传感器主要用于容器内物位高度的连续测量，是连续式物位传感器。

5．电容式物位开关

图 3.27 所示为电容式物位开关探极的安装方式。电容式物位开关的工作原理是，当把探头安装于仓体上时，探极和仓壁分别相当于电容器的两个极板；由于被测物料的介电常数与空气不同，所以仓内物位发生变化时会引起探极对仓壁间的电容量发生变化，当该电容量大

于用户的设定值时，限位开关控制的继电器动作，输出一个开关量达到控制（或报警）的目的。其具体安装形式有侧装和顶装两种形式。电容式物位开关常用于仓库的料位测量。

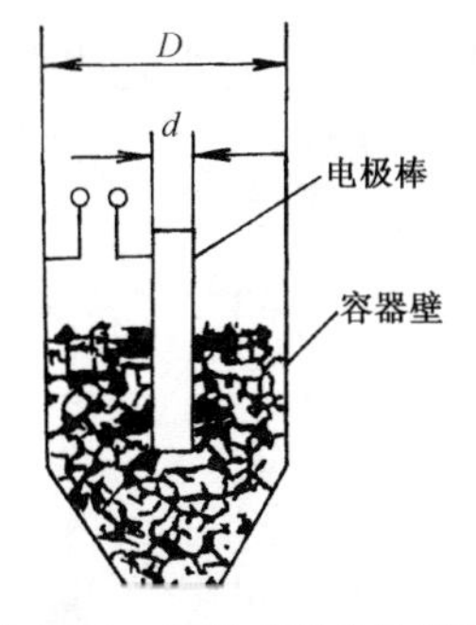

图 3.26　电容式料位传感器

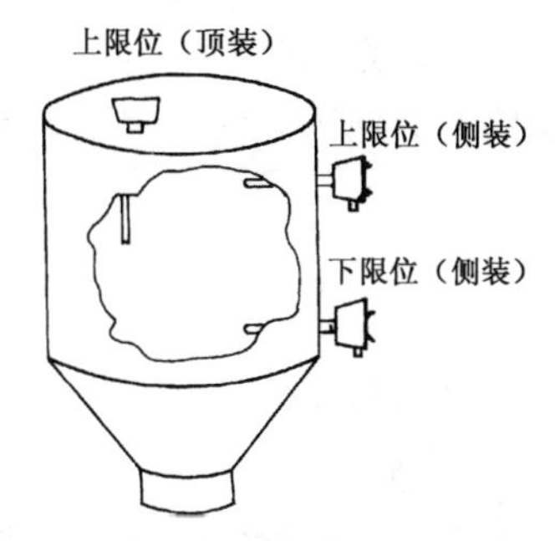

图 3.27　电容式物位开关探极的安装方式

6. 电容式麦克风

电容式麦克风用一张极薄的金属振膜作为电容的一极，另一个距离很近的金属背板（零点几毫米左右）作为另一极，这样振膜的振动就会造成电容量的变化，从而形成电信号。由于振膜非常薄，很微小的声音也能使其振动，所以电容式麦克风非常灵敏。电容式麦克风的特点是灵敏度高，拾取的细节丰富，频响曲线平直宽广，在录音棚里良好的声学环境下能发挥出令人满意的效果，因此其比较适合在录音棚、安静的房间里录音。

3.3　电感式传感器

电感式传感器是利用被测量的变化引起线圈自感或互感系数的变化，从而导致线圈电感改变这一物理现象来实现测量的。根据转换原理，电感式传感器可分为自感式传感器和互感式传感器两大类。

3.3.1　自感式传感器

自感式传感器主要有变间隙型、变面积型和螺管型三种类型，如图 3.28 所示。虽然形式不同，但都包含线圈、铁芯和衔铁三部分。

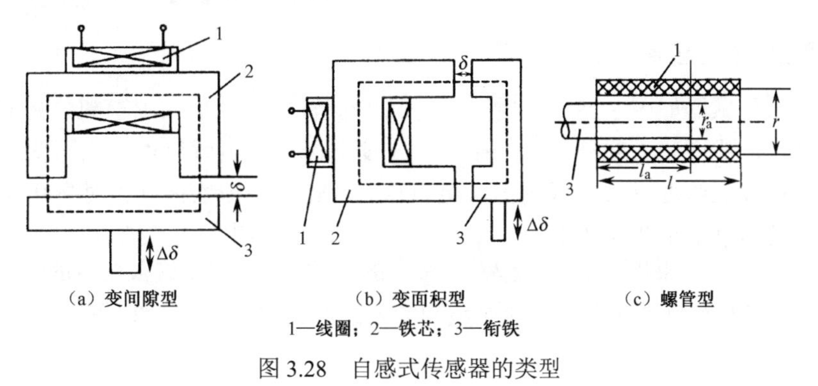

图 3.28　自感式传感器的类型

1．变间隙型自感传感器

变间隙型自感传感器如图 3.28（a）所示。工作时，衔铁与被测物体连接，被测物体的位移$\Delta\delta$将引起气隙宽度δ发生变化，使磁路中气隙的磁阻发生变化，从而引起线圈的电感变化。如果忽略磁路中其他部分的磁阻而只计算气隙的磁阻，那么磁阻为

$$R_{\mathrm{m}}=\frac{2\delta}{\mu A} \tag{3-28}$$

式中　δ——气隙宽度；

μ——空气磁导率；

A——气隙截面积。

根据磁路的基本知识，整个磁路的电感为

$$L=\frac{n^2}{R_{\mathrm{m}}}=\frac{n^2\mu A}{2\delta} \tag{3-29}$$

式中　n——线圈匝数。

式（3-29）表明，自感L与气隙宽度δ成反比，而与气隙截面积A成正比。若固定气隙截面积A，当气隙宽度有一微小变化$\mathrm{d}\delta$时，引起自感量的变化量$\mathrm{d}L$为

$$\mathrm{d}L=-\frac{n^2\mu A}{2\delta^2}\mathrm{d}\delta \tag{3-30}$$

故变间隙型自感传感器的灵敏度为

$$K=-\frac{n^2\mu A}{2\delta^2} \tag{3-31}$$

式（3-31）表明灵敏度K与气隙宽度δ的平方成反比，δ越小，灵敏度越高。为了减少非线性误差，这种传感器适用于较小位移的测量，测量范围为 0.001～1mm。由于其行程小，而且衔铁在运动方向上受铁芯限制，制造装配困难，所以近年来已较少使用该类传感器。

2．变面积型自感传感器

变面积型自感传感器如图 3.28（b）所示，工作时气隙宽度不变，铁芯与衔铁之间的相对覆盖面积随被测位移量的变化而改变，从而导致线圈电感发生变化。这类传感器的灵敏度为

$$K=-\frac{n^2\mu}{2\delta} \tag{3-32}$$

3．螺管型自感传感器

螺管型自感传感器如图 3.28（c）所示，它由一圆柱形衔铁插入螺管圈内构成。当衔铁随被测对象移动时，线圈磁力线路径上的磁阻发生变化，线圈电感量也因此而变化。线圈电感量的大小与衔铁插入深度有关。理论上，电感相对变化量与衔铁位移相对变化量成正比，但由于线圈内磁场强度沿轴线分布不均匀，所以实际上它的输出呈非线性。

设线圈长度为l，线圈的平均半径为r，线圈的匝数为n，衔铁进入线圈的长度为l_{a}，衔铁的半径为r_{a}，铁芯的有效磁导率为μ_{m}，则线圈的电感量L与衔铁进入线圈的长度l_{a}的关系为

$$L=\frac{4\pi^2n^2}{l^2}\left[lr^2+\left(\mu_{\mathrm{m}}-1\right)l_{\mathrm{a}}r_{\mathrm{a}}^2\right] \tag{3-33}$$

由式（3-33）可知，螺管型自感传感器的灵敏度较低，但由于其量程大且结构简单，易于

制作和批量生产，因此它是使用最广泛的一种自感式传感器。

在以上三种传感器中，变间隙型自感传感器灵敏度最高，其灵敏度随气隙的增大而降低，非线性误差大。为了减小非线性误差，量程必须限制在较小范围内，所以只能用于微小位移的测量，一般为 0.001～1mm，但制作装配比较困难。变面积型自感传感器灵敏度比变间隙型自感传感器灵敏度小，但线性较好，量程也比变间隙型的大，使用比较广泛。螺管型自感传感器灵敏度较低，但量程大且结构简单，易于制作和批量生产，是使用最广泛的一种自感式传感器。

以上三种类型的传感器，由于线圈中存在起始电流，非线性较大，而且有电磁吸力作用于衔铁，同时易受外界干扰的影响，如电源电压和频率的波动、温度变化等都将使输出产生误差，所以不适用于精密测量，只用在一些继电信号装置中。在实际应用中，常将两个自感式传感器组合在一起，形成差动式电感传感器。

4. 差动式电感传感器

在实际应用中，常采用两个相同的自感式线圈共用一个衔铁，构成差动式电感传感器。这样做可以提高传感器的灵敏度，减小测量误差。图 3.29 所示为变间隙型、变面积型及螺管型三种类型的差动式电感传感器。变间隙型的工作行程只有几微米到几毫米，所以适用于微小位移的测量，而对较大范围的测量往往采用螺管型差动式电感传感器。

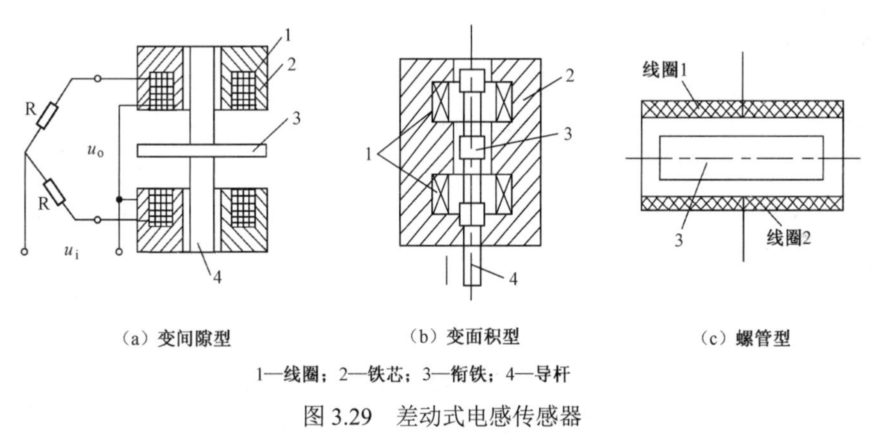

(a) 变间隙型　　(b) 变面积型　　(c) 螺管型

1—线圈；2—铁芯；3—衔铁；4—导杆

图 3.29　差动式电感传感器

差动式电感传感器在结构上要求上、下两个导磁体的几何尺寸完全相同，材料性能完全相同，两个线圈的电气参数（如电感匝数、线圈铜电阻等）和几何尺寸也要完全一致。

5. 自感式传感器的测量电路

自感式传感器主要利用交流电桥电路先把电感的变化转化成电压（或电流）的变化，再送入下一级电路进行处理。由于差动式结构可以提高测量的灵敏度，改善线性度，所以大多数电感式传感器都采用差动式结构。其测量用的交流电桥也多采用双臂工作形式，通常将传感器的两组线圈作为电桥的两个工作臂，电桥的平衡臂可以是纯电阻，也可以是变压器的二次侧绕组或紧耦合电感线圈，具体电桥电路见第 6 章。

差动式结构除了可以改善线性度、提高灵敏度，由于采用差动电桥输出，对外界的抗干扰能力（如温度的变化、电源频率变化等）也大为增强。另外，两只线圈铁芯对衔铁的吸力方向正好相反，在中间位置时，吸力为零，因此铁芯对活动衔铁的电磁吸力也大为减小。

3.3.2 互感式传感器

1. 互感式传感器的工作原理

互感式传感器的工作原理类似于变压器的工作原理。其主要包括衔铁、初级线圈和次级线圈等。初级和次级线圈的耦合能随衔铁的移动而变化，即绕组间的互感随被测量改变而变化。一般采用两只次级线圈，并且两只次级线圈按电势反相串接，以差动方式输出，所以这种传感器又称为差动变压器式传感器。差动变压器式传感器的结构如图3.30（a）所示，其等效电路如图3.30（b）所示。

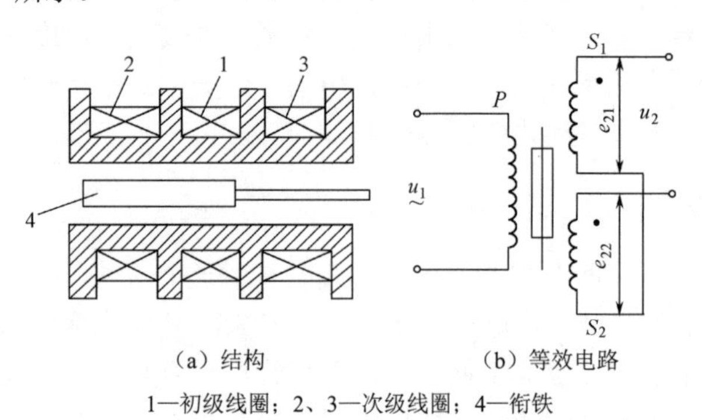

（a）结构　　（b）等效电路

1—初级线圈；2、3—次级线圈；4—衔铁

图3.30　差动变压器式传感器

当初级线圈P加上一定的交流电压 u_1 后，在次级线圈中产生感应电势 e_{21} 和 e_{22}。当衔铁在中间位置时，两次级线圈互感相同，感应电势 $e_{21}=e_{22}$，输出电压为零。当衔铁向上移动时，S_1 互感变大，S_2 互感变小，感应电势 $e_{21}>e_{22}$，输出电压 $u_2=e_{21}-e_{22}$，不为零，且在传感器的量程内，移动得越大，输出电压越大。当衔铁向下移动时，S_2 互感变大，S_1 互感变小，感应电势 $e_{22}>e_{21}$，输出电压仍不为零，与向上移动相比较，相位相差180°。

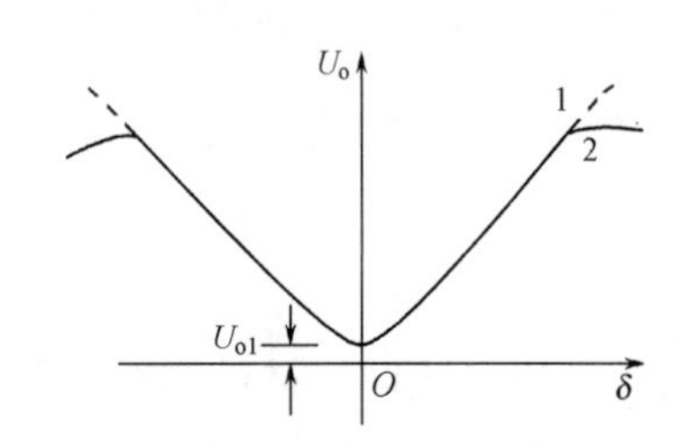

图3.31　差动变压器式传感器的输出特性曲线

因此，根据 u_2 的大小和相位就可判断衔铁位移量的大小和方向。图3.31所示为差动变压器式传感器的输出特性曲线。曲线1为理想输出特性曲线，曲线2为实际输出特性曲线。为了区分零点两边铁芯不同位移所产生的输出相位，可通过相位或相敏电路来测定。U_{o1} 为零点残余电动势，这是由差动变压器式传感器在制作上的不对称及铁芯位置等因素造成的。

零点残余电动势的存在，使传感器的输出特性在零点附近不灵敏，给测量带来误差，此值的大小是衡量差动变压器式传感器的性能好坏的重要指标。

为了减小零点残余电动势，可采取以下方法。

（1）尽可能保证传感器几何尺寸、线圈电气参数和磁路的对称。磁性材料要经过处理，消除内部的残余应力。

（2）选用合适的测量电路，如采用相敏整流电路，既可判别衔铁移动方向，又可改善输出特性，减小零点残余电动势，使其性能均匀稳定。

（3）采用补偿电路减小零点残余电动势。图3.32所示为几种减小零点残余电动势的补偿电路。在差动变压器式传感器线圈侧串联或并联适当数值的电阻、电容元件，当调整这些元件时，可使零点残余电动势减小，甚至为零。

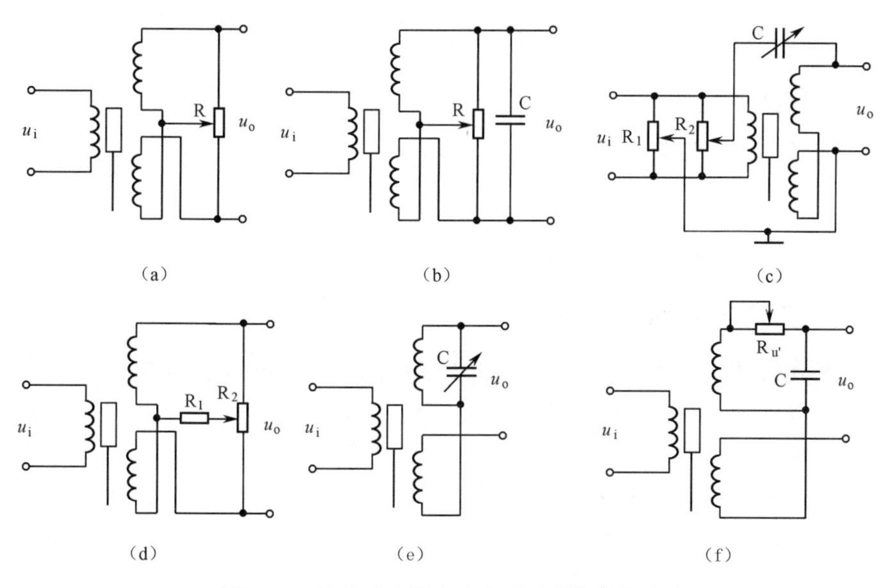

图 3.32　几种减小零点残余电动势的补偿电路

2. 差动变压器式传感器的结构类型

差动变压器式传感器的结构类型如图 3.33 所示。在图 3.33（a）和图 3.33（c）中，衔铁均为平板形，灵敏度较高，测量范围较小，一般用于几微米至几百微米的位移测量。图 3.33（b）所示为采用圆柱形衔铁的螺管型差动变压器式传感器，其测量范围较大，一般用于 1 毫米至几百毫米的位移测量。图 3.33（d）所示为测量转角的差动变压器式传感器，一般用于测量微小的角位移，输出线性范围一般在±10° 左右。不管是哪一种类型，其铁芯完全能与变压器的其他部分分开，因此不存在机械过载的问题；对高温、低温和温度变化也不敏感，并且能提供比较高的输出，常用于没有中间放大的场合，并可反复使用。由于差动变压器式传感器的质量较大，且过高的激励频率对灵敏度、线性度将产生不利影响，因此差动变压器式传感器不适宜高频动态测量。

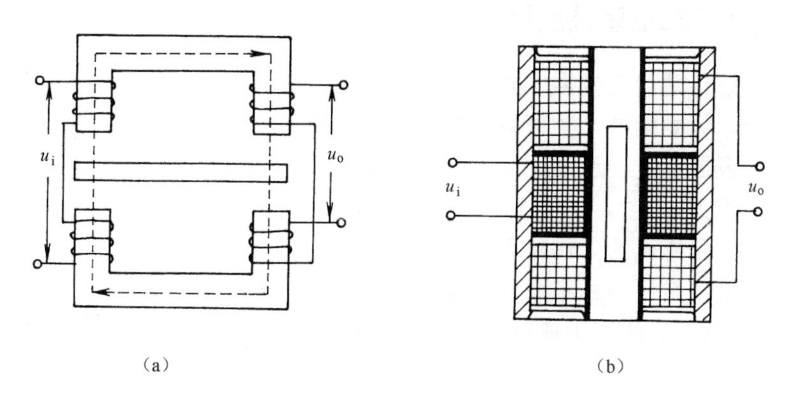

图 3.33　差动变压器式传感器的结构类型

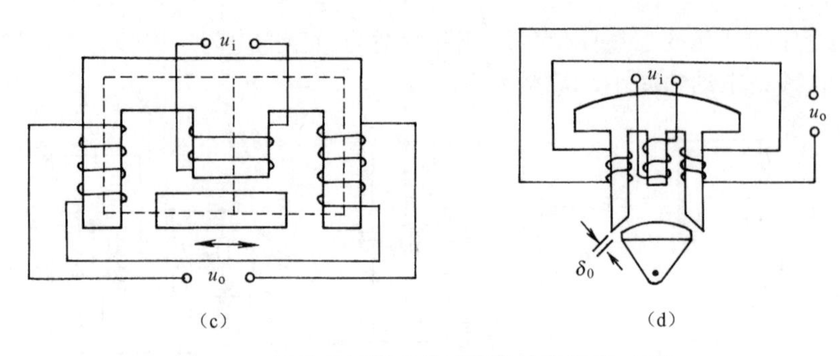

图 3.33　差动变压器式传感器的结构类型（续）

3．差动变压器式传感器的测量电路

差动变压器式传感器的测量电路主要有差动相敏检波电路和差动整流电路。

图 3.34 所示为一种用于测量小位移的差动相敏检波电路。在无输入信号时，铁芯处于中间位置，调节电阻 R 使零位残余电压趋近于零；当铁芯上下移动时，传感器有信号输出，其输出的电压信号经放大、相敏检波后得到直流输出，由指示仪表指示位移量的大小与方向。

差动整流电路结构简单，一般不需要调整相位，不考虑零点残余电动势的影响，适用于远距离传输。图 3.35 所示为典型的差动整流电路。

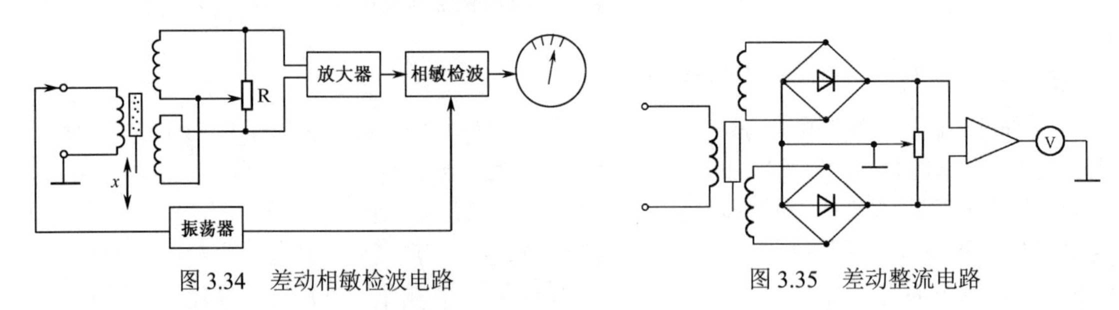

图 3.34　差动相敏检波电路　　　　图 3.35　差动整流电路

差动变压器式传感器的特点是测量精度高（可达 0.1μm）、线性量程大（可达 ±100mm）、稳定性好和使用方便等，广泛用于直线位移的测量，也可用于转动位移的测量。另外，借助弹性元件也可将压力、质量等物理量转换成位移量，因此可用于力的测量。

3.3.3　电涡流式电感传感器

电涡流式电感传感器是根据电涡流效应制成的传感器。其体积小、灵敏度高、频带响应宽，被广泛用于位移、厚度、表面温度、速度、应力、材料损伤等的非接触式连续测量。

电涡流式电感传感器的工作原理如图 3.36 所示。它由激励线圈和被测金属导体组成。根据法拉第电磁感应定律，当传感器激励线圈中通以正弦交变电流时，线圈周围将产生正弦交变磁场，使位于该磁场中的金属导体产生感应电流，该感应电流又产生新的交变磁场，以阻止磁场的变化，从而使传感器激励线圈的等

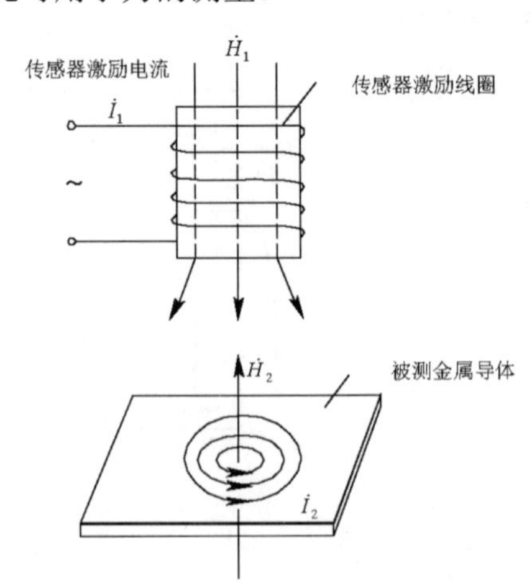

图 3.36　电涡流式电感传感器的工作原理

效阻抗发生变化。传感器线圈受电涡流影响时的等效阻抗 Z 为

$$Z = f(\rho, \mu, x, \omega, r)$$

式中　ρ——被测金属导体的电阻率；

μ——被测金属导体的磁导率；

x——线圈与被测金属导体间的距离；

ω——线圈中激励电流的频率；

r——线圈与被测金属导体的尺寸因子。

由此可见，线圈阻抗的变化完全取决于被测金属导体的电涡流效应，且与以上因素有关。当保持其他参数不变时，传感器线圈的阻抗 Z 只与被测参数有关，如果测出传感器线圈阻抗的变化，就可确定该参数。在实际应用时，通常改变线圈与被测金属导体间的距离 x，而保持其他参数不变，用电桥电路测量出传感器线圈的等效阻抗，从而测量出位移的大小。

3.3.4　电感式传感器的应用

电感式传感器主要用于测量微位移，凡是能转换成位移量变化的参数，如压力、压差、加速度、振动、应变、流量、厚度、液位等都可以用电感式传感器进行测量。

1．差动变压器式力传感器

图 3.37 所示为差动变压器式力传感器。当力作用于传感器时，弹性元件产生变形，从而导致衔铁相对线圈移动。线圈电感的变化通过测量电路转换为输出电压，其大小反映了受力的大小。

2．沉筒式液位计

图 3.38 所示为采用了电感式传感器的沉筒式液位计。当液位发生变化时，沉筒所受浮力也将发生变化，这一变化可转换成衔铁的位移，从而改变电感式传感器的输出电压，这个输出电压反映了液位的变化值。

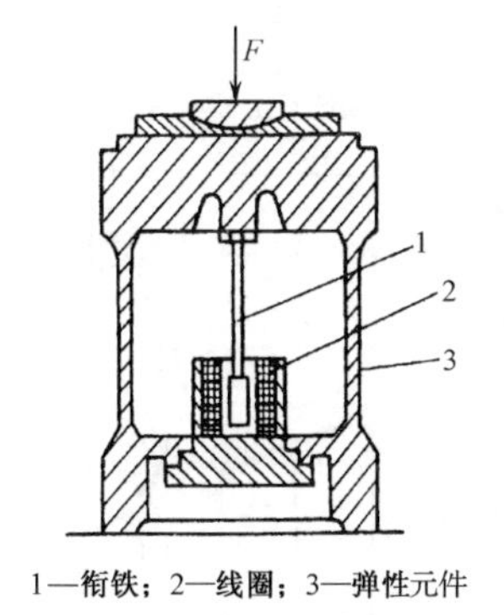

1—衔铁；2—线圈；3—弹性元件

图 3.37　差动变压器式力传感器

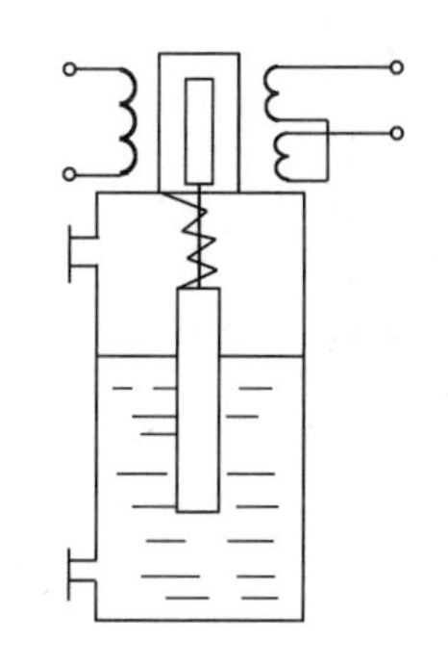

图 3.38　沉筒式液位计

3．差动变压器式位移传感器

图 3.39 所示为轴向式电感测微器结构示意图。测量时钨钢测头 10 接触被测工件 11，被测工件尺寸的微小变化使衔铁 3 在差动线圈中产生位移，造成差动线圈电感量变化，此电感量变化通过电缆接到电桥，电桥的输出电压反映了被测工件尺寸的变化。该仪器的分辨率可达 0.1μm，精度为 0.1%左右。

图 3.40 所示为由电感式测微仪等构成的轴承滚柱直径分选装置结构示意图。测量时，由机械排序装置（振动料斗）送来的滚柱按顺序进入落料管 5。电感测微仪的测杆在电磁铁的控制下，先是提升到一定的高度，推杆 3 将滚柱推入电感测微仪测头正下方（限位挡板 8 决定滚柱的前后位置），电磁铁释放，钨钢测头 7 向下压住滚柱，滚柱的直径决定了衔铁的位移量。电感传感器的输出信号经处理后送到计算机，计算出直径的偏差值。完成测量后，测杆上升，限位挡板 8 在电磁铁的控制下移开，测量好的滚柱在推杆 3 的再次推动下离开测量区，这时相应的电磁翻板 9 打开，滚柱落入与其直径偏差相对应的容器（料斗）10 中。同时，推杆 3 和限位挡板 8 复位。

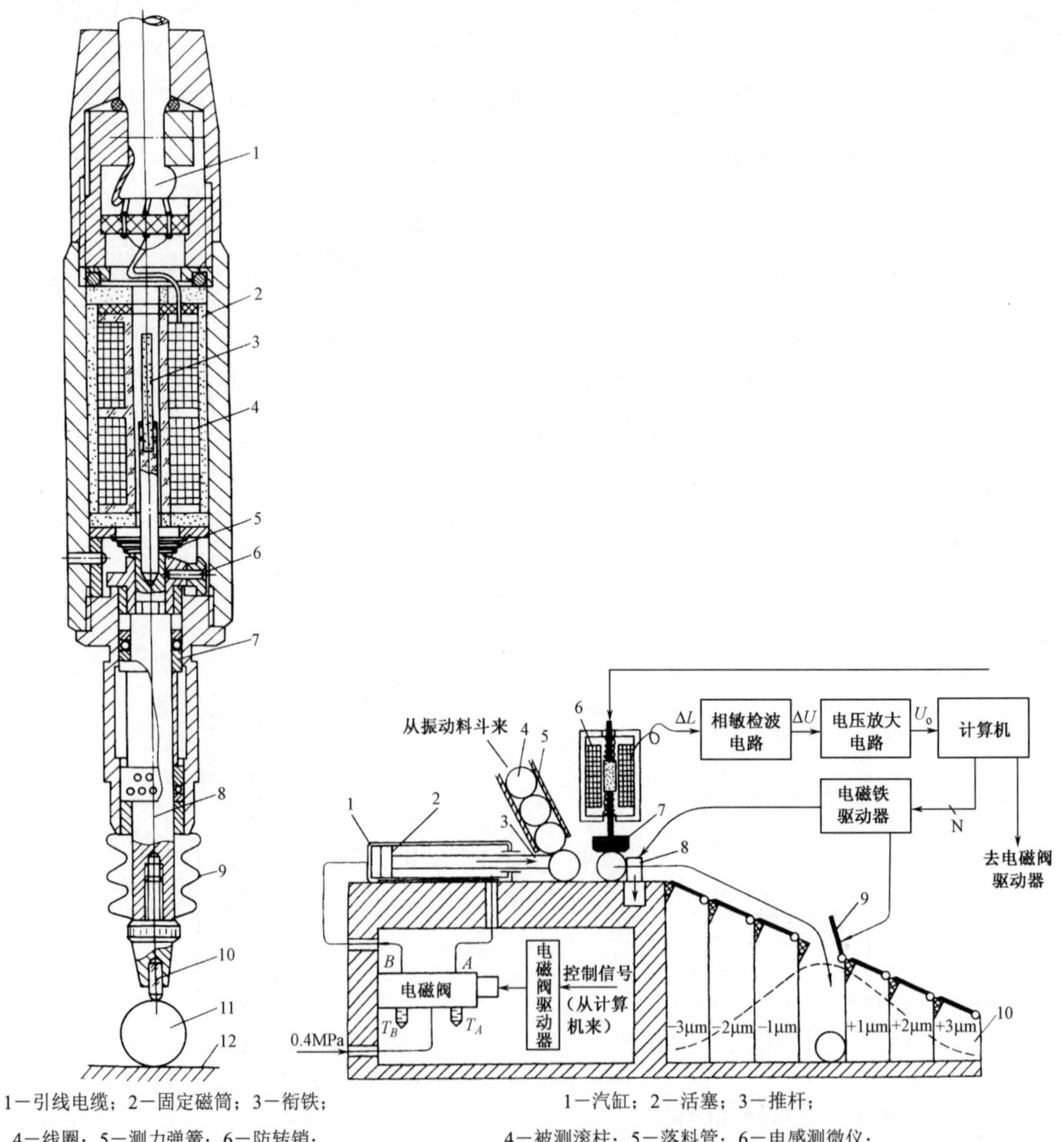

1—引线电缆；2—固定磁筒；3—衔铁；
4—线圈；5—测力弹簧；6—防转销；
7—钢球导轨；8—测杆；9—密封套；
10—钨钢测头；11—被测工件；12—基准面

图 3.39 轴向式电感测微器结构示意图

1—汽缸；2—活塞；3—推杆；
4—被测滚柱；5—落料管；6—电感测微仪；
7—钨钢测头；8—限位挡板；
9—电磁翻板；10—容器（料斗）

图 3.40 轴承滚柱直径分选装置结构示意图

3.4　压电式传感器

压电式传感器是一种有源传感器，即发电型传感器。它以某些材料的压电效应为基础，在外力作用下，在这些材料的表面产生电荷，从而实现非电量到电量的转换。因此，压电式传感器是力敏元件，它能测量最终转换为力的那些物理量，如压力、应力、加速度等，在工程上有着广泛的应用。

3.4.1　压电效应

某些材料当沿着一定方向受到作用力时，不但产生机械变形，而且产生内部极化，表面有电荷出现；当外力去掉后，又重新恢复到不带电状态，这种现象称为压电效应。反之，在这些材料的某些方向上施加电场，它会产生机械变形，当去掉外加电场后，变形随之消失，这种现象称为逆压电效应或电致伸缩效应。常见的压电材料分为三类：单晶压电晶体、多晶压电陶瓷和新型压电材料。

1．单晶压电晶体

单晶压电晶体具有各向异性，主要有石英晶体、铌酸锂晶体等。石英晶体有天然与人工之分，是常用的压电材料之一。如图 3.41 所示，石英晶体的外形呈六面体结构，有三根互相垂直的轴表示其晶轴，其中纵轴 z 轴称为光轴，经过正六面体棱线而垂直于光轴的 x 轴称为电轴，而垂直于 x 轴和 z 轴的 y 轴称为机轴。

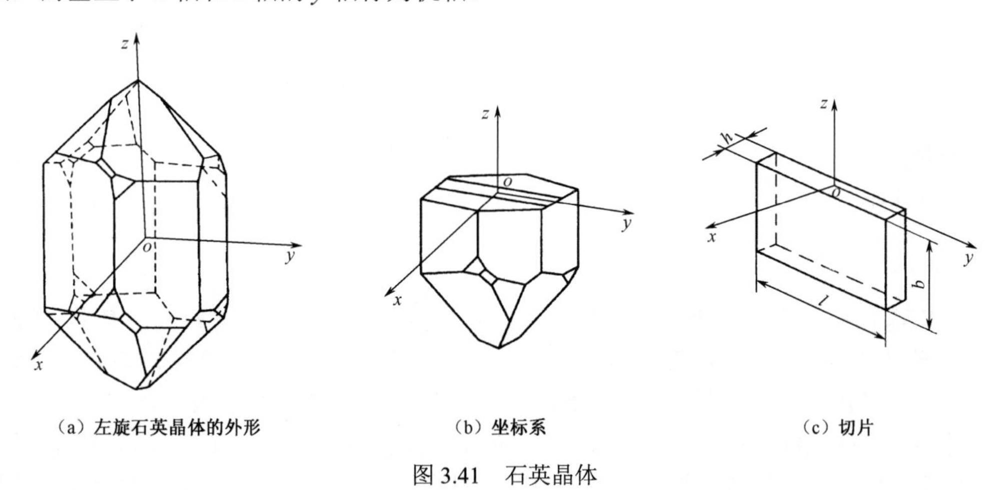

（a）左旋石英晶体的外形　　（b）坐标系　　（c）切片

图 3.41　石英晶体

从晶体上沿各轴线切下一片平行六面体切片，当受到力的作用时，其电荷分布在垂直于 x 轴的平面上，沿 x 轴受力产生的压电效应称为纵向压电效应，沿 y 轴受力产生的压电效应称为横向压电效应，沿切向受力产生的压电效应称为切向压电效应，如图 3.42 所示。

由纵向压电效应产生的电荷量 q 为

$$q = d_{11}F \tag{3-34}$$

式中　d_{11}——纵向压电常数；

F——作用力。

可知，晶体表面产生的电荷与作用力成正比。

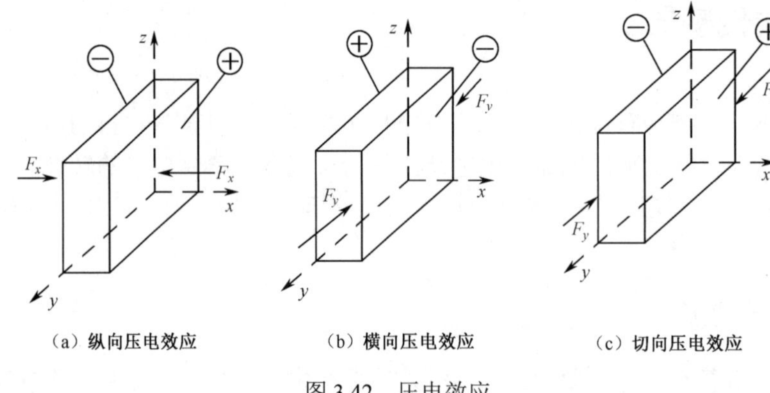

（a）纵向压电效应　　（b）横向压电效应　　（c）切向压电效应

图 3.42　压电效应

石英晶体的压电常数比较小，纵向压电常数 $d_{11}=2.31\times10^{-12}\,\mathrm{C/N}$，但具有良好的机械强度和时间及温度稳定性，常用于精确度和稳定性要求较高的场合。

铌酸锂晶体是人工拉制的，居里点高达 1200℃，适合用作高温传感器，缺点是质地脆，抗冲击性差，价格较高。

2. 多晶压电陶瓷

多晶压电陶瓷是一种经极化处理后的人工多晶体，主要有极化的铁电陶瓷（钛酸钡）、锆钛酸铅等。钛酸钡是使用最早的多晶压电陶瓷，它具有较高的压电常数，约为石英晶体的 50 倍。但它的居里点低，约为 120℃，机械强度和温度稳定性都不如石英晶体。

锆钛酸铅系列压电陶瓷（PZT）随配方和掺杂的变化可获得不同的性能。它的压电常数很大，为（200～500）$\times10^{-12}\,\mathrm{C/N}$，居里点约为 310℃，温度稳定性比较好，是目前使用最多的多晶压电陶瓷。

由于多晶压电陶瓷的压电常数大、灵敏度高、价格低廉，故一般情况下都将它作为压电式传感器的压电元件。

3. 新型压电材料

新型压电材料主要指有机压电薄膜和压电半导体等。有机压电薄膜是由某些高分子聚合物经延展拉伸和电场极化后形成的具有压电特性的薄膜，如聚氟乙烯等。有机压电薄膜具有柔软、不易破碎、面积大等优点，可制成大面积阵列传感器和机器人触觉传感器。

有些材料如硫化锌、氧化锌、硫化钙等，既具有半导体特性，又具有压电特性。由于同一材料上兼有压电和半导体两种物理特性，故既可以利用压电特性制作敏感元件，又可以利用半导体特性制成电路器件，并据此研制出新型集成压电传感器。

4. 等效电路

压电元件是在压电晶片产生电荷的两个工作面上进行金属蒸镀，形成两个金属膜电极的，如图 3.43（a）所示。当压电晶片受力时，在晶片的两个表面上聚积等量的正、负电荷，晶片两表面相当于电容器的两个极板，两极板之间的压电材料等效于一种介质，因此压电晶片相当于一只平行极板介质电容器，其电容量为

$$C_{\mathrm{a}} = \frac{\varepsilon A}{\delta} \tag{3-35}$$

式中　A——极板面积；

ε——压电材料的介电常数；

δ——压电晶片的厚度。

压电元件可以等效为一个具有一定电容的电荷源。电容器上的开路电压 U_{o} 可用下式表示：

$$U_{\mathrm{o}} = \frac{q}{C_{\mathrm{a}}} \tag{3-36}$$

当压电式传感器接入测量电路时，连接电缆的寄生电容形成传感器的并联寄生电容 C_{c}，传感器中的漏电阻和后续电路的输入阻抗形成漏电阻 R_0，其等效电路如图 3.43（b）所示。由于后续电路的输入阻抗不可能无穷大，而且压电元件本身存在漏电阻，极板上的电荷由于放电而无法保持不变，从而造成测量误差，因此不宜利用压电式传感器测量静态信号。而测量动态信号时，由于交变电荷变化快，漏电量相对较小，故压电式传感器适宜进行动态测量。

压电式传感器中使用的压电晶片有方形、圆形、圆环形等，而且往往用两片或多片进行并联或串联，如图 3.43（c）和图 3.43（d）所示。并联适用于测量缓变信号和以电荷为输出量的场合。串联适用于测量高频信号和以电压为输出量的场合，并要求测量电路有高输入阻抗。

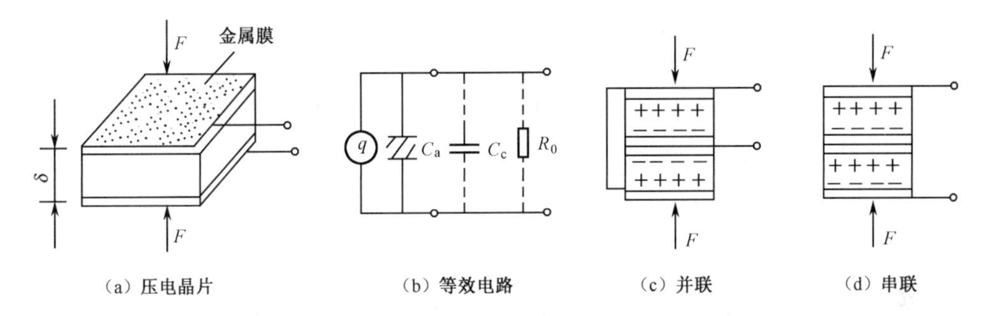

图 3.43　压电晶片及等效电路

3.4.2　压电式传感器的测量电路

由于压电式传感器输出的电荷量很小，而且压电元件本身的内阻很大，因此通常把传感器信号先输入到高输入阻抗的前置放大器，经过阻抗变换以后，再进行其他处理。

压电式传感器的输出可以是电压，也可以是电荷。因此，前置放大器有电压放大器和电荷放大器两种形式。电压放大器可采用高输入阻抗的比例放大器，其电路比较简单，但输出会受到连接电缆对地电容的影响。目前，常采用电荷放大器作为前置放大器。

图 3.44 所示为电荷放大器的等效电路，其中 C_{a} 为传感器电容，C_{c} 为电缆电容，C_{i} 为放大器的输入电容。电荷放大器是一个高增益带电容反馈的运算放大器。若电荷放大器开环增益足够大，则放大器输出电压为

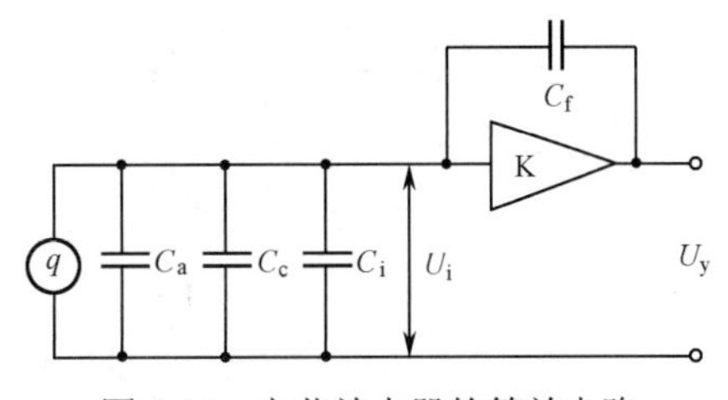

图 3.44　电荷放大器的等效电路

$$U_{\mathrm{y}} \approx -\frac{q}{C_{\mathrm{f}}} \tag{3-37}$$

上式表示，在一定条件下，电荷放大器的输出电压与传感器的电荷量成正比，且与电缆电容无关。

3.4.3 压电式传感器的应用

压电式传感器的动态特性好，体积小，质量轻，常用来测量冲击力、振动加速度等动态参数。由于压电材料的特性不同，因此应用范围不同。石英晶体主要用于精密测量，多作为实验室基准传感器使用；压电陶瓷灵敏度高，机械强度稍低，多用作测力和振动传感器；而高分子压电材料多用于定性测量。

1. 压电陶瓷传感器的应用

压电陶瓷多制成片状，称为压电片。通常将两片或两片以上的压电片并联黏结在一起使用。压电片在传感器中必须有一定的预紧力，只有这样，才能保证压电片在受力时始终受到压力，且能消除两压电片之间因接触不良而引起的非线性误差，保证输出与输入之间的线性关系。但这个预紧力也不能太大，否则将会影响其灵敏度。压电陶瓷传感器主要用于动态力、振动加速度的测量。

（1）压电式加速度传感器。压电式加速度传感器与其他类型的加速度传感器相比，具有一系列的优点，如体积小、质量轻、坚实牢固、振动频率高（频率范围为 0.3～10kHz)、加速度的测量范围大，以及工作温度范围大等。

图 3.45 所示为一种压缩型压电式加速度传感器。压电元件 2 置于基座 1 上，其上面加一质量块 3，用压簧 4 将压电元件压紧。测量加速度时，由于被测物与传感器固定在一起，因此压电元件也受加速度的作用，此时质量块产生一个与加速度成正比的惯性力作用于压电元件，从而产生电荷。通过测量此电荷即可计算出被测物的加速度。

（2）压电式力传感器。压电式力传感器在直接测量拉力时，通常采用双片或多片石英晶体做压电元件，配以适当的放大器即可测量动态力或静态力。图 3.46 所示为 YDS-781 型压电式单向力传感器结构示意图。它用两块石英晶片作为传感元件，被测力通过传力上盖 1 使石英晶片 2 沿电轴方向受压力作用，纵向压电效应使石英晶片在电轴方向上出现电荷，两块石英晶片的电荷沿电轴方向叠加，负电荷由片形电极 3 输出，压电晶片正电荷侧与底座连接。压电元件弹性变形部分的厚度由被测力的大小决定。这种结构的单向传感器体积小、质量轻（仅 10g)、固有频率高（50～60kHz），可检测高达 5000N 的动态力。

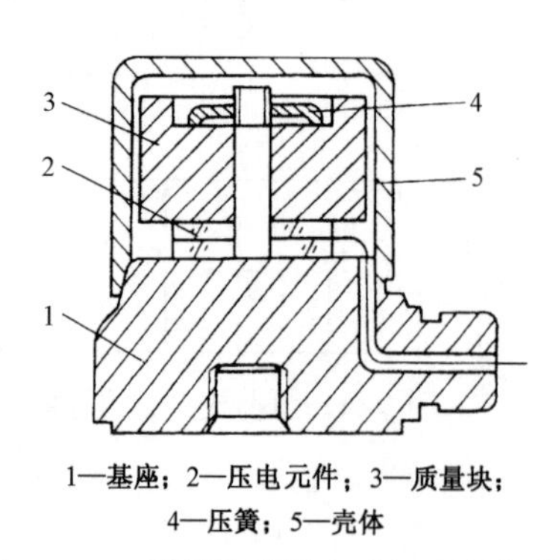

1—基座；2—压电元件；3—质量块；
4—压簧；5—壳体

图 3.45 一种压缩型压电式加速度传感器

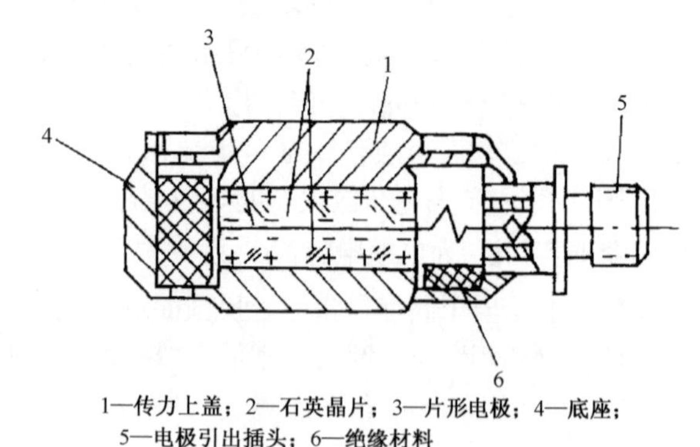

1—传力上盖；2—石英晶片；3—片形电极；4—底座；
5—电极引出插头；6—绝缘材料

图 3.46 YDS-781 型压电式单向力传感器结构示意图

图 3.47 所示为利用压电陶瓷传感器测量刀具切削力的示意图。由于压电陶瓷元件的自振频率高，故特别适合测量变化剧烈的载荷。在图 3.47 中，压电陶瓷传感器位于车刀前部的下方，当进行切削加工时，切削力通过刀具传给压电陶瓷传感器，压电陶瓷传感器将切削力转换为电信号输出，通过记录电信号的变化便可测得切削力的变化。

2．高分子压电材料的应用

（1）玻璃打碎报警装置。玻璃破碎时会发出几千赫兹的振动。将高分子压电薄膜粘贴在玻璃上，可以感受到这一振动。图 3.48 所示为高分子压电薄膜振动感应片结构示意图。高分子压电薄膜厚约 0.2mm，用聚偏二氟乙烯（PVDF）薄膜制成 10mm×20mm 大小。可以在它的正、反两面各喷涂透明的二氧化锡导电电极，也可以先用热印制工艺制作铝薄膜电极，再用超声波焊接技术焊接上两根柔软的电极引线，并用保护膜覆盖。使用时，用胶将其粘贴在玻璃上，当玻璃遭到暴力打碎时，压电薄膜感受到剧烈振动，在两个输出引脚之间产生窄脉冲信号，该信号经放大后，用电缆输送到集中报警装置，产生报警信号。由于感应片很小且透明，不易被察觉，所以可安装于贵重物品柜台、展览橱窗等。

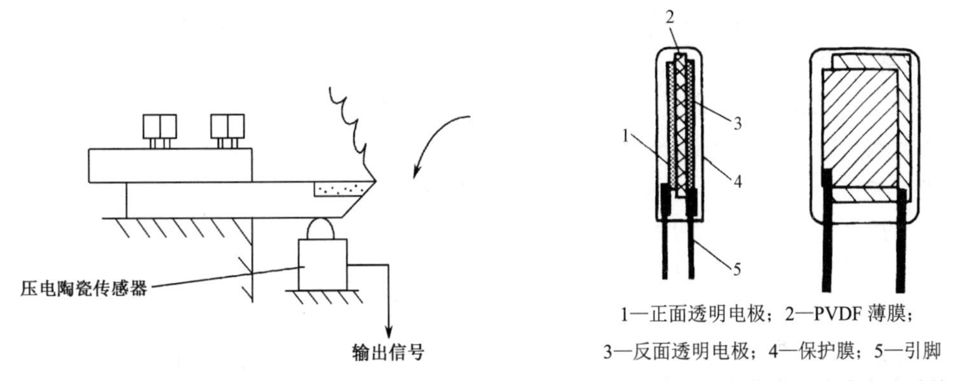

图 3.47　利用压电陶瓷传感器测量刀具切削力的示意图　　图 3.48　高分子压电薄膜振动感应片结构示意图

（2）高分子压电式周界报警系统。高分子压电式周界报警系统原理图如图 3.49 所示。在警戒区域的四周埋设多根以高分子压电材料为绝缘物的单芯屏蔽电缆。屏蔽层接大地，它与电缆芯线之间以 PVDF 为介质构成分布电容，当入侵者踩到电缆上面的柔性地面时，该压电电缆因受到挤压而产生压电脉冲，引起报警。通过编码电路，人们还可以判断入侵者的大致方位。压电电缆可长达数百米，可警戒较大的区域，不易受电、光、雾等的干扰，其费用比采用微波等方法更低。

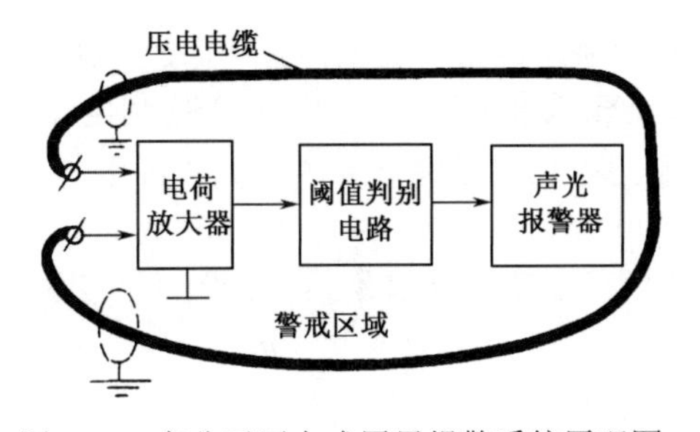

图 3.49　高分子压电式周界报警系统原理图

3．新型声表面波压力传感器

新型声表面波压力传感器是一种频率输出的新型传感器，无须A/D转换便可直接用于计算机控制，这种传感器目前在国内外受到广泛关注。其原理是先在具有压电效应的石英晶片上制作两个相隔一定距离的叉指换能器以组成声表面波延迟线，然后将延迟线与电子放大器连成正反馈振荡电路，并使其振荡在一定频率上。当石英晶片受到的压力发生变化时，晶片中传输的声表面波的传播速度随之发生变化，导致振荡器振荡频率发生变化。根据测量频率的变化量可进行压力测量。

该传感器采用了先进的半导体工艺和补偿方法，显著改善了温度性能，在0～100kPa范围内线性和重复性均良好。它具有灵敏度高、量值宽、温度稳定性好、直接数字输出等特点，因此无须转换便可直接用于计算机控制，是一种很有发展前景的电子器件。

3.5 霍尔传感器

霍尔传感器是目前国内外应用最为广泛的一种磁敏传感器，它利用磁场作为媒介，可以检测很多的物理量，如微位移、加速度、转速、流量、角度等，也可用于制作高斯计、电流表、功率计、乘法器、接近开关和无刷直流电机等。它可以实现非接触测量，而且在很多情况下，可采用永久磁铁来产生磁场，不需要附加能源。因此，这种传感器广泛应用于自动控制、电磁检测等领域。

霍尔传感器有霍尔元件和霍尔集成电路两种类型。目前，霍尔传感器已从分立型结构发展到集成电路阶段。霍尔集成电路是把霍尔元件、放大器、温度补偿电路及稳压电源等做在一个芯片上的集成电路型结构。与霍尔元件相比，霍尔集成电路具有微型化、可靠性高、寿命长、功耗低及负载能力强等优点，越来越受到人们的重视，应用日益广泛。

3.5.1 霍尔元件的工作原理

霍尔元件赖以工作的物理基础是霍尔效应。

1．霍尔效应

在置于磁场中的导体或半导体里通入电流，若电流与磁场垂直，则在与电流和磁场都垂直的方向上会出现一个电势差，这种现象称为霍尔效应。利用霍尔效应制成的元件称为霍尔传感器。

霍尔效应原理图如图3.50所示。在一块长为L、宽度为W、厚度为d的长方体半导体上，两垂直侧面各装上电极。如果在长度方向（X轴）通入控制电流I_C，在厚度方向（Z轴）施加磁感应强度为B的磁场，那么在垂直于电流和磁场的方向上（Y轴）将会产生一个电动势，这个电动势称为霍尔电势。

霍尔效应的产生是运动电荷受磁场中洛伦兹力作用的结果。霍尔电势V_H可由下式表示：

$$V_H = K_H IB \tag{3-38}$$

式中　K_H——霍尔元件的灵敏度，与元件材料的性质和几何尺寸有关。

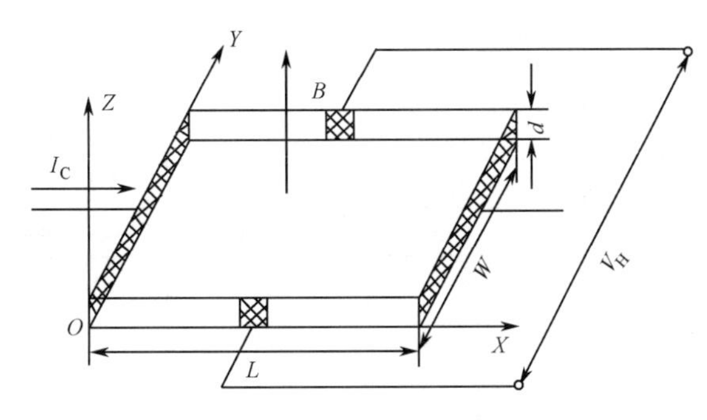

图 3.50　霍尔效应原理图

同时，由上式可以看出，霍尔电势与控制电流 I 和磁感应强度 B 成正比。因此，只要它们的大小和方向发生变化，霍尔电势也随之发生改变。根据霍尔效应制造出的霍尔传感器，可以通过测量霍尔电势来测量磁场，或用来测量产生或影响磁场的物理量。

2. 霍尔元件的结构及性能

霍尔元件是一种四端型器件，由霍尔片、引脚、壳体三部分组成。其外形是一块矩形半导体单晶薄片（一般为 4mm×2mm×0.1mm），在长度方向焊有两根控制电流端引线 a 和 b，它们在薄片上的焊点称为激励电极；在薄片另两侧端面的中央以点的形式对称地焊有 c 和 d 两根引线，它们在薄片上的焊点称为霍尔电极。霍尔元件壳体是用非导磁金属、陶瓷或环氧树脂封装而成的。霍尔元件的外形、结构和电气符号如图 3.51 所示。

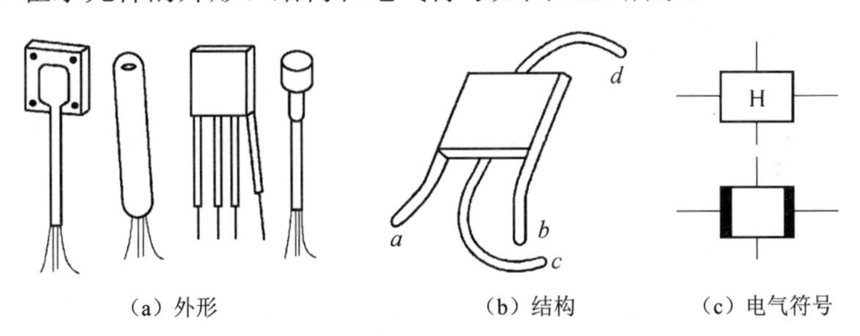

图 3.51　霍尔元件的外形、结构和电气符号

目前，国内外生产的霍尔元件采用的材料有锗（Ge）、硅（Si）、锑化铟（InSb）、砷化铟（InAs）和砷化镓（GaAs）等。

锗霍尔元件是较早研制的一种霍尔元件，它的霍尔系数较大，在输入控制电流较小的情况下，可得到较大的霍尔电势 V_H。硅霍尔元件是一种常用的分立型元件，它的温度系数比锗霍尔元件要小一些。锑化铟霍尔元件的输出较大，但受温度的影响也较大。砷化镓霍尔元件的温度特性比锑化铟霍尔元件的好，其霍尔电压对磁场的线性度和测量精度也比锑化铟霍尔元件的好，但是价格较高。表 3.1 所示为典型霍尔元件的主要参数。

表 3.1　典型霍尔元件的主要参数

型　号	额定控制电流（mA）	乘积灵敏度（V/AT）	输入电阻（Ω）	输出电阻（Ω）	霍尔电压温度系数（%/℃）
HZ-4	50	＞4	45(1±20%)	40(1±20%)	0.03

续表

型 号	额定控制电流（mA）	乘积灵敏度（V/AT）	输入电阻（Ω）	输出电阻（Ω）	霍尔电压温度系数（%/℃）
HT-2	300	1.8(1±20%)	0.8(1±20%)	0.5(1±20%)	-1.5
THS102	3～5	20～240	450～900	450～900	-0.06
OH001	3～8	20	500～1000	500	-0.06
VHE711H	≤22	＞100	150～330	120～400	-2
AG-4	15	＞3.0	300	200	0.02
FA24	400	＞0.75	1.4	1.1	-0.07
FC34	200	＞1.45	5	3	-0.04

3.5.2 霍尔传感器的测量电路

霍尔元件的测量电路如图 3.52 所示。激励电流由电源 E 供给，R 用来改变控制电流的大小，R_L 为输出霍尔电势 V_H 的负载电阻，通常它是显示仪表或放大器的输入阻抗。由于霍尔电势随激励电流增大而增大，故在应用中总希望选用较大的激励电流。但激励电流增大，霍尔元件的功耗增大，元件的温度升高，从而引起霍尔电势的温漂增大，因此每种型号的元件均规定了相应的最大激励电流，它的数值从几毫安至几十毫安。

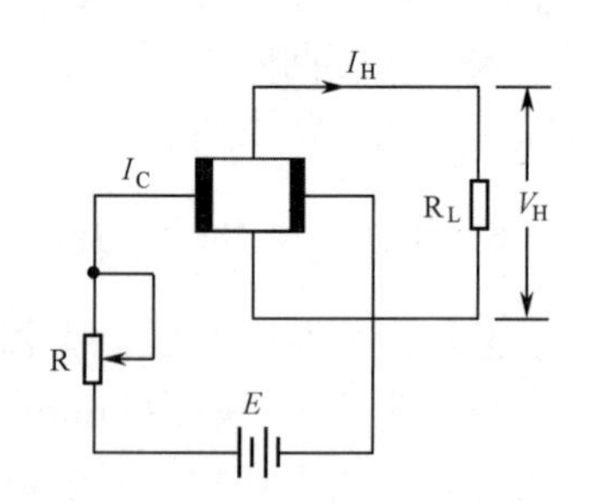

图 3.52 霍尔元件的测量电路

3.5.3 霍尔集成电路

霍尔集成电路（又称霍尔 IC）的外形结构与霍尔元件完全不同，它们的引线形式由电路功能所决定，根据输出信号的形式，可以分为线性型霍尔集成电路和开关型霍尔集成电路两种类型。

1．线性型霍尔集成电路

线性型霍尔集成电路通常将霍尔元件、差分放大器、射极跟随器及稳压电路等做在一个芯片上，其特点是输出电压与外加磁感应强度 B 呈线性关系，输出电压为伏级，比直接使用霍尔元件方便得多。它有单端输出和双端输出（差动输出）两种形式。外形结构有三端 T 型和八脚双列直插型。常用的线性型霍尔元件有 UGN3501 系列等。图 3.53 所示为 UGN3501T（三端 T 型、单端输出）线性型霍尔元件的外形结构及其内部电路图。

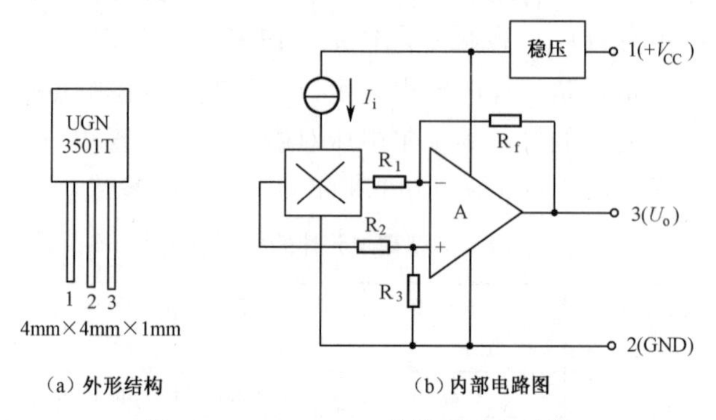

（a）外形结构　（b）内部电路图

图 3.53 UGN3501T 线性型霍尔元件

图 3.54 所示为 UGN3501M（双列直插型、双端差动输出）线性型霍尔元件的外形结构及其内部电路图。当其感受的磁场为零时，1 引脚相对于 8 引脚的输出电压等于零；当感受的磁场为正向（磁钢的 S 极对准 UGN 3501M 的正面）时，输出为正；磁场为反向时，输出为负。它的 5、6、7 引脚外接一只微调电位器后，就可以减小或消除不等位电动势引起的差动输出零点漂移。

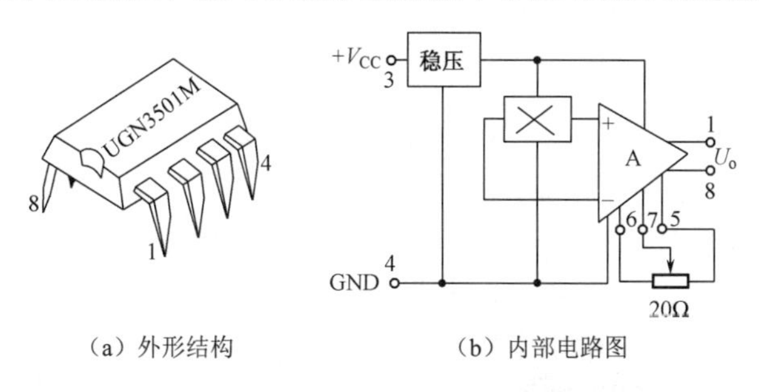

（a）外形结构　（b）内部电路图

图 3.54　UGN3501M 线性型霍尔元件

2．开关型霍尔集成电路

开关型霍尔集成电路把霍尔元件的输出经过处理后输出一个高电平或低电平的数字信号。这种集成电路一般将霍尔元件、稳压电路、差分放大器、施密特触发器及 OC 门（集电极开路输出门）等做在同一个芯片上。当外加磁场超过规定的工作点时，OC 门由高阻态变为导通状态，输出低电平；当外加磁场强度低于释放点时，OC 门重新变为高阻态，输出高电平。

开关型霍尔集成电路的开关形式有单稳态和双稳态两种，在输出上有单端输出和双端输出两种。常用的开关型霍尔元件有 UGN3020 系列和 CS 系列，外形结构有三端 T 型和四端 T 型（双端输出）。图 3.55 所示为 UGN3020 系列开关型霍尔元件的外形结构及其内部电路图。

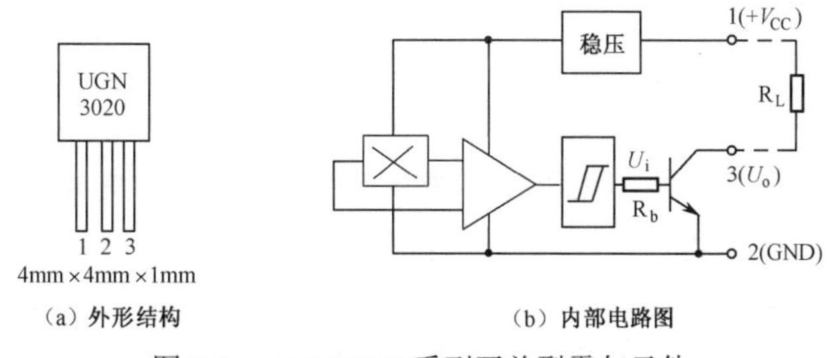

（a）外形结构　（b）内部电路图

图 3.55　UGN3020 系列开关型霍尔元件

3.5.4　霍尔传感器的应用

霍尔传感器由于结构简单、尺寸小、无触点、动态特性好、寿命长等特点，得到了广泛应用。例如，磁感应强度、电流、电功率等参数的检测都可选用霍尔传感器。它特别适用于大电流、微小气隙中的磁感应强度、高梯度磁场参数的测量。此外，它也可用于位移、加速度、转速等参数的测量及自动控制。

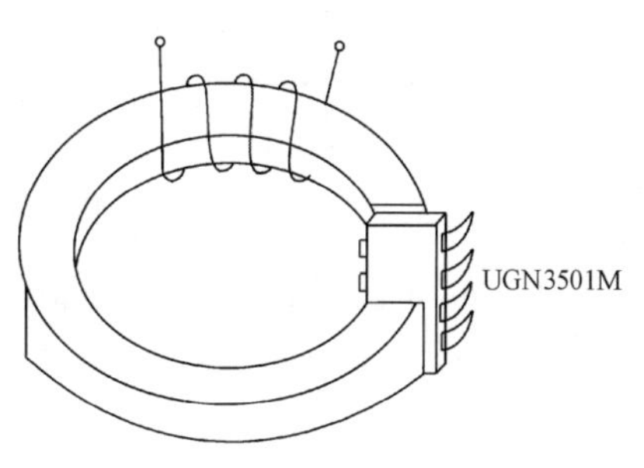

图 3.56　电流测量工作原理

1．电流的测量

图 3.56 所示为霍尔元件用于测量电流时的工作原

理。标准圆环铁芯有一个缺口，用于安置霍尔元件，圆环上绕有线圈，当检测电流通过线圈时产生磁场，霍尔元件就有信号输出。若采用 UGN3501M 线性型霍尔元件，当线圈为 9 匝、电流为 20A 时，其电压输出约为 7.4V。利用这种原理，也可制成电流过载检测器或过载保护装置。

2．位移的测量

霍尔元件也常用于微位移测量。用它来测量微位移有惯性小、频响高、工作可靠、使用寿命长等优点。微位移测量的工作原理如图 3.57（a）所示。将磁场强度相同的两块永久磁铁，同极性相对地放置；将线性型霍尔元件置于两块磁铁的中间，其磁感应强度为零，这个位置可以取为位移零点，故在 $Z=0$ 时，$B=0$，输出电压等于零。当霍尔元件沿 Z 轴有位移时，由于 $Z \neq 0$，则有一电压输出。测量输出电压，就可得到位移的数值。其输出特性如图 3.57（b）所示。这种位移传感器一般可用来测量 1～2mm 的位移。以测量这种微位移为基础，可以对许多与微位移有关的非电量进行检测，如压力、加速度和机械振动等。

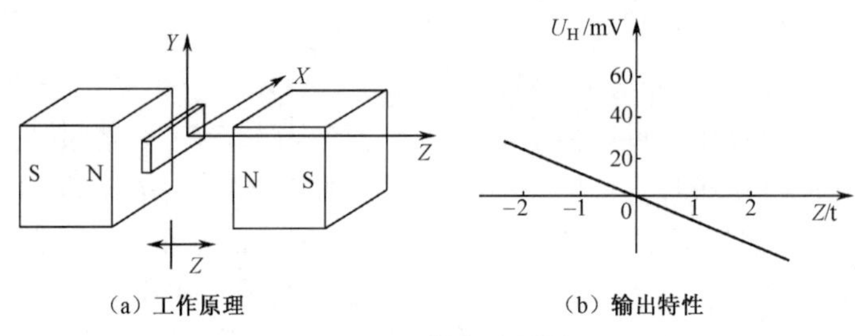

图 3.57　微位移测量

3．角位移及转速的测量

利用霍尔元件的开关特性可以对角位移进行测量，如图 3.58 所示，霍尔元件与被测物联动，而霍尔元件又在一个恒定的磁场中转动，于是霍尔电势 V_H 反映了转角 θ 的变化。不过，这个变化是非线性的，若要求霍尔电势 V_H 与 θ 呈线性关系，必须采用特定形状的磁极。

利用霍尔元件的开关特性也可以对转速进行测量，如图 3.59 所示，在被测转速的转轴上安装一个齿盘，也可选取机械系统中的一个齿轮，将线性型霍尔元件及磁路系统靠近齿盘，齿盘的转动使磁路的磁阻随气隙的改变而产生周期性的变化，霍尔元件输出的微小脉冲信号经隔离、放大、整形后就可以确定被测定物体的转速。

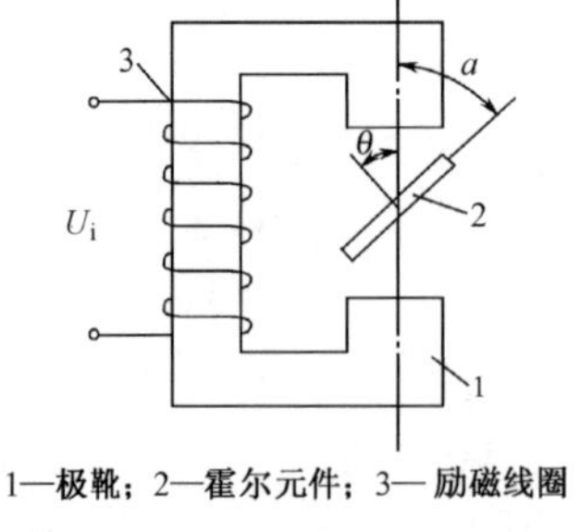

1—极靴；2—霍尔元件；3—励磁线圈

图 3.58　角位移测量工作原理

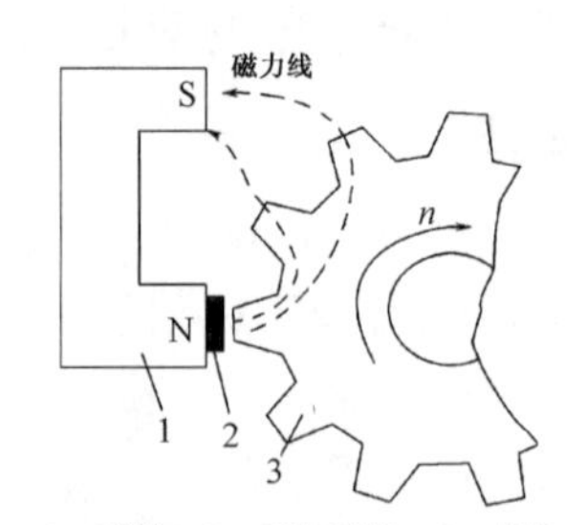

1—磁铁；2—霍尔元件；3—齿盘

图 3.59　转速测量工作原理

4. 运动位置的测量

霍尔元件在检测运动部件工作状态位置中的应用主要是霍尔式接近开关。如图 3.60（a）所示，磁极的轴线与霍尔元件的轴线在同一直线上，当磁铁随运动部件移动到距霍尔式接近开关几毫米处时，霍尔式接近开关的输出由高电平变为低电平，经驱动电路使继电器吸合或释放，控制运动部件停止移动。

如图 3.60（b）所示，磁铁随运动部件运动，当磁铁和霍尔式接近开关的距离小于某一数值时，霍尔式接近开关的输出由高电平跳变为低电平。与图 3.60（a）不同的是，当磁铁继续运动时，与霍尔式接近开关的距离又重新拉大，霍尔式接近开关的输出重新跳变为高电平，且不存在损坏霍尔式接近开关的可能。

如图 3.60（c）所示，磁铁和霍尔式接近开关保持一定的间隙，均固定不动，软铁制作的分流翼片与运动部件联动，当它移动到磁铁与霍尔式接近开关之间时，磁力线被屏蔽（分流），无法到达霍尔式接近开关，所以此时霍尔式接近开关输出跳变为高电平。改变分流翼片的宽度即可以改变霍尔式接近开关的高电平与低电平的占空比。

霍尔传感器的用途还有许多。例如，可利用廉价的霍尔元件制作电子琴的琴键；可利用低温漂的霍尔集成电路制作霍尔式电压传感器、霍尔式电流传感器、霍尔式电能表、霍尔式高斯计、霍尔式液位计和霍尔式加速度计等。

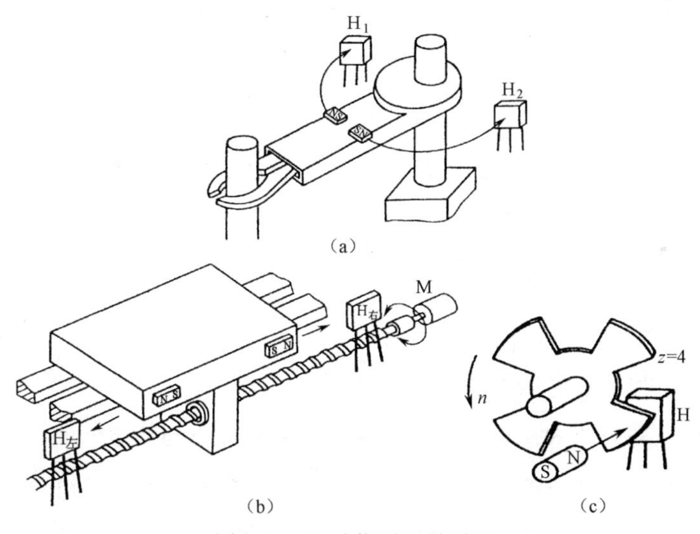

图 3.60　运动位置测量原理

3.6　热敏传感器

热敏传感器主要有热电式热敏传感器和热电阻式热敏传感器。热电式热敏传感器是利用热电效应，将热量直接转换为电量输出，典型的有热电偶。热电阻式热敏传感器是基于热电阻效应，将热量的变化转换为材料的电阻变化，按材料的不同，可分为金属导体热电阻和半导体热敏电阻两种。

3.6.1 热电偶

1．热电偶的工作原理

将两种不同成分的导体组成一个闭合回路，如图3.61所示，当闭合回路的两个接点分别置于不同的温度场中时，回路中产生一个方向和大小与导体的材料及两接点的温度有关的电动势，这种效应称为热电效应。两端的温差越大，产生的电动势也越大。两种导体组成的回路称为热电偶，这两种导体称为热电极，产生的电动势称为热电动势。

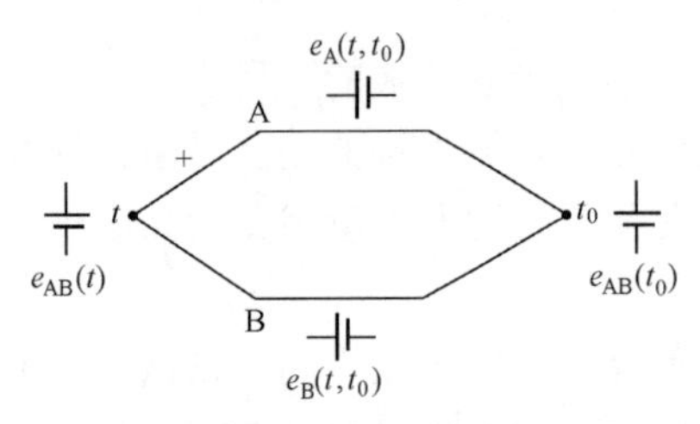

图3.61 热电偶回路

热电偶的热电动势由两部分组成；一部分是两种导体的接触电动势，另一部分是单一导体的温差电动势。接触电动势是当两种不同材料的导体接触时，由于导体的自由电子密度不同，电子在两个方向上扩散的速率不一样所产生的电动势。

由于同种导体置于不同的温度场中，导体内部的自由电子将从热端向冷端扩散，并在冷端积聚起来，从而使热端失去电子带正电，冷端得到电子带负电。这样，导体内部建立了一个由热端指向冷端的静电场，此静电场使电子反向运动，当静电场对电子的作用力与扩散力相平衡时，扩散作用停止。此时，导体两端形成的电场产生的电动势称为温差电动势。但在热电偶回路中起主要作用的是接触电动势，温差电动势只占极小部分，可以不予考虑。

常用的热电偶由两根不同的导线组成，它们的一端焊接在一起，为工作端（或称为热端），测温时将它置于被测温度场中；不连接的两个端叫自由端（或称为冷端），与测量仪表引出的导线相连接。当热端与冷端有温差时，测量仪表便能测出被测温度。热电偶由温差产生的热电动势是随介质温度变化而变化的，其关系为

$$E_{AB}(t,t_0)=e_{AB}(t)-e_{AB}(t_0) \tag{3-39}$$

式中 $E_{AB}(t,t_0)$——热电偶的热电动势；

$e_{AB}(t)$——温度为t时热端的热电动势；

$e_{AB}(t_0)$——温度为t_0时冷端的热电动势。

综上所述，热电动势的大小只与材料和接点温度有关，与热电偶的尺寸、形状及沿电极的温度分布无关。如果冷端温度固定，那么热电偶的热电动势就是被测温度的单值函数：

$$E_{AB}(t,t_0)=f(t) \tag{3-40}$$

这样，当冷端温度恒定时，热电偶产生的热电动势只随热端温度的变化而变化，即一定的热电动势对应着一定的温度。只要测量出热电动势就可以达到测温的目的。但是，对于不同金属组成的热电偶，温度与热电动势之间有不同的函数关系。一般用试验方法求取这个函数关系，通常把冷端放于温度场为零的环境内，然后在不同的温差情况下，精确地测出回路总热电动势，并将结果列成表格，称为热电偶的分度表（热电偶分度表见附录A）。

2．热电偶的基本定律

（1）匀质导体定律。由一种匀质导体组成的闭合回路，不论导体的截面和长度如何，都不能产生热电动势。根据这个定律，可以校验热电极材料的成分是否相同，也可以检查热电极材料的均匀性。

（2）中间导体定律。在热电偶回路中接入第 3 种导体，只要第 3 种导体的两接点温度相同，回路总的热电动势就不变。

同样在热电偶回路中插入第 n 种导体，只要插入导体的两端温度相等，且插入导体是匀质的，都不会影响原来热电偶热电动势的大小。这种性质在实际应用中有着重要的意义，它使人们可以方便地在回路中直接接入各种类型的仪表，也可以将热电偶的两端不焊接而直接插入液态金属中或直接焊接在金属表面进行温度测量。

（3）标准电极定律。如果两种导体分别与第 3 种导体组成的热电偶所产生的热电动势已知，那么由这两种导体组成的热电偶所产生的热电动势也就已知，这个定律被称为标准电极定律。

图 3.62（a）和图 3.62（b）所示为导体 A、B 分别与标准电极 C 组成的热电偶，如果它们产生的热电动势已知，即

$$E_{\mathrm{AC}}(t,t_0)=e_{\mathrm{AC}}(t)-e_{\mathrm{AC}}(t_0)$$

$$E_{\mathrm{BC}}(t,t_0)=e_{\mathrm{BC}}(t)-e_{\mathrm{BC}}(t_0)$$

那么，导体 A 与导体 B 组成的热电偶［见图 3.62（c）］的热电动势为

$$E_{\mathrm{AB}}(t,t_0)=E_{\mathrm{AC}}(t,t_0)-E_{\mathrm{BC}}(t,t_0) \tag{3-41}$$

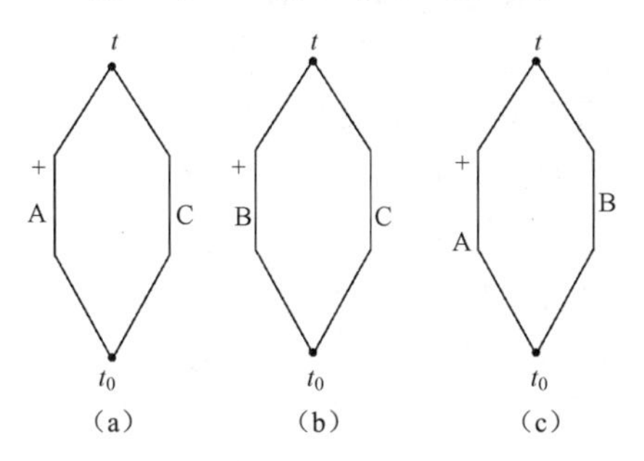

图 3.62　3 种导体分别组成的热电偶

标准电极定律是极为实用的定律，使标准电极的作用得以实现。金属在自然界中广泛存在，合金类型更是繁多，因此要得出各种金属之间组合而成的热电偶的热电动势，工作量非常大。由于铂的物理、化学性质稳定，熔点高，易提纯，所以通常选用高纯铂作为标准电极。当各种金属与纯铂组成的热电偶的热电动势已知时，各种金属之间相互组合而成的热电偶的热电动势就可计算出来。

（4）中间温度定律。热电偶在两接点温度为 t 、t_0 时的热电动势等于该热电偶在接点温度为 t 、t_n 和 t_n 、t_0 时的相应热电动势的代数和，这个定律称为中间温度定律，即

$$E_{\mathrm{AB}}\left(t,t_0\right)=E_{\mathrm{AB}}\left(t,t_n\right)+E_{\mathrm{AB}}\left(t_n,t_0\right) \tag{3-42}$$

中间温度定律为补偿导线的使用提供了理论基础。它表明热电偶的两电极被两根导体延长，只要接入的两根导体组成的热电偶的热电特性与被延长的热电偶的热电特性相同，且它们之间连接的两点温度相同，总回路的热电动势就与连接点的温度无关，只与延长以后的热电偶两端的温度有关。另外，当冷端温度 t_0 不为 0℃时，可通过式（3-42）及分度表求得工作温度 t。

3．热电偶的材料与结构

1）热电偶的材料

根据金属的热电效应，任意两种不同的金属导体都可以作为热电偶回路的电极，但在实

际应用中，不是所有的金属都可以作为热电偶的。作为热电偶回路电极的金属导体应具备以下几个特点。

（1）配对的热电偶应有较大的热电动势，并且热电动势与温度尽可能有良好的线性关系。

（2）能在较大的温度范围内应用，并且在长时间工作后，不会发生明显的化学及物理性能的变化。

（3）温度系数小，电导率高。

（4）易于复制，工艺性与互换性好，便于制定统一的分度表，材料要有一定的韧性，焊接性能好，以利于制作。

满足上述条件的金属材料不是很多。目前，我国大量使用的是铜-康铜、镍铬-考铜、镍铬-镍硅、镍铬-镍铝、铂铑$_{10}$-铂、铂铑$_{30}$-铂铑$_{6}$。根据国际电工委员会标准，我国将发展镍铬-康铜、铁-康铜热电偶材料。

2）热电偶的结构

热电偶的种类繁多，按结构形式和用途可分为普通型热电偶、铠装热电偶、薄膜热电偶和多点式热电偶等。另外，按照材料还可分为难熔金属热电偶、贵金属热电偶和廉价金属热电偶；按照使用温度可分为高温热电偶、中温热电偶和低温热电偶。下面主要介绍几种按照结构形式和用途分类的热电偶。

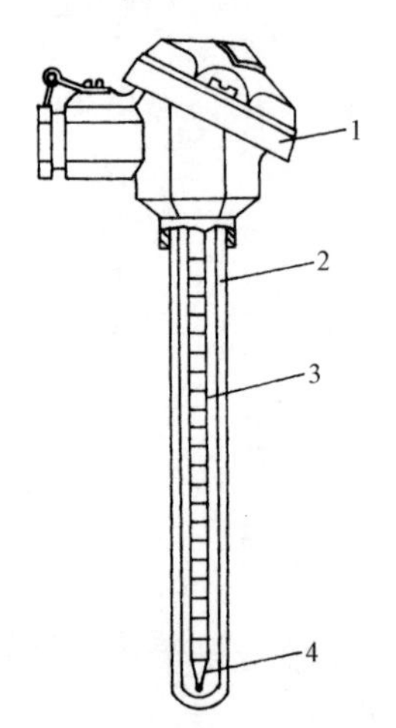

1—接线盒；2—保护套管；
3—绝缘管；4—热电极

图3.63　普通型热电偶的结构图

（1）普通型热电偶。工业用普通型热电偶的结构一般由热电极、绝缘管、保护套管和接线盒四部分组成，如图3.63所示。贵金属热电极直径一般为0.3～0.6mm，普通金属热电极直径一般为0.5～3.2mm。热电极的长短由使用条件、安装条件而定，特别是由工作端在被测介质中插入的深度来决定，一般为250～3000mm，通常的长度是350mm。

绝缘管是为防止两根热电极之间及热电极与保护套之间短路而设置的，形状一般为圆形、椭圆形，中间开有单孔、双孔、四孔、六孔，材料视其使用的热电偶类型而定。

保护套管的作用是保护热电偶的感温元件免受被测介质化学腐蚀、机械损伤，避免火焰和气流直接冲击，以及提高热电偶的强度。保护套管应具有耐高温、耐腐蚀的性能，要求其导热性能好、气密性好。其材料主要有不锈钢、碳钢、铜合金、铝、陶瓷和石英等。

接线盒是用来固定接线座和提供热电偶补偿导线连接用的，它的出线孔和盖子都用垫圈加以密封，以防污物落入而影响接线的可靠性。根据被测温度的对象及现场环境条件，设计有普通式、防溅式、防水式和接插座式。

普通型热电偶主要用于测量气体和流体等介质的温度。安装时可采用螺纹或法兰方式，其外形如图3.64所示。根据测量范围和环境气氛的不同，可选用不同的热电偶。目前，工程上常用的有铂铑$_{10}$-铂热电偶、镍铬-镍硅热电偶、镍铬-康铜热电偶等，它们都已系列化和标准化，选用非常方便。

（2）铠装热电偶。铠装热电偶又称缆式热电偶，是由热电极、绝缘材料（通常为电熔氧化镁）和金属保护管三者经拉伸结合而成的。铠装热电偶有单支（双芯）和双支（四芯）之分，其测量端有碰底型、不碰底型、露头型和帽型等形式，如图 3.65 所示。

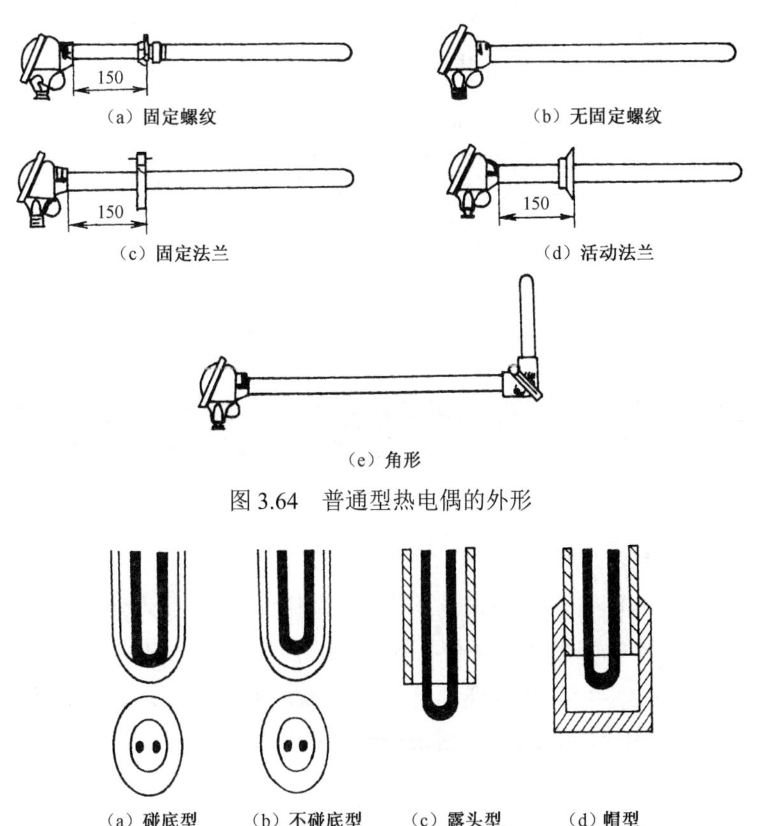

图 3.64　普通型热电偶的外形

图 3.65　铠装热电偶测量端的结构形式

碰底型热电偶测量端和套管焊接在一起，其动态响应比露头型慢，但比不碰底型快。不碰底型热电偶在测量端已焊接后封闭在套管内，热电极与套管之间相互绝缘，这是最常见的形式。露头型热电偶的测量端暴露在套管外面，动态响应好，但仅在干燥、非腐蚀性介质中使用。帽型热电偶就是把露头型的测量端套上一个用套管材料做成的保护管，用银焊密封起来。

铠装热电偶的种类很多，其长短可根据需要制作，最长可达 10m，也可制作得很细，其外径范围为 0.25～12mm。因此，在热容量非常小的被测物体上也能准确地测出温度值，并且其寿命和对温度变化的反应速度比一般工业用热电偶要长得多、快得多。表 3.2 所示为铠装热电偶的品种、代号、分度号和测量范围。

表 3.2　铠装热电偶的品种、代号、分度号和测量范围

铠装热电偶品种	代　号	分　度　号	测量范围（℃）
铠装铂铑$_{10}$-铂热电偶	WRPK	S	0～1300
铠装镍铬-镍硅热电偶 铠装镍铬-镍铝热电偶	WRNK	K	0～1300 0～1100
铠装镍铬-康铜热电偶	WRKK		0～800
铠装铜-康铜热电偶	WRCK	T	-200～+300

（3）薄膜热电偶。薄膜热电偶是用真空蒸镀的方法，把两种热电极材料分别沉积在绝缘

基片上形成的一种快速感温元件。采用蒸镀工艺，热电偶可以做得很薄，而且尺寸可以做得很小。它的特点是热容量小，响应速度快，特别适用于测量瞬变的表面温度和微小面积上的温度。图 3.66 所示为薄膜热电偶结构示意图。

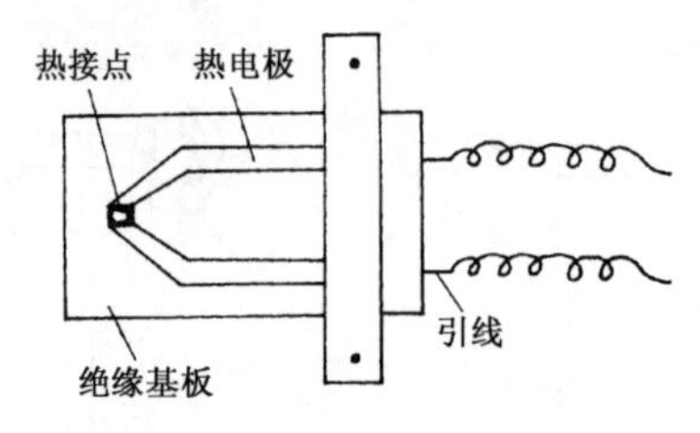

图 3.66　薄膜热电偶结构示意图

我国现使用的主要有铁-镍、铁-康铜和铜-康铜三种薄膜热电偶。应用时将薄膜热电偶用黏合剂紧紧粘贴在被测物体表面，由于受黏合剂和绝缘基片材料限制，测温范围一般为-200～+300℃。

4．热电偶冷端的温度补偿

为使热电动势与被测温度间呈单值函数关系，需要把热电偶冷端的温度保持恒定。由于热电偶的分度表是在其冷端温度 0℃条件下测得的，所以只有在满足 $t_0 = 0$℃的条件下，才能直接应用分度表。但在实际中，热电偶的冷端通常靠近被测对象，且受到周围环境温度的影响，其温度不是恒定不变的。为此，必须采用一些措施进行补偿或者修正，常用的方法有以下几种。

（1）0℃恒温法。将热电偶的冷端置于装有冰水混合物的恒温器内，使冷端温度保持 0℃不变，它消除了 t_0 不等于 0℃而引入的误差。此方法通常用于实验室或精密的温度检测。

（2）冷端温度修正法。在冷端温度不等于 0℃、为不变的 t_n 时，避免了由于环境温度的波动而引入的误差。此时，根据中间温度定律，可将热电动势修正到冷端 0℃时的热电动势，修正公式为

$$E_{AB}(t,0) = E_{AB}(t,t_n) + E_{AB}(t_n,0) \tag{3-43}$$

式中　$E_{AB}(t,0)$——热电偶热端温度为 t，冷端温度为 0℃时的热电动势；

$E_{AB}(t,t_n)$——热电偶热端温度为 t，冷端温度为 t_n 时的热电动势；

$E_{AB}(t_n,0)$——热电偶热端温度为 t_n，冷端温度为 0℃时的热电动势。

例 3.1　用镍铬-镍硅热电偶测炉温，当冷端温度为 30℃时，测得热电动势为 39.17mV，实际温度是多少？

解： 由 t_n=30℃，查分度表得 $E(30,0) = 1.20\text{mV}$，则

$$E(t,0) = E(t,30) + E(30,0) = 39.17 + 1.20 = 40.37\ \text{（mV）} \tag{3-44}$$

再用 40.37mV 反查分度表可得 977℃，即为实际炉温。

（3）补偿导线法。在使用热电偶测温时，必须使热电偶的冷端温度保持恒定，否则在测温时引入的测量误差将是个变量，影响测温的准确性。所以必须使冷端远离被测对象，采用补偿导线就可以做到这一点。补偿导线实际上是一对化学成分不同的导线，在 0～150℃温度范围内与配接的热电偶有一致的热电特性，起着延长热电偶的作用，这样就将热电偶的冷端

延伸到温度恒定的场所（如仪表室、控制室），其实质是将热电极延长。根据中间温度定律，只要使热电偶和补偿导线的两个接点温度一致，就不会影响热电动势的输出。

补偿导线一般采用多股廉价金属制造，不同的热电偶采用不同的补偿导线。廉价金属制成的热电偶，可用本身材料做补偿导线。各种补偿导线只能与相应型号的热电偶配用，而且必须在规定的温度范围内使用。补偿导线与热电极连接时，应当正极接正极，负极接负极，极性不能接反，否则会造成很大的误差。补偿导线与热电偶连接的两个接点，其温度必须相同。

几种常用的热电偶补偿导线如表 3.3 所示，其中型号的第一个字母与热电偶的分度号对应，字母“X”表示延伸型补偿导线，字母“C”表示补偿型补偿导线。

（4）仪表机械零点调整法。对于具有零位调整的显示仪表，如果热电偶冷端温度 t_0 较为恒定，可在测温系统未工作前，预先将显示仪表的机械零点调整到 t_0。这相当于把热电动势修正值 $E(t_0,0)$预先加到显示仪表上，当此测量系统投入工作后，显示仪表的示值就是实际的被测温度值。

表 3.3　几种常用的热电偶补偿导线

补偿导线型号	配用热电偶分度号	补偿导线材料		绝缘层颜色	
		正极	负极	正极	负极
SC	S（铂铑$_{10}$-铂）	铜	镍铜	红	绿
KC	K（镍铬-镍硅）	铜	康铜	红	蓝
KX	K（镍铬-镍硅）	镍铬	镍硅	红	黑
EX	E（镍铬-康铜）	镍铬	康铜	红	棕
JX	J（铁-康铜）	铁	康铜	红	紫
TX	T（铜-康铜）	铜	康铜	红	白

（5）补偿电桥法。当热电偶冷端温度波动较大时，一般采用补偿电桥法，补偿电桥测量电路如图 3.67 所示。补偿电桥法利用不平衡电桥（又称冷端补偿器）产生不平衡电压来自动补偿热电偶因冷端温度变化而引起的热电动势变化。

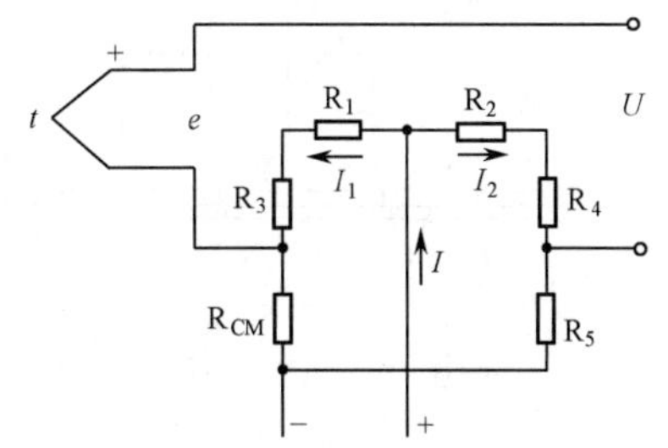

图 3.67　补偿电桥测量电路

采用补偿电桥法必须注意以下几点。

① 补偿器接入测量系统时正、负极不可接反。

② 显示仪表的机械零位应调整到冷端温度补偿器设计时的平衡温度，如果补偿器是按 t_0=20℃时电桥平衡设计的，那么仪表机械零位应调整到 20℃处。

③ 因热电偶的热电动势和补偿电桥输出电压两者随温度变化的特性不完全一致，故冷端补偿器在补偿温度范围内得不到完全补偿，但误差很小，能满足工业生产的需要。

5. 热电偶测温电路

热电偶常用于测量某一点的温度，或者是两点之间的温度差。当测量某一点温度时，热电偶与仪表通过补偿导线连接，如图 3.68 所示。测量两点间温度差时采用两个热电偶和检测仪表配合使用，如图 3.69 所示。工作时两个热电偶产生的热电动势方向相反，所以输入仪表的是热电动势的差值，这个差值反映了两点间的温度差。为了减少测量误差，提高检测精度，一般使用两个热电特性一致的热电偶，同时要保证两个热电偶的冷端温度一致，配合相同的补偿导线。

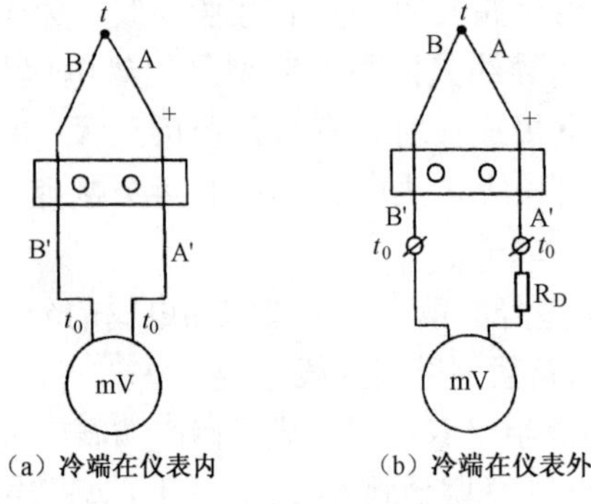

（a）冷端在仪表内　（b）冷端在仪表外

图 3.68　测量某点温度

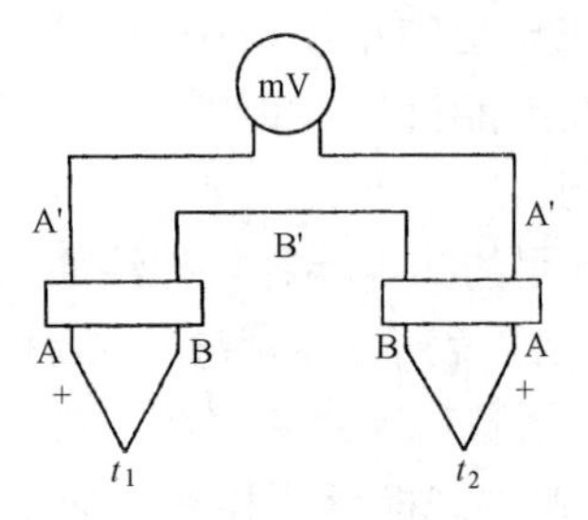

图 3.69　测量两点间温度差

另外，热电偶测温时还常采用并联电路和串联电路。例如，有些大型设备，当要测量其多点的平均温度时，多采用与热电偶并联的测量电路来实现，如图 3.70 所示，将 N 个相同型号的热电偶的正极和负极分别连接在一起，如果 N 个热电偶的电阻值相等，那么并联测量的总热电动势等于 N 个热电动势的平均值，即

$$e_{并}=(e_1+e_2+e_3+\cdots+e_N)/N \tag{3-45}$$

有时将 N 个相同型号的热电偶依次按图 3.71 所示连接，这样串联测量电路的总热电动势较大，等于 N 个热电偶热电动势之和，即

$$e_{串}=e_1+e_2+e_3+\cdots+e_N \tag{3-46}$$

串联电路的主要优点是热电动势大，仪表的灵敏度大为增加，缺点是只要有一个热电偶断路，整个测量系统将无法正常工作。

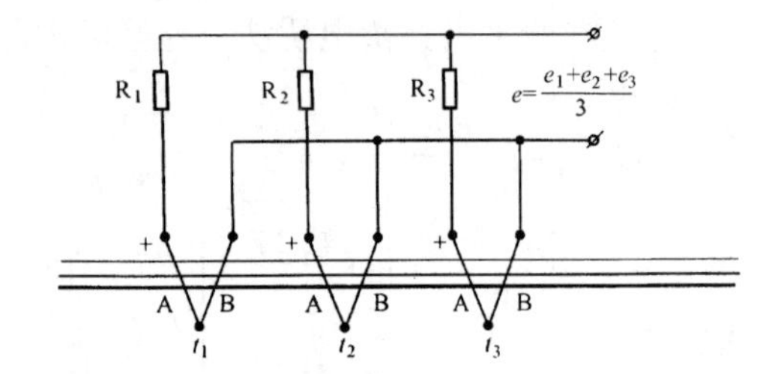

图 3.70　热电偶并联的测量电路

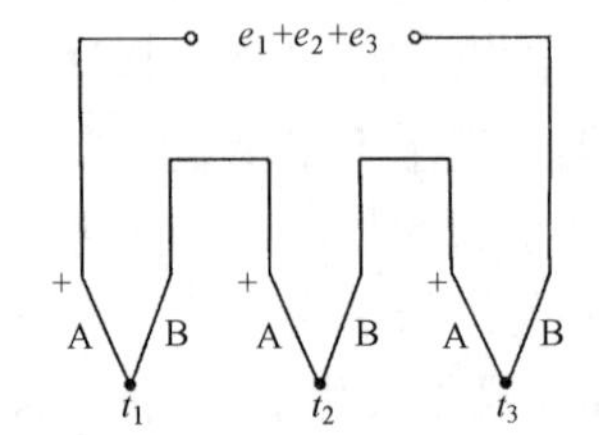

图 3.71　热电偶串联的测量电路

3.6.2　热电阻式传感器

利用导电物体的电阻率随本身温度而变化的温度电阻效应制成的传感器，称为热电阻式传感器。

1. 热电阻

金属材料中的载流子为电子，当金属温度在一定范围内升高时，自由电子的动能增加，自由电子定向运动的阻力增加，金属的导电能力降低，即电阻增加。通过测量电阻值变化的大小而得出温度变化的大小。最常用的材料为铂和铜。但在低温测量中使用铟、锰及碳等材料制成的热电阻。

铂是目前公认的制造热电阻的最好材料。铂热电阻的性能稳定、重复性好、测量精度高，其阻值与温度之间有很近似的线性关系，主要用于高精度温度测量和标准电阻温度计。其缺点是电阻温度系数小，价格较高。其测温范围为-200～+850℃。

如果测量精度要求不是很高，且测量温度小于150℃，可选用铜热电阻。铜热电阻的测温范围是-50～+150℃，其价格便宜、易于提纯、复制性好。在测温范围内线性度极好，其电阻温度系数α比铂热电阻的高，但电阻率ρ较铂热电阻的小。但它在温度稍高时易于氧化，只能用于150℃以下的温度测量，范围较小，而且体积也较大，所以适用于对测量精度和敏感元件尺寸要求不是很高的场合。铂热电阻和铜热电阻目前都已标准化和系列化，选用较方便。

镍热电阻的测温范围为-100～+300℃，它的电阻温度系数较高，电阻率也较大。但它易氧化、化学稳定性差、不易提纯、复制性差、非线性度较大，故目前应用不多。

工业用热电阻材料的主要特性如表3.4所示。

表3.4　工业用热电阻材料的主要特性

材料名称	电阻率（$\Omega\cdot mm^2\cdot m^{-1}$）	测温范围（℃）	电阻丝直径（mm）	特　性
铂	0.0981	-200～+650	0.03～0.07	近似线性，性能稳定，精度高
铜	0.07	-50～+150	0.1	线性，低温测量
镍	0.12	-100～+300	0.05	近似线性

近年来，在低温和超低温测量方面，开始采用一些较为新颖的热电阻，如铑铁电阻、铟铁电阻、锰电阻和碳电阻等。铑铁电阻是以含0.5%克铑原子的铑铁合金丝制成的，具有较高的灵敏度和稳定性，重复性较好。铟铁电阻是一种高精度、低温热电阻，在-268.8～-258℃温域内，其灵敏度比铂热电阻的高10倍，故可以用于铂热电阻不能使用的测温范围。

热电阻传感器主要用于中低温（-200～+650℃或-200～+850℃）范围的温度测量。铜热电阻的感温元件通常用0.1mm的漆包线或丝包线，双线并绕在塑料圆柱形骨架上，线外再浸入酚醛树脂，以起到保护作用。铂热电阻的感温元件一般用0.03～0.07mm的铂丝绕在云母绝缘片上，云母绝缘片边缘有锯齿缺口，铂丝绕在齿缝内以防短路，绕组的两面再以云母绝缘片绝缘。

热电阻的结构主要有铠装型热电阻和薄膜及厚膜型热电阻。

（1）铠装型热电阻。铠装型热电阻由不锈钢管、绝缘材料和感温元件（电阻体）等组成，如图3.72所示，其感温元件用细铂丝绕在陶瓷或玻璃架上。

这种热电阻热惰性小、响应速度快，具有良好的机械性能，可以耐强烈振动和冲击，适于在高压设备、有振动的场合或恶劣环境中使用。因为后面引线部分具有一定的可挠性，因此也适用于安装在结构复杂的设备上进行测温，并且寿命较长。其外形尺寸从ϕ1.8到ϕ6.4的规格都有，电阻体长度一般不大于60mm。

（2）薄膜及厚膜型热电阻。其中，薄膜及厚膜型铂热电阻主要用于平面物体的表面温度和动态温度的检测，也可以部分替代绕线型铂热电阻，用于测温和控温，其测温范围一般为-70～+600℃。

薄膜及厚膜型铂热电阻是近些年发展起来的新型测温元件，其工艺与一般的绕线型铂热电阻不同。厚膜型铂热电阻一般用陶瓷材料作为基底，先采用精密丝网印刷工艺等在基底上形成铂热电阻，再经焊接引线、胶封、校正电阻等工序，最后在电阻表面涂保护层制成。薄膜型铂热电阻采用溅射工艺来成膜，经过光刻、腐蚀工艺形成图案，其他工序与厚膜型铂热电阻相同。图 3.73 所示为厚膜型铂热电阻结构示意图。

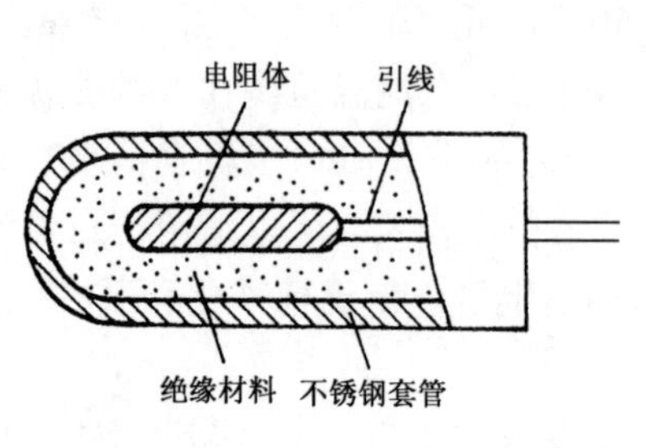

图 3.72　铠装型热电阻结构示意图

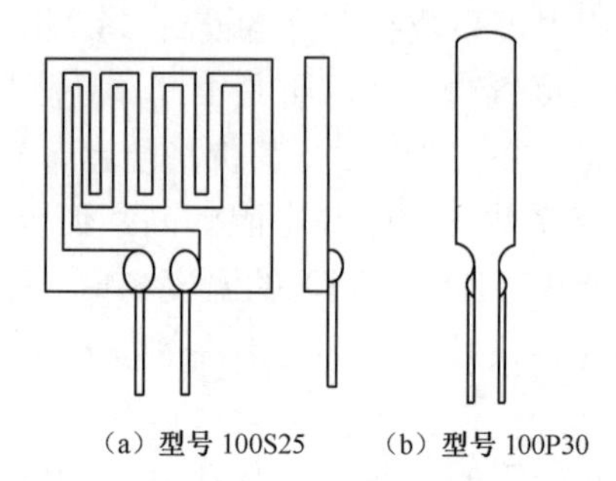

图 3.73　厚膜型铂热电阻结构示意图

2. 热敏电阻

热敏电阻是一种新型测温元件，其机理是当热敏材料周围有热辐射时，它吸收辐射热，产生温升，从而引起材料电阻的变化。它有金属和半导体两种，金属多为金、镍和铋等；半导体多为金属氧化物，如氧化锰、氧化镍和氧化钴等。金属热敏电阻多为正电阻温度系数，绝对值比半导体的小；其电阻与温度的关系基本上是线性的，耐高温能力较强，所以多用于温度的模拟测量。而半导体热敏电阻多为负电阻温度系数，绝对值比金属的大十几倍；其电阻与温度的关系是非线性的，耐高温能力较差，所以多用于辐射探测，如防盗报警、防火系统、热辐射体搜索和跟踪等。根据使用要求不同，热敏电阻可以制成球状、片状、柱状和垫圈等。热敏电阻的形状与探头结构如图 3.74 所示。

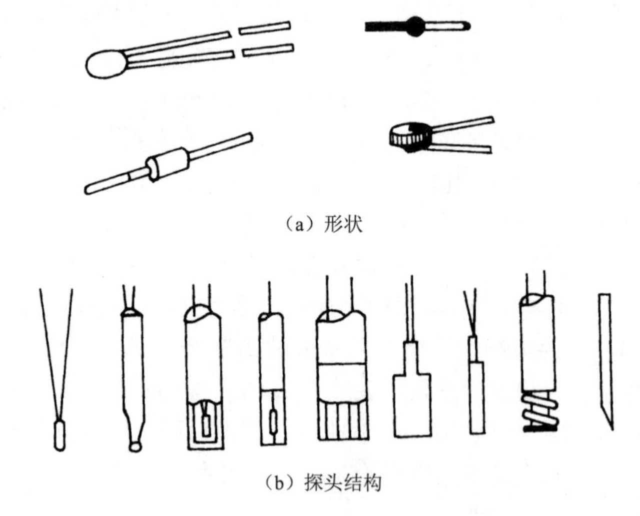

图 3.74　热敏电阻的形状与探头结构

与其他温度传感器相比，热敏电阻温度系数大、灵敏度高、响应速度快、测量电路简单，有些不用放大器就能输出几伏的电压，非常适合在家用电器、复印机、电子体温计、表面温度计和汽车等产品中作为测温控制和加热元件。另外，它体积小、寿命长、价格低，由于本身电阻值大，因此可以不考虑引线长度带来的误差，适用于远距离的测量和控制。而对于耐湿、耐酸、耐碱、耐热冲击、耐振动场合，其可靠性比较高。但它的线性度和互换性较差，同一型号的产品特性参数有较大差别，一般需要经过线性化处理，使输出电压与温度基本呈线性关系。其测温范围为50～1450℃。

3．热电阻测温电路

热电阻测温电路包括平衡电桥法、非平衡电桥法、恒压法和恒流法等。最常用的热电阻测温电路是平衡电桥电路，如图3.75所示。图3.75中R_1、R_2、R_3和R_t（或R_q、R_M）组成电桥的四个桥臂，其中R_t是热电阻，R_q、R_M分别是调零和调满刻度的调整电阻（电位器）。测量时，先将切换开关S扳到“1”位置，调节R_q使仪表指示为零，然后将S扳到“3”位置，调节R_M使仪表指示到满刻度，做完这种调整后再将S扳到“2”位置，则可进行正常测量。

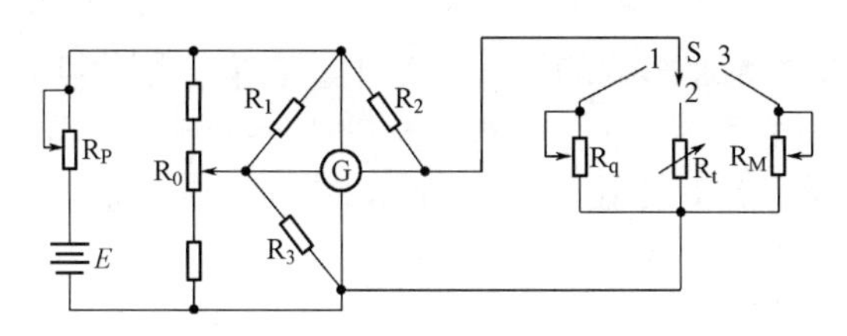

图3.75　热电阻测温电路

由于热电阻本身阻值较小，而热电阻安装处（测温点）距仪表之间总有一定距离，因此其连接导线的电阻也会因环境温度的变化而变化，从而造成测量误差。为了消除导线电阻的影响，一般采用三线制连接法，如图3.76所示。图3.76中，R_t为热电阻；R_1、R_2为两桥臂电阻，取$R_1=R_2$；R_3为调整电桥平衡的精密电阻；r_1、r_2和r_3为引线电阻，分别接到相邻桥臂上且电阻温度系数相同，因此温度变化时引起的电阻变化也相同，即$r_1 \approx r_2 \approx r_3$。当检流计中无电流通过时，电桥达到平衡，根据平衡原理，有

$$R_1(R_3+r_2)=R_2(R_t+r_1) \tag{3-47}$$

又因为

$$R_1=R_2,\ r_1 \approx r_2$$

所以

$$R_3=R_t \tag{3-48}$$

由此可见，采用三线制电桥测量电路，当连接导线电阻相等时，可消除连接导线影响。

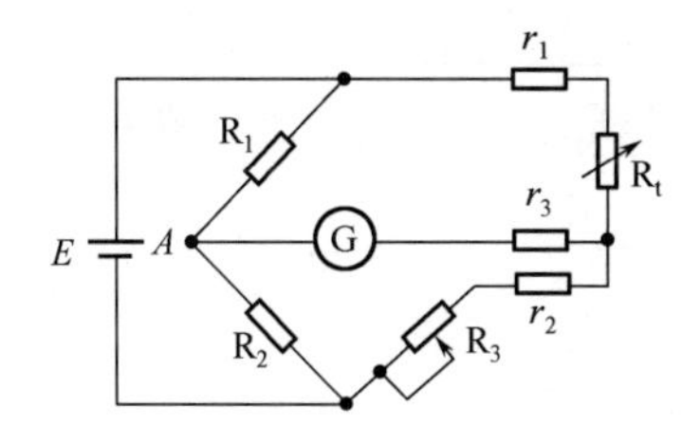

图3.76　热电阻三线制电桥测量电路

近年来，人们开发了不少热敏电阻新产品，随着生产工艺的不断改进，其线性度、稳定性都达到了一定水平，使电路设计和维修、更换都很方便。

3.6.3 热电阻式传感器的应用

使用热电阻或者热敏电阻进行温度测量时有两种形式：一种形式是将热敏元件与被测物体相接触，它们之间经过热交换后达到热平衡时热敏元件的电阻值即反映了被测物体的温度值；另一种形式是将流过恒定电流的热敏元件置于被测气体或液体等介质中，介质中的某些参数将影响热敏元件与介质之间的热交换和热平衡，利用这一原理达到测量介质的某些参数的目的。所以，热电阻式传感器不仅可用于温度测量，还可用于流量和液位等的测量。

1. 流量计

流量计利用热电阻上的热量消耗与介质流速的关系测量流量、流速、风速等。图3.77所示为热电阻流量计的工作原理图。两个铂电阻探头，R_{t1}放在被测液体管道中央，R_{t2}放在温度与流体相同、但不受介质流速影响的平静小室中。它们分别接在电桥的两个相邻桥臂上。当介质处于静止状态时，电桥处于平衡状态，流量计没有指示。当介质流动时，会将热量带走，R_{t1}的电阻值变化，R_{t2}的电阻值不发生变化，电桥失去平衡，产生一个与流量变化相对应的信号，流量计的指示反映了流量的大小。

2. 液面位置检测

当热敏电阻中有电流通过时，将引起自身发热，并且在不同介质中的散热程度不一致，这导致其电阻值也不一样。利用热电阻对液面位置进行检测就是根据此原理设计制作的，通过测量热敏电阻在不同介质中的阻值，从而计算出液面的位置。图3.78所示为液面水平指示传感器结构示意图。

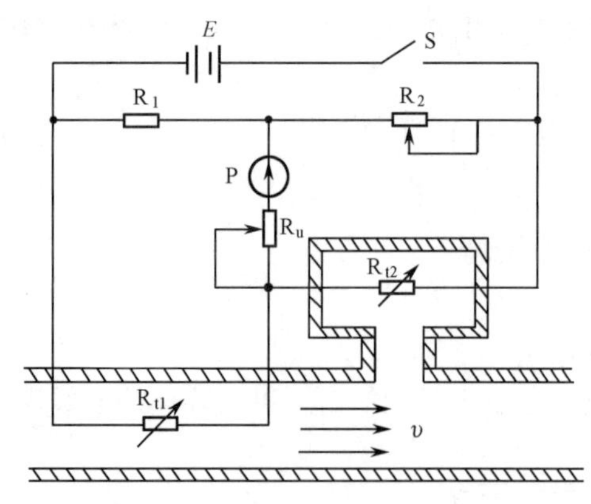

图3.77 热电阻流量计的工作原理图

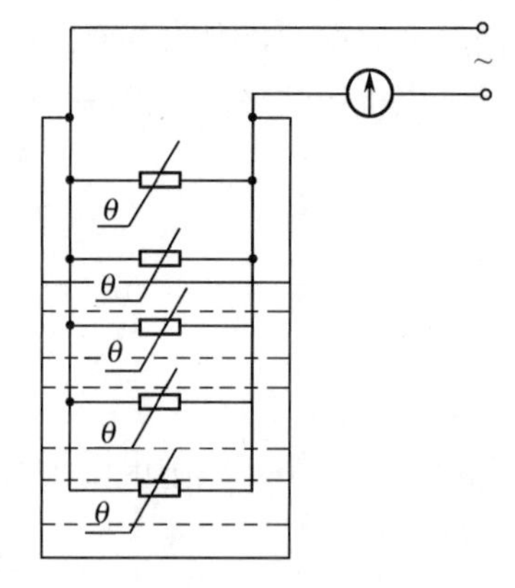

图3.78 液面水平指示传感器结构示意图

3.7 光电传感器

光电传感器是将被测量的变化转换成光信号的变化，通过光电元件转换成电信号的传感器，其理论基础是光电效应，即物体吸收光子能量后产生的电效应。光电效应分为以下三大类。

1. 外光电效应

在光线作用下，能使电子逸出物体表面的现象称为外光电效应，也称为光电子发射效应。

此类光电元件主要有光电管、光电倍增管，属于真空光电元件。

2．内光电效应

在光线作用下能使物体电阻率发生变化的现象称为内光电效应，又叫作光电导效应。此类光电元件有光敏电阻，属于半导体光电元件。

3．光生伏特效应

光生伏特效应又称阻挡层光电效应，是指在光线作用下能使物体产生一定方向电动势的现象。此类光电元件主要有光电池和光电晶体管等，属于半导体光电元件。

3.7.1　常用光电元件

常用光电元件有光敏电阻、光电池、光敏二极管、光敏三极管、光电管和光电倍增管。

1．光敏电阻

光敏电阻是一种没有极性的纯电阻元件。它的结构很简单，在半导体光敏材料的两端引出电极，并将其封装在透明管壳内就构成了光敏电阻，其原理、外形及图形符号如图 3.79 所示。光敏电阻在不受光照射时的阻值称为暗电阻，一般为几兆欧姆。光敏电阻在某一光照下的阻值称为该光照下的亮电阻，一般为几千欧姆。感光面积大的光敏电阻可以获得较大的明暗电阻差，如国产 625-A 型硫化镉光敏电阻，其光照电阻小于 50kΩ，暗电阻大于 50MΩ。流过暗电阻的电流称为暗电流，流过亮电阻的电流称为亮电流，光电流是亮电流与暗电流之差。光敏电阻的暗电阻越大，亮电阻越小，性能就越好。当温度升高时，光电阻的暗阻下降，暗电流增大，灵敏度下降，这是光电阻的一大缺点。另外，使用不同材料制成的光电阻，有着不同的光谱特性。在选用时，要注意光电阻的暗电阻、亮电阻、光电特性（在一定电压作用下，光敏电阻的光电流与照射光通量的关系）和时间常数（光敏电阻对光照响应的快慢程度）等。

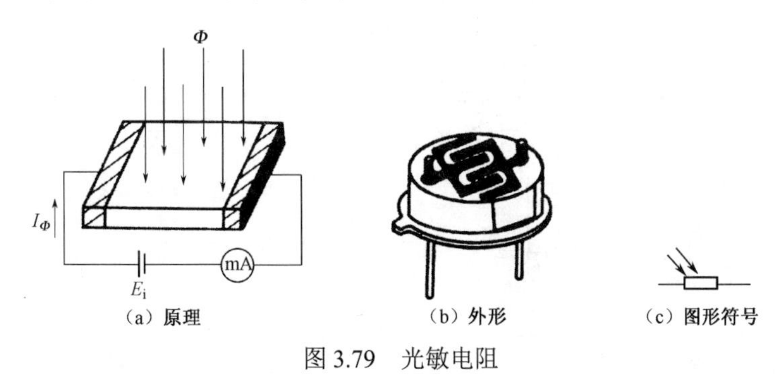

（a）原理　　（b）外形　　（c）图形符号

图 3.79　光敏电阻

新制光敏电阻在未经老化处理前，性能可能不稳定，经老化处理（人为地加温、光照和通电）或使用一段时间后，光电性能逐渐趋向稳定。在使用时，光敏电阻可以加直流电压，也可以加交流电压，图 3.80 所示为光敏电阻的应用。光敏电阻安装在图 3.80（a）所示的位置，其敏感部分通过圆盘上的透光狭缝对准发光二极管。当光源通过透光狭缝照射到光敏电阻时，R_4 变小，电路检测到信号，OUT 端输出高电平，通过计算单位时间内出现的脉冲数来求解圆盘的转速，输出端可接单片机等控制电路。

2．光电池、光敏二极管、光敏三极管

光电池是一种直接将光能转换成电能的光电元件。它有个大面积的 P-N 结，当光照射时，半导体内原子受激发而生成电子-空穴对，通常把这种由光生成的电子-空穴对叫作光生载流子。它们在 P-N 结电场的作用下，电子被推向 N 区，而空穴被拉向 P 区，结果 P 区积累了大量的过剩空穴，而 N 区积累了大量的过剩电子，使 P 区带正电，N 区带负电，两端产生了电势，若用导线连接，就有电流通过。光电池工作原理图如图 3.81 所示。

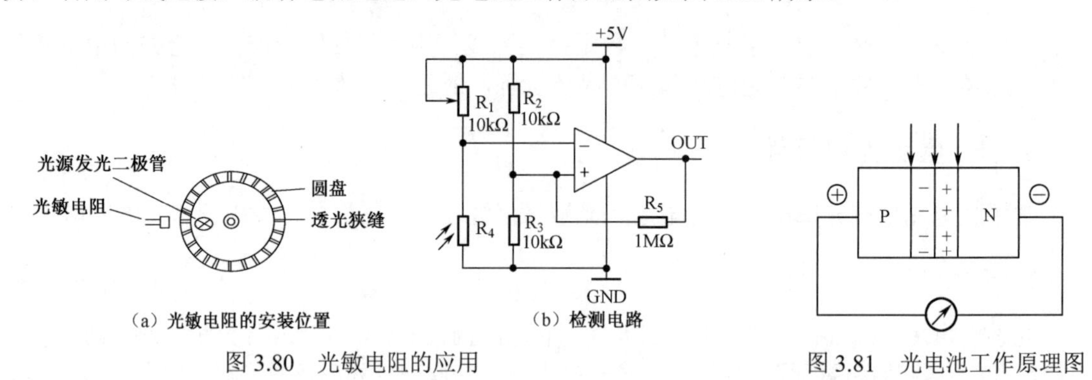

（a）光敏电阻的安装位置　　（b）检测电路

图 3.80　光敏电阻的应用　　图 3.81　光电池工作原理图

光敏二极管有一个 P-N 结，与一般二极管相比在结构上的不同之处是，P-N 结装在透明管壳的顶部，可以直接受到光的照射。当光通过透镜照射到光敏二极管上时，由于产生了光生载流子，在一定的反向偏压下，光敏二极管的反向电流要比没有光照时大几十倍到几千倍，因此有较大的光电流。光照越强，光生载流子越多，光电流越大，故光敏二极管不受光照射时处于截止状态，受光照射时处于导通状态。图 3.82 所示为光敏二极管的构造和基本开关电路。当无光照时，光敏二极管截止，三极管 VT 截止，继电器 K 断开；当有光照时，光敏二极管导通，VT 导通，继电器 K 线圈得电，实现光电开关的控制。

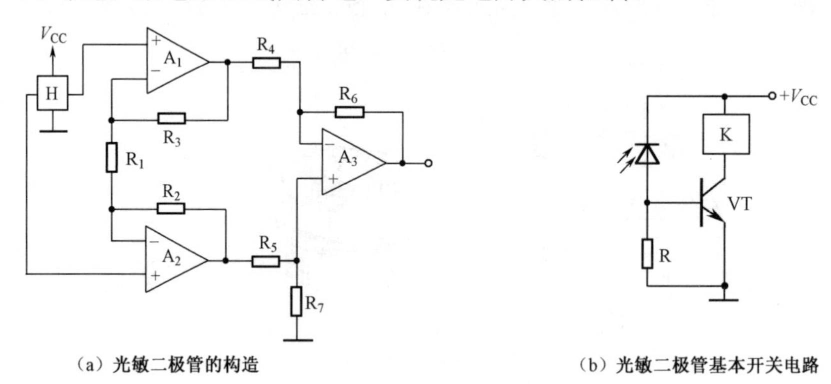

（a）光敏二极管的构造　　（b）光敏二极管基本开关电路

图 3.82　光敏二极管

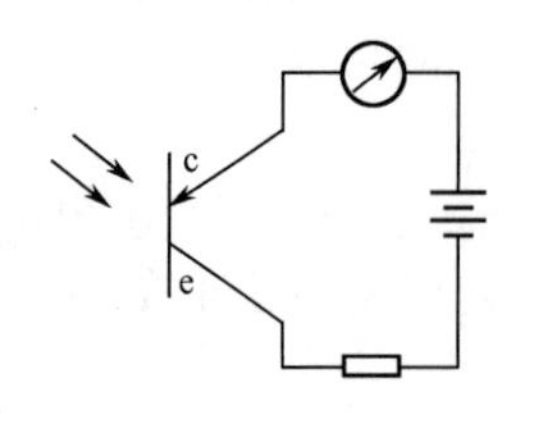

图 3.83　光敏三极管的基本电路

光敏三极管有两个 P-N 结。光敏三极管的基极和集电极之间的 P-N 结相当于光敏二极管的 P-N 结，受到光照所产生的光电流作为基极电流，因此光敏三极管没有基极，往往只装两根引线。光敏三极管有放大作用，其灵敏度比光敏二极管高。光敏三极管的基本电路如图 3.83 所示。

3. 光电管、光电倍增管

光电管和光电倍增管是利用外光电效应的光电元件。光电管由真空玻璃管、光电阴极 K 和光电阳极 A 组成。当一定频率的光照射到光电阴极上时，光电阴极吸收了光子的能量便有电子逸出而形成光电子，这些光电子被具有正电位的阳极所吸引，因此在光电管内形成了定向空间电子流，外电路就有了电流。如果在外电路中串入一适当值的电阻，那么电路中的电流便转换为电阻上的电压。这种电流或电压的变化与光有一定函数关系，从而实现了光电转换。光电管的结构、图形符号及基本测量电路如图 3.84 所示。

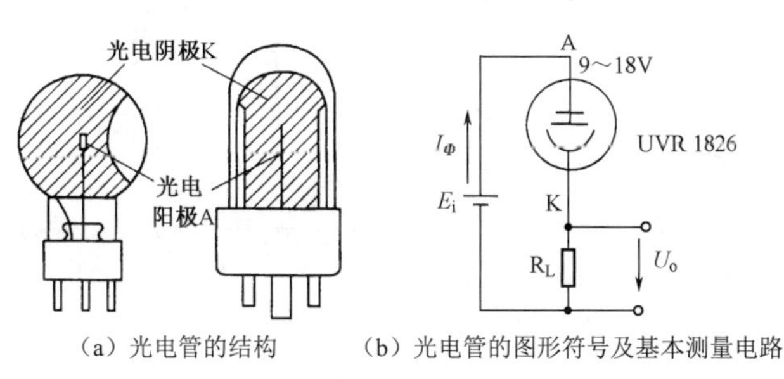

（a）光电管的结构　　（b）光电管的图形符号及基本测量电路

图 3.84　光电管

光电管的灵敏度较低，在微光测量中通常采用光电倍增管。光电倍增管的结构特点是在光电阴极和阳极之间增加了若干个光电倍增管，如图 3.85 所示，且外加电位逐级升高，因此逐级产生二次电子发射而获得倍增光电子，使最终到达阳极的光电子数目猛增。通常光电倍增管的灵敏度比光电管要高出几万倍，在微光下就可产生可观的电流，因此在使用时应注意避免强光照射而损坏光电阴极。

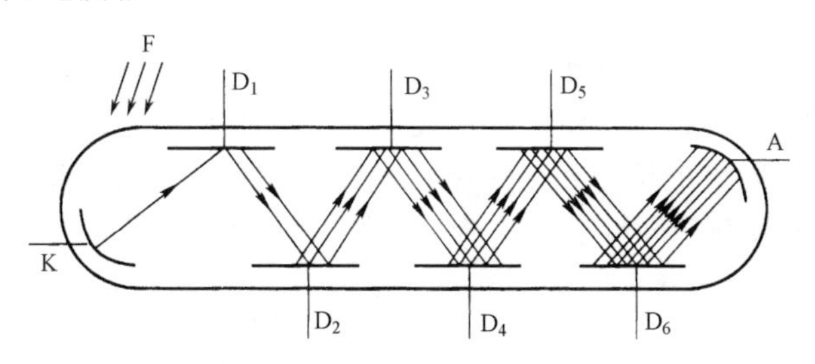

图 3.85　光电倍增管原理图

3.7.2　光电开关和光电断续器

光电开关主要用来检测物体的靠近、通过等状态。目前，光电开关已成系列产品，规格齐全，可根据需要选用适当规格的产品，不必自行设计光路和电路，使用极其方便，因此被广泛应用于生产流水线、自动控制等各方面开关量的检测。

光电开关和光电断续器的原理是一样的，都是由红外线发射元件与光敏接收元件组成，不同的是光电断续器是整体结构，因此检测距离小，只有几毫米至几十毫米，而光电开关可根据检测现场灵活安装，检测距离可达几米到几十米。

1. 光电开关

根据光线的走向，光电开关分为两类：直射型光电开关和反射型光电开关。图 3.86（a）所示为直射型光电开关，这种光电开关的发射器和接收器相对安放在一条轴线上。当有物体在两者中间通过时，红外光束被遮断，接收器因接收不到红外线而产生一个电脉冲信号。这种光电开关检测距离最长可达几十米。反射型光电开关又分为反射镜反射型和被测物漫反射型（又称散射型），如图 3.86（b）、（c）所示。反射镜反射型光电开关单侧安装，根据被测物体的距离调整反射镜的角度以取得最佳的反射效果，它的检测距离不如直射型光电开关，一般为几米。散射型光电开关的接收器接收的是漫反射光线，其安装最方便，但检测距离更小，只有几百毫米。

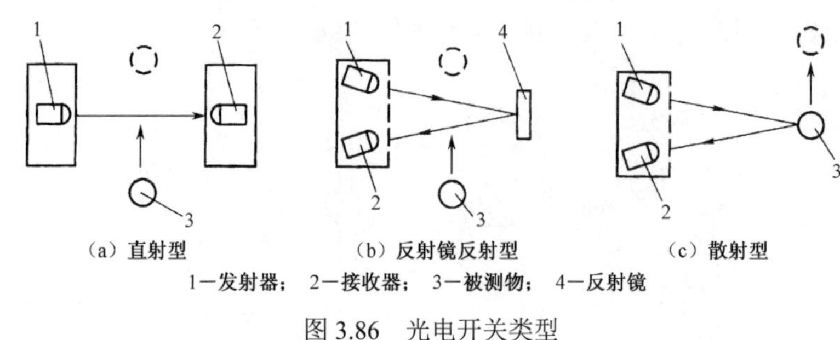

图 3.86　光电开关类型

光电开关的发射器一般采用功率较大的红外发光二极管（红外 LED），接收器一般采用光敏三极管或光电池。为了防止受到其他光源的干扰而产生误动作，可在光敏接收元件表面加装红外滤光透镜。红外 LED 最好用高频（如 40kHz）脉冲电流驱动，从而发射 40kHz 的调制光脉冲。相应地，为了防止其他光源的干扰，接收光电元件的输出信号经 40kHz 的选频交流放大器及专用的解调芯片解调处理。

2. 光电断续器

光电断续器的工作原理与光电开关相同，结构上将光电发射器、光电接收器集成在体积很小的同一塑料壳体中，所以不需要调整安装位置。光电断续器也可分为直射型和反射型两种，如图 3.87 所示。直射型的槽宽、槽深和其光敏元件有系列化产品可供选择。反射型的检测距离较小，多用于安装在空间较小的场合。

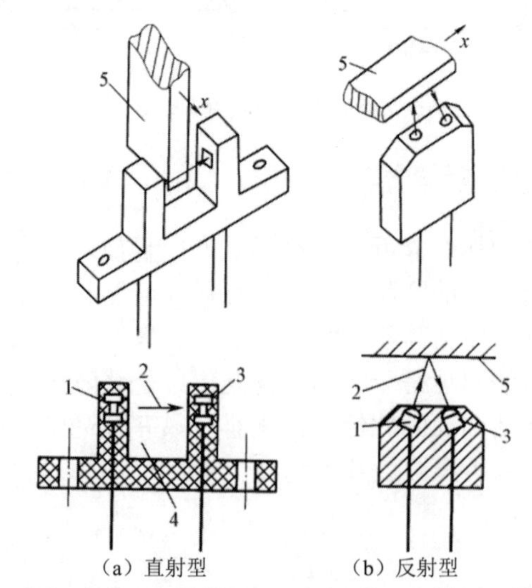

图 3.87　光电断续器

光电断续器价格低，简单可靠，广泛应用于自动控制系统、生产流水线、机电一体化设备和家用电器中。例如，在打印机中，光电断续器被用作检测纸的有无；在流水线上检测细小物体的通过及透明物体的暗色标记；检测印制电路板元件是否漏装及是否有检测物体靠近等。图3.88所示为光电断续器的应用实例。

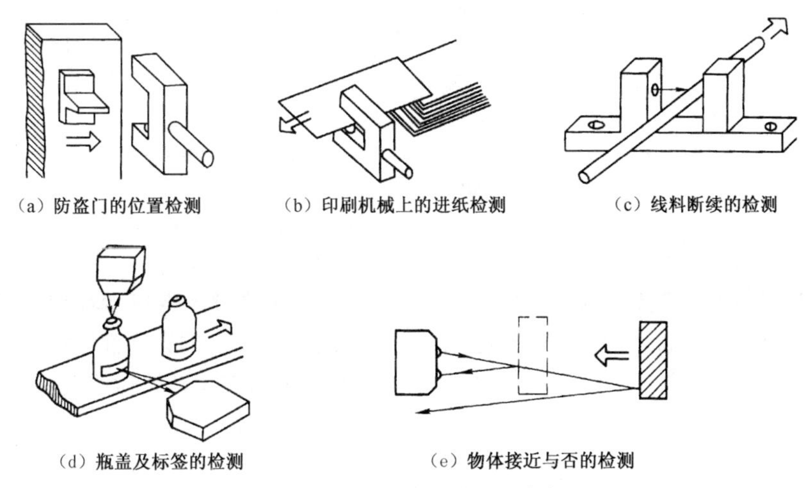

（a）防盗门的位置检测　（b）印刷机械上的进纸检测　（c）线料断续的检测

（d）瓶盖及标签的检测　（e）物体接近与否的检测

图3.88　光电断续器的应用实例

3.7.3　光电传感器的应用

1．光电传感器应用方法

光电传感器由光源、光学元件和光电元件组成光路系统，并结合相应的测量转换电路而构成。常用的光源有各种白炽灯和发光二极管，常用的光学元件有各种反射镜、透镜和半反半透镜等。

光电传感器按其输出量不同分为模拟式和脉冲式两大类。模拟式光电传感器基于光电元件的光电流随光通量的变化而变化，而光通量又随被测非电量的变化而变化，这样光电流就成为被测非电量的函数。影响光电元件接收量的因素可能是光源本身的变化，也可能是由光学通路造成的，模拟式光电传感器通常有图3.89所示的几种形式。

如图3.89（a）所示，由被测物发出的光通量直接照射到光电元件上，通过测量光能量的强度可知被测物的温度，如光电比色高温计。

如图3.89（b）所示，恒光源穿过被测物，部分被吸收，而后到达光电元件上。可根据被测对象对辐射的吸收量或对频谱的选择性来测量液体、气体的透明度或浑浊度，或对气体进行成分分析，或对液体中某种物质含量进行测定等。

如图3.89（c）所示，恒光源发出的光通量先到达被测物，然后用光电元件接收从被测物表面反射出来的光。由于反射光通量的多少取决于被测对象的表面性质和状态，因此它可以测量机械加工零件的表面光洁度、表面粗糙度等。

如图3.87（d）所示，恒光源发射的光到达光电元件的路径上，受到被测物的遮蔽，因此照射到光电元件上的光通量发生了变化，根据被测对象阻挡光通量的多少来测量被测对象的几何尺寸（如长度、厚度等）或运动状态（如线位移、角位移）。

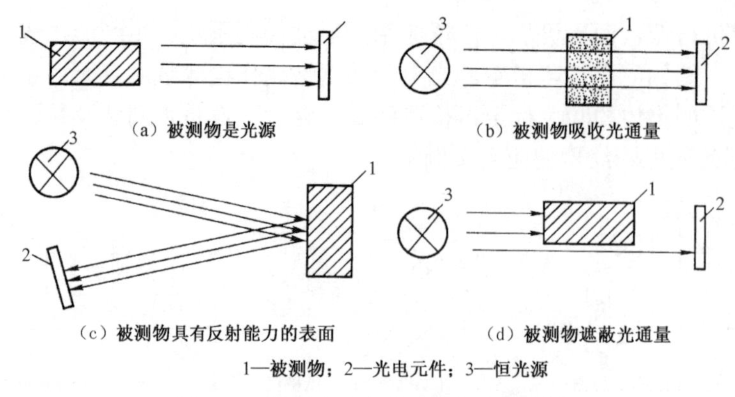

（a）被测物是光源　（b）被测物吸收光通量

（c）被测物具有反射能力的表面　（d）被测物遮蔽光通量

图 3.89　模拟式光电传感器的几种形式

脉冲式光电传感器受光照射时有电信号输出，不受光照时无电信号输出，即输出仅有两个稳定状态："通"和"断"。这样，便把被测量转换成断续变化的光电流，由自动检测系统输出开关量或数字电信号，它大多用于光机电相结合的检测装置中，如转速表和脉冲发生器等。

2．光电传感器应用实例

光电传感器属于非接触测量传感器，具有结构简单、可靠性高、精度高、反应快和使用方便等特点。随着新光源、新光电元件的不断出现，光电传感器越来越广泛应用于检测和控制系统中，常用来进行烟雾、浊度、转速等的检测。

（1）反射式烟雾报警检测器。反射式烟雾报警检测器如图 3.90 所示。图 3.90 中，灯的作用是作为光源和热源。光隔板阻止了灯光直接照射在光敏电阻上。箱中空气受灯的热作用而上升，因而引起空气对流，从底部进入，顶部溢出。如果通过检测箱的空气中无烟雾，那么白炽灯无反射光照射到光敏电阻上，其阻值很大。如果空气中有烟雾，那么烟尘将灯光反射到光敏电阻上使其阻值减小。

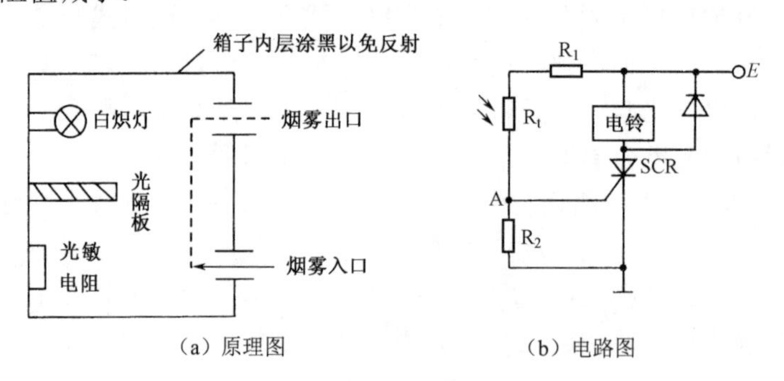

（a）原理图　（b）电路图

图 3.90　反射式烟雾报警检测器

报警电路中，当 R_t 无光照时，R_t 很大，U_A 很小，晶闸管触发电压太小，SCR 截止。当 R_t 受光照时，R_t 变小，U_A 升高，SCR 导通，电铃响，发出报警。

（2）光电式带材跑偏检测器。带材跑偏检测器主要用来检测带材加工过程中偏离正确位置的大小及方向，常用于冷轧带钢、印染和造纸等生产过程中，其原理图如图 3.91（a）所示。

图 3.91（b）中，光源 8 发出的光先经透镜 9 汇聚为平行光束投向透镜 10，再汇聚到光敏电阻 11 上，平行光束到达透镜 10 的途中，有部分光线受到被测带材 1 遮挡，从而使光敏电

阻 11 上的光通量减小。图 3.91（c）是其测量电路。R_2 是与 R_1 型号相同的光敏电阻，主要起温度补偿的作用。当带材处于正确位置时，由 R_1、R_2、R_3 和 R_4 组成的电桥平衡，放大器输出电压 U_o 为零。当带材跑偏时，遮光面积减小，R_1 的阻值随之减小，电桥失去平衡，放大器将这不平衡电压放大后输出，U_o 的大小和正负反映了带材跑偏的方向及大小。另外，比例调节阀根据 U_o 的大小，使活塞左右运动，纠正带材的跑偏。

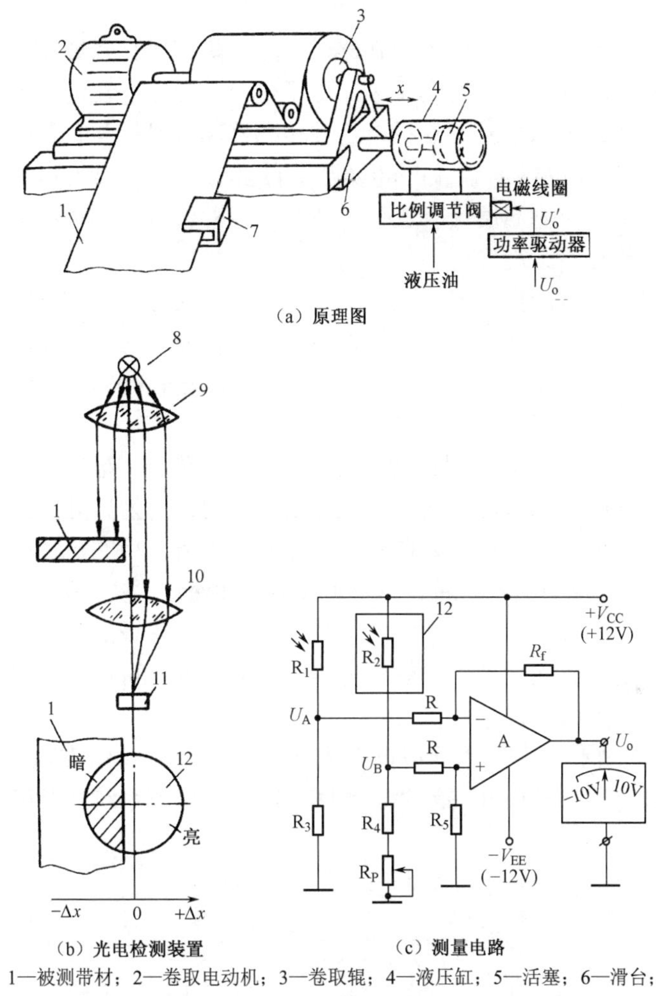

（a）原理图

（b）光电检测装置　　（c）测量电路

1—被测带材；2—卷取电动机；3—卷取辊；4—液压缸；5—活塞；6—滑台；7—光电检测装置；8—光源；9、10—透镜；11—光敏电阻；12—遮光镜

图 3.91　光电式带材跑偏检测器

3.7.4　红外传感器

红外光是一种人眼不可见的光线，俗称红外线，因为其光谱位于可见光中红色光之外。其最大特点是具有光热效应和辐射能量（红外辐射）。将红外辐射能转换成电能的光敏元件称为红外传感器，也常称为红外探测器。它是利用物体产生红外辐射的特性，实现自动检测的传感器，其测量时不与被测物体直接接触，因而不存在摩擦，并且灵敏度高、响应快。

红外传感器的种类很多，按照不同的机制可以分成不同的类别。其按工作原理主要分为热释电红外传感器和红外光电传感器。热释电红外传感器探测效率最高，频率响应最宽，应用范围最广。这里主要介绍热释电红外传感器。

1．热释电红外传感器的工作原理

某些强介电物质，如钛酸钡等，随着温度的上升或下降，在其表面会产生电荷的变化，这种现象称为热释电效应，是热电效应的一种。利用热释电效应工作的传感器即为热释电红外传感器。

热释电红外传感器是对温度敏感的传感器，一般由陶瓷氧化物或压电晶体元件组成，把元件两个表面做成电极。当环境温度变化时，由于热释电效应，在两个电极上会产生电荷，在两电极之间产生微弱的电压信号。热释电红外传感器通过目标与背景的温差来探测目标。例如，当人体进入检测区，因人体温度与环境温度有差别，热释电红外传感器便有电压输出；若人体进入检测区后不动，则温度没有变化，热释电红外传感器不输出电压。所以，这种传感器也称为人体运动传感器。

需指出的是，热释电效应产生的电荷不是永存的，只要它出现，很快会被空气中的单个离子所结合，因此用热释电效应制成的红外传感器，往往在它的元件前面加机械式的周期遮光装置，以使电荷周期地出现，只有测移动物体时可不加遮光装置。由于它的输出阻抗极高，在传感器中一般用一个场效应管进行阻抗变换。

图 3.92 所示为热释电红外传感器结构示意图，主要由外壳、硅窗口、热释电元件、场效应管和电阻等组成。其中，场效应管起到阻抗变换的作用，而窗口处的滤光片是为滤去无用的红外线，让有用的红外线进入窗口。在防盗报警系统中所采用的热释电传感器的滤光片为 7μm，能很好地让人体辐射的红外线通过而阻止其他射线通过，以免引起干扰。并且该传感器的热释电元件由两个有极性的敏感元件反向串联，这样由于环境的影响而使整个晶片发生温度变化时，极性相反的敏感元件产生的热释电信号相互抵消，可以有效地防止因太阳光等红外线及环境温度变化而引起的误差。

近年来，热释电红外传感器常用于根据人体红外（波长在 10μm 左右）感应实现自动电灯开关、自动水龙头开关、自动门开关等，在家庭自动化、保安系统及节能领域的需求大幅度增加。

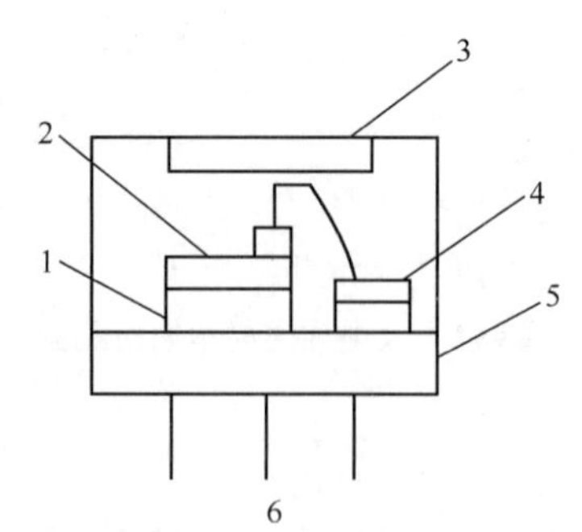

1—特殊导电性支持台；2—热释电元件；3—硅窗口；4—场效应管；5—外壳；6—引线

图 3.92　热释电红外传感器结构示意图

2．红外传感器的应用

由于红外传感器实现了无接触测量，具有较高的灵敏度，因此在医学、军事、空间技术和环境工程等领域中得到了广泛应用，常用于红外测温、红外成像和气体成分分析等。

（1）红外测温仪。红外测温仪是利用热辐射体在红外波段的辐射通量来测量温度的。当物体的温度低于 1000℃时，它向外辐射的不再是可见光，而是红外光，可用红外探测器检测其温度。图 3.93 所示为红外测温仪系统框图，它是一个包括光机电一体化的红外测温系统，图中的光学系统是一个固定焦距的透射系统，透镜将红外光线聚焦在红外探测器上，滤光片一般采用只允许 8～14μm 的红外辐射能通过的材料。步进电动机带动调制盘转动，将被测的红外辐射调制成交变的红外辐射线。红外探测器一般为（钽酸锂）热释电探测器，透镜的焦点落在其光敏面上，被测目标的红外辐射通过透镜聚焦在红外探测器上，红外探测器将红外辐射转换为电信号输出。

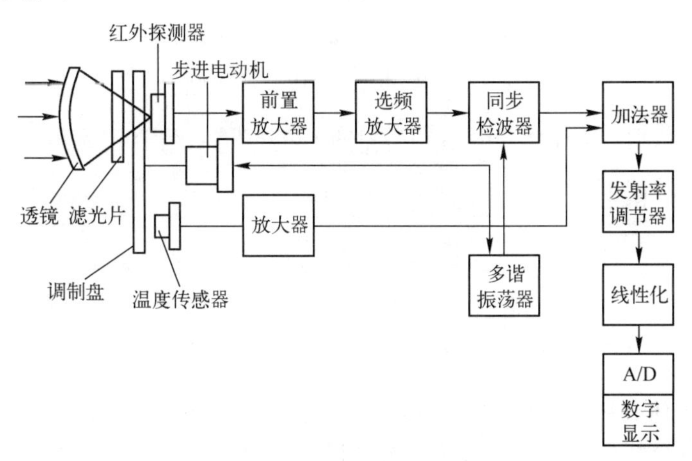

图 3.93　红外测温仪系统框图

红外测温仪的电路比较复杂，包括前置放大器、选频放大器、温度补偿、发射率调节器、线性化等。目前已有一种带单片机的智能红外测温器，利用单片机与软件的功能，大大简化了硬件电路，提高了仪表的稳定性、可靠性和准确性。红外测温仪的光学系统可以是透射式的，也可以是反射式的。反射式光学系统多采用凹面玻璃反射镜，并在镜的表面镀金、铝、镍或铬等对红外辐射反射率很高的金属材料。

（2）红外成像。红外成像有主动式和被动式两种。主动式红外成像系统自身带有红外光源，图 3.94 所示为主动式红外成像系统框图。主动式红外成像系统是根据被成像物体对红外光源的不同反射率，以红外变像管作为光电成像器件的红外成像系统。其优点是成像清晰、对比度高、不受环境光源影响；缺点是易暴露，不利于军事应用。

主动式红外成像系统的工作过程如下。物镜组把目标成像于红外变像管的光阴极面上；目镜组把红外变像管荧光屏上的像放大，便于人眼观察；红外变像管是主动式红外成像系统的核心，是一种图像转换器件，完成从近红外图像到可见光图像的转换，并增强图像信号。

被动式红外成像系统自身不带红外光源，图 3.95 所示为其结构示意图。自然界中，温度高于绝对零度的一切物体，总是在不断地发射红外辐射，收集并探测这些辐射能，就可以形成与景物温度分布相对应的热红外图像。热红外图像再现了景物各部分温度和辐射发射率的差异，能够显示出景物的特征。

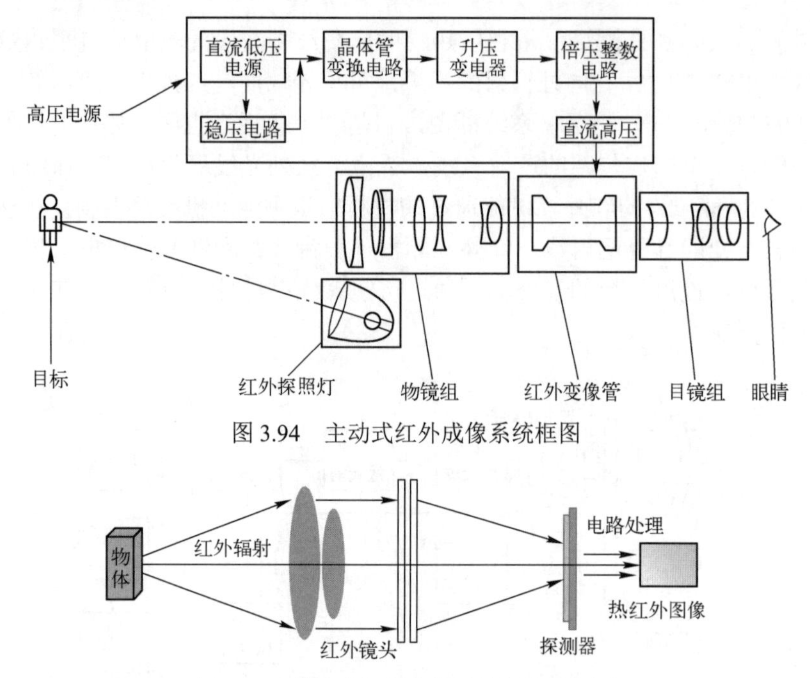

图 3.94　主动式红外成像系统框图

图 3.95　被动式红外成像系统结构示意图

（3）红外线气体分析仪。红外线气体分析仪是根据气体对红外线具有选择性的吸收特性来对气体成分进行分析的。不同气体的吸收波段（吸收带）不同，图 3.96 所示为几种气体对红外线的透射光谱图，从图中可以看出，CO 气体对 4.65μm 附近的红外线具有很强的吸收能力，CO_2 气体则在 2.78μm 和 4.26μm 附近及波长大于 13μm 的范围内对红外线有较强的吸收能力。例如，分析 CO 气体时，可以利用 4.26μm 附近的吸收波段进行分析。

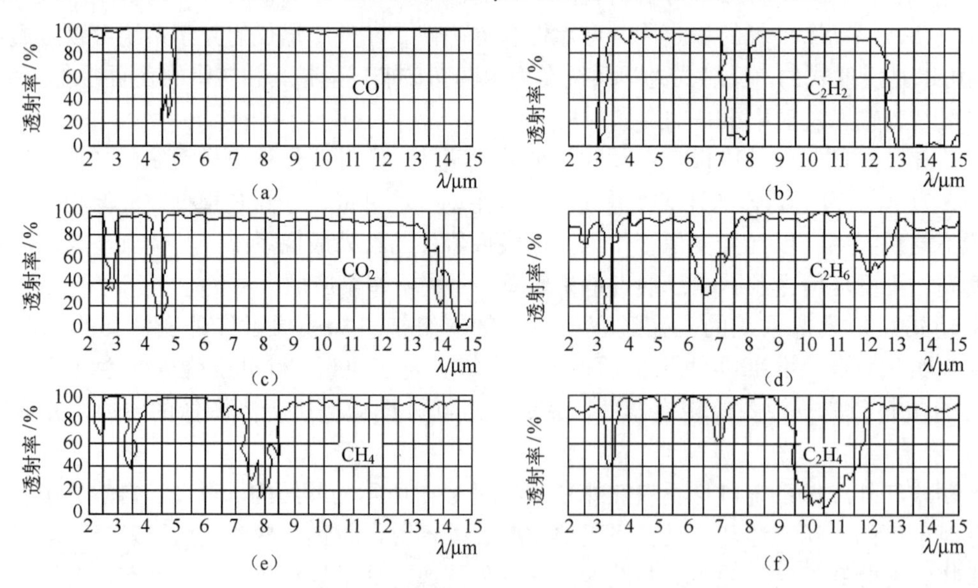

图 3.96　几种气体对红外线的透射光谱图

图 3.97 所示为工业用红外线气体分析仪的结构示意图。该分析仪由红外线辐射光源、气

室、红外探测器及测量电路等部分组成。光源由镍铬丝通电加热发出 3～10 μm 的红外线，切光片将连续的红外线调制成脉冲状的红外线，以便红外探测器的检测。测量气室中通入被分析气体，参比气室中封入不吸收红外线的气体（如 N_2 等）。红外检测器是薄膜电容型，它有两个吸收气室，充以被测气体，当它吸收了红外辐射能量后，气体温度升高，导致室内压力增大。

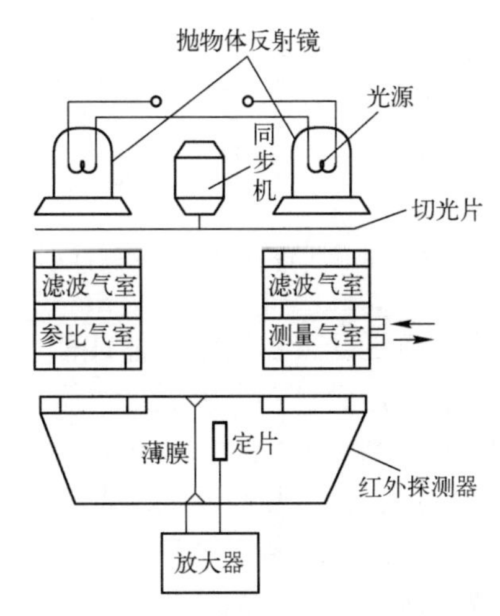

图 3.97　工业用红外线气体分析仪的结构示意图

测量时（如分析 CO 气体的含量），两束红外线经反射、切光后射入测量气室和参比气室，由于测量气室中含有一定量的 CO 气体，该气体对 4.65μm 的红外线有较强的吸收能力，而参比气室中气体不吸收红外线，这样射入两个吸收气室的红外线光造成能量差异，使两吸收气室压力不同，测量气室的压力减小，于是薄膜偏向定片方向，改变了薄膜电容两电极间的距离，也就改变了电容量 C。若被测气体的浓度越大，两束光强的差值也越大，则电容的变化量也越大，因此电容变化量反映了被分析气体中被测气体的浓度。

3.7.5　接近开关

接近开关又称无触点行程开关，它除可以完成行程控制和限位保护外，还是一种非接触型的检测装置，用于检测零件尺寸和测速等，也可用于变频计数器、变频脉冲发生器、液面控制和加工程序的自动衔接等。

接近开关具有工作可靠、寿命长、功耗低、复定位精度高、操作频率高及适应恶劣的工作环境等特点。当有物体移向接近开关，并接近到一定距离时，位移传感器产生响应，开关才会动作，通常把这个距离称为检出距离。不同的接近开关，检出距离也不同。有时被检测物体是按一定的时间间隔，一个接一个地移向接近开关，又一个接一个地离开，这样不断地重复。不同的接近开关，对检测对象的响应能力是不同的，这种响应特性被称为响应频率。

1. 接近开关的种类及工作原理

根据工作原理的不同，常用的接近开关可分为电感式、电容式、光电式、霍尔式和热释电式等。

（1）电感式接近开关。电感式接近开关属于一种有开关量输出的位置传感器，它主要由

LC高频振荡器、整形检波及信号处理电路组成，其工作原理框图如图3.98所示。利用金属物体在接近这个能产生电磁场的振荡感应头时，物体内部产生涡流，涡流反作用于接近开关，使接近开关振荡能力衰减，内部电路的参数发生变化，由此识别出有金属物体接近，进而控制接近开关的通或断。这种接近开关所能检测的物体必须是金属物体。

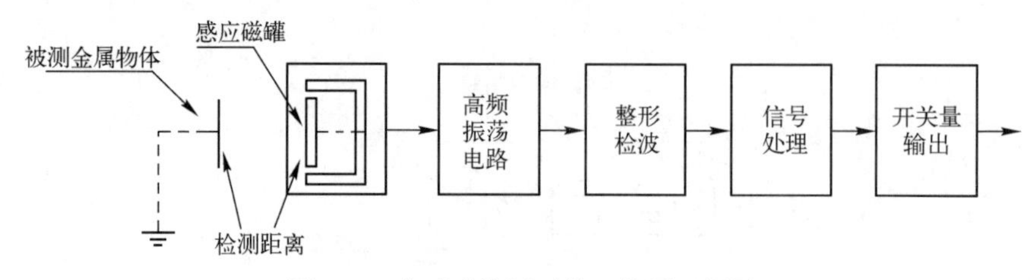

图3.98　电感式接近开关工作原理框图

（2）电容式接近开关。电容式接近开关也属于一种具有开关量输出的位置传感器，它的测量头通常是构成电容器的一个极板，而另一个极板是物体本身。电容式接近开关工作原理框图如图3.99所示。当被测物体移向接近开关时，物体和接近开关的介电常数发生变化，使和测量头相连的电路状态也随之发生变化，从而使振荡电路输出信号的频率发生变化，再经过信号处理，由此便可控制接近开关的通或断。这种接近开关可检测的物体并不限于金属导体，也可以是绝缘的液体或粉状物体。

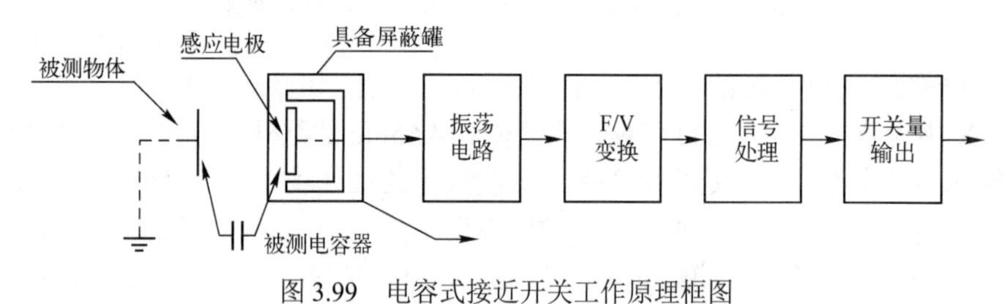

图3.99　电容式接近开关工作原理框图

（3）红外线光电接近开关。红外线属于一种电磁射线，其特性等同于无线电或X射线。人眼可见的光的波长是380～780nm，波长为780～1000nm的长射线称为红外线，一般的红外线光电接近开关优先使用的是接近可见光波长的近红外线。

红外线光电接近开关利用被检测物体对红外光束的遮光或反射，由同步回路选通而检测物体的有无，其物体不限于金属，对所有能反射光线的物体均可检测。根据检测方式不同，红外线光电接近开关可分为漫反射式光电接近开关、镜反射式光电接近开关、对射式光电接近开关和槽式光电接近开关。

漫反射式光电接近开关是一种集发射器和接收器于一身的传感器，如图3.100所示，当有被检测物体经过时，将光电接近开关发射器发射的足够量的光线反射到接收器，于是光电接近开关就产生了开关信号。当被检测物体的表面光亮或其反光率极高时，漫反射式光电接近开关是首选的检测模式。

镜反射式光电接近开关也是集发射器与接收器于一身的，如图3.101所示，光电接近开关发射器发出的光线经过反射镜，反射回接收器，当被检测物体经过且完全阻断光线时，光电接近开关就产生了开关信号。

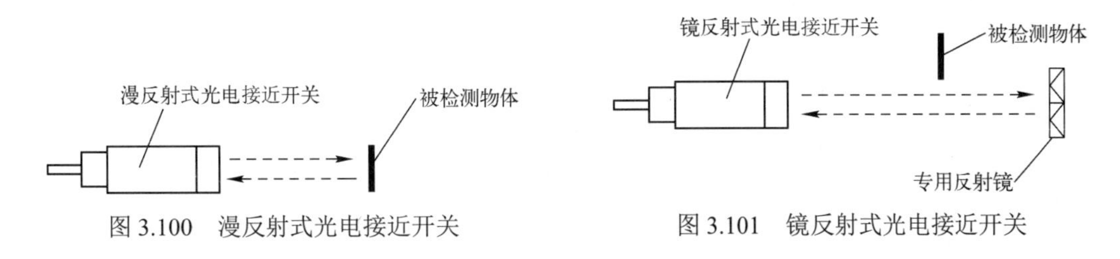

图 3.100　漫反射式光电接近开关　　图 3.101　镜反射式光电接近开关

对射式光电接近开关包含在结构上相互分离且光轴相对放置的发射器和接收器，如图 3.102 所示，发射器发出的光线直接进入接收器，当被检测物体经过发射器和接收器之间阻断光线时，对射式光电接近开关输出开关信号。当检测不透明物体时，对射式光电接近开关是十分可靠的检测模式。

槽式光电接近开关也是一种对射式光电接近开关，通常是标准的 U 字形结构，其发射器和接收器分别位于 U 形槽的两边，并形成一光轴，如图 3.103 所示。当被检测物体经过 U 形槽且阻断光轴时，槽式光电接近开关就产生了开关信号。槽式光电接近开关常用于快速分辨透明与半透明物体。

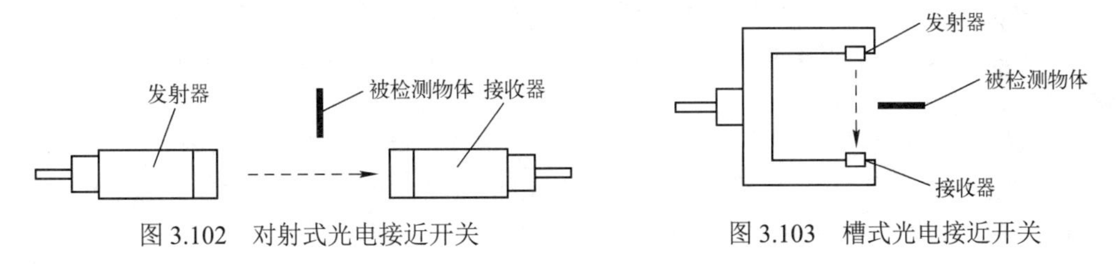

图 3.102　对射式光电接近开关　　图 3.103　槽式光电接近开关

（4）霍尔式接近开关。霍尔元件是一种磁敏元件，利用霍尔元件做成的接近开关叫作霍尔式接近开关。当磁性物件移近霍尔式接近开关时，开关检测面上的霍尔元件因产生霍尔效应而使接近开关内部电路状态发生变化，由此识别附近有无磁性物体存在，进而控制接近开关的通或断。这种接近开关的检测对象必须是磁性物体。

（5）热释电式接近开关。用能感知温度变化的元件做成的接近开关称为热释电式接近开关。这种接近开关是将热释电器件安装在接近开关的检测面上。当有与环境温度不同的物体接近时，热释电器件的输出发生变化，由此便可检测出有无物体接近。

（6）其他形式的接近开关。当观察者或系统对波源有相对运动时，接收到的波的频率会发生偏移，这种现象称为多普勒效应。声呐和雷达就是利用多普勒效应制成的。利用多普勒效应可制成超声波接近开关、微波接近开关等。当有物体接近时，接近开关接收到的反射信号会产生多普勒频移，由此可以识别出有无物体接近。

2．接近开关的主要性能指标

接近开关的主要性能指标有动作距离、设定距离、回差值、响应频率、响应时间、输出状态、导通压降及输出形式等。

（1）动作距离：动作距离是指被检测物体按一定方式移动，当开关动作时，从基准位置（接近开关的感应表面）到检测面的空间距离。

（2）设定距离：接近开关在实际工作中整定的距离，一般为额定动作距离的 80%。

（3）回差值：如图 3.104 所示，动作距离与复位距离之间的差值称为回差值。

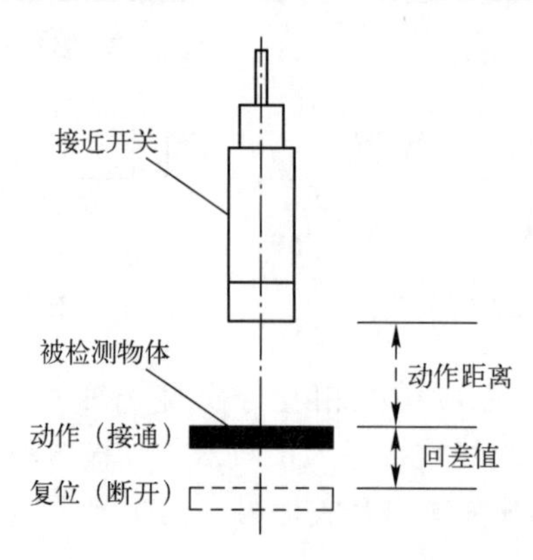

图 3.104　接近开关的性能指标

（4）响应频率 f：1s 时间间隔内，接近开关动作循环的次数。

（5）响应时间 t：接近开关检测到物体到接近开关出现电平状态翻转的时间差。可用响应频率换算 $t = 1/f$。

（6）输出状态：分为常开和常闭两种类型。当无检测物体时，常开型的接近开关所接通的负载，由于接近开关内部的输出晶体管的截止而不工作；当检测到物体时，晶体管导通，负载得电工作。

（7）导通压降：接近开关在导通状态时，开关内输出晶体管上的电压降。

（8）输出形式：有 NPN 二线、NPN 三线、NPN 四线、PNP 二线、PNP 三线、PNP 四线、DC 二线、AC 二线、AC 五线（自带继电器）等多种常用的形式输出。

3．接近开关的应用

（1）检测距离。检测电梯、升降设备的停止、启动、通过位置；检测车辆的位置，防止两物体相撞；检测工作机械的设定位置、移动机器或部件的极限位置；检测回转体的停止位置、阀门开或关的位置；检测气缸或液压缸内的活塞移动位置。

（2）尺寸控制。金属板冲剪的尺寸控制装置，自动选择、鉴别金属件长度，检测自动装卸时堆物高度，检测物品的长、宽、高和体积。

（3）检测物体是否存在。检测生产包装线上有无产品包装箱，检测有无产品零件。

（4）转速与速度控制。控制传送带的速度，控制旋转机械的转速，与各种脉冲发生器一起控制转速和转数。

（5）计数及控制。检测生产线上流过的产品数，检测高速旋转轴或盘的转数计量，检测零部件计数。

（6）检测异常。检测瓶盖有无，判断产品是否合格，检测包装盒内的金属制品缺乏与否，区分金属与非金属零件，检测产品有无标牌，起重机危险区报警，安全扶梯自动启停。

（7）计量控制。产品或零件的自动计量，通过检测计量器、仪表的指针位置从而控制数量或流量等。

3.8　超声波传感器

超声波是指频率高于 20kHz 的机械波，其频率高、波长短、方向性好，在空气中衰减快，但在液体、固体中衰减很小，穿透力强，碰到介质分界面会产生明显的反射和折射。以超声波作为检测手段的传感器就是超声波传感器。利用超声波的各种特性，可做成各种超声波传感器，再配上不同的测量电路，制成各种超声波仪器及装置，广泛应用于医疗、汽车、船舶、机器人等行业的超声探测（检测）、超声清洗、超声焊接、超声测距等。

3.8.1　超声波传感器的工作原理

超声波传感器又称为超声波换能器或超声波探头，其必须能产生超声波和接收超声波。超声波传感器按工作原理，可分为压电式超声波传感器、磁致伸缩式超声波传感器、电磁式超声波传感器等，其中压电式超声波传感器最为常用。下面以压电式超声波传感器为例介绍其工作原理。

压电式超声波传感器是利用压电效应将电能和超声波相互转换来工作的，一方面，利用逆压电效应将高频电振动转换成高频机械振动，从而产生超声波，将电能转换成超声振动波；另一方面，在接收回波的时候，超声波作用到压电晶片上引起其伸缩，在压电晶片的两个表面上便产生极性相反的电荷，即正压电效应，这些电荷被转换成电压经放大后送到测量电路，将超声振动转换成电信号。超声波传感器常用来测距，测量时首先测出超声波从发射到遇到障碍物返回所经历的时间，然后乘以超声波的速度，就得到二倍的声源与障碍物之间的距离。

压电式超声波传感器常用的压电材料主要有压电晶体和压电陶瓷。常用的以固体为传导介质的超声波探头主要有单晶直探头、双晶直探头和斜探头。

单晶直探头如图 3.105（a）所示，它在发射超声波时，将 500V 以上的高压电脉冲加到压电晶片上，利用逆压电效应，使压电晶片发射出一束持续时间很短的超声振动波，该超声波到达被测物底部后，超声波的绝大部分能量被底部界面所反射，反射波经过一个短暂的传播时间回到压电晶片，利用压电效应，压电晶片将机械振动波转换成同频率的交变电荷和电压。超声波的发射和接收虽然均是利用同一块压电晶片，但时间上有先后之分，所以单晶直探头处于分时工作状态，必须用电子开关来切换这两种不同的状态。由于衰减等，该电压通常只有几十毫伏，还要加以放大，才能在显示器上显示出该脉冲的波形和幅值。

双晶直探头如图 3.105（b）所示，它结构虽然复杂些，但检测精度比单晶直探头高，且超声波信号的反射和接收的控制电路较单晶直探头简单。

斜探头如图 3.105（c）所示，为了使超声波能倾斜射入被测介质中，可使压电晶片粘贴在与底面成一定角度（如 30°、45°等）的有机玻璃斜楔块上，当斜楔块与不同材料的被测介质（试件）接触时，超声波产生一定角度的折射，倾斜射入试件中。

另外，空气传导型超声发射器、接收器结构示意图如图 3.106 所示，其发射器的压电晶片上粘贴了一个锥形共振盘，以提高发射效率和方向性；接收器在锥形共振盘上增加了一个阻抗匹配器，以滤除噪声、提高接收效率。空气传导的超声发射器和接收器的有效工作范围在几米至几十米之间。

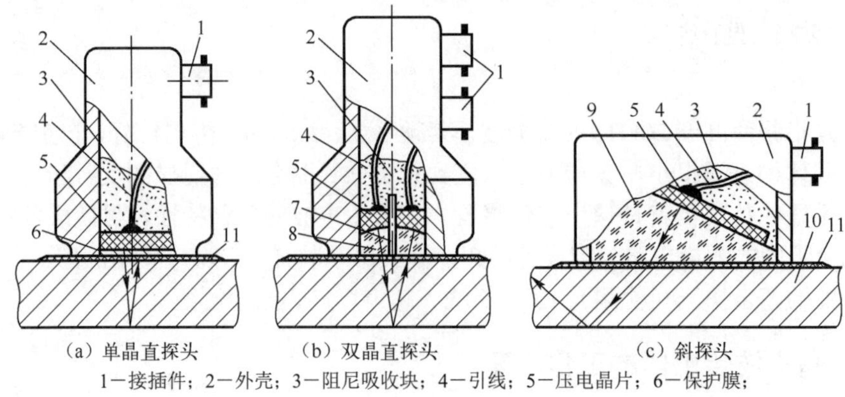

（a）单晶直探头　　（b）双晶直探头　　（c）斜探头

1—接插件；2—外壳；3—阻尼吸收块；4—引线；5—压电晶片；6—保护膜；

7—隔离层；8—延迟块；9—有机玻璃斜楔块；10—试件；11—耦合剂

图 3.105 超声波探头结构示意图

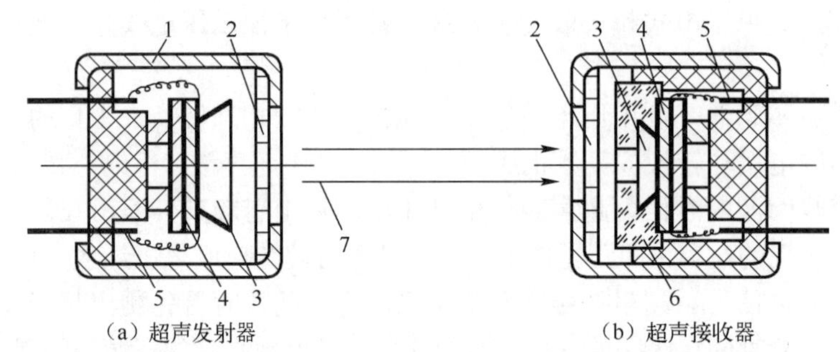

（a）超声发射器　　（b）超声接收器

1—外壳；2—金属丝网罩；3—锥形共振盘；4—压电晶片；5—引脚；6—阻抗匹配器；7—超声波束

图 3.106 空气传导型超声发射器、接收器结构示意图

3.8.2 超声波传感器的应用

在工业方面，超声波的典型应用是超声波测厚、超声波测物位、超声波测流量及超声波探伤等。过去，许多技术因为无法探测到物体组织内部而受到阻碍，超声波传感技术的出现改变了这种状况。在未来的应用中，超声波将与信息技术、新材料技术结合起来，出现更多的智能化、高灵敏度的超声波传感器。

1．超声波测厚（距离）

用超声波传感器测量零件厚度，具有测量精度高（通常误差为 1%），量程范围大，对被测物体无损且操作安全、简单，易于读数，能实现连续自动检测，以及测试仪器轻便等优点。但是对于超声波衰减很大的材料，以及表面凹凸不平或形状极不规则的零件，利用超声波实现厚度测量比较困难。

用超声波测量厚度的常用方法是脉冲回波法。脉冲回波法测量厚度的原理图如图 3.107 所示。测量试件厚度时，超声波探头与被测试件的某一表面相接触，由主控制器产生一定频率的脉冲信号，送往发射电路，经电流放大后加在超声波探头上，从而激励超声波探头产生重复的超声波脉冲，脉冲波传到被测试件的另一表面后反射回来，被同一探头接收。若已知超声波在被测试件中的传播速度 v，设试件厚度为 d，脉冲波从发射到接收的时间间隔 Δt 可以测量，则可求出被测试件厚度为

$$d = \frac{v\Delta t}{2} \tag{3-49}$$

测量电路时只要在从发射到接收这段时间内使计数电路计数，便可达到数字显示的目的。常用的手持式超声波测厚仪如图 3.108 所示。利用这一原理也可实现距离测量，在机器人避障领域广泛使用。

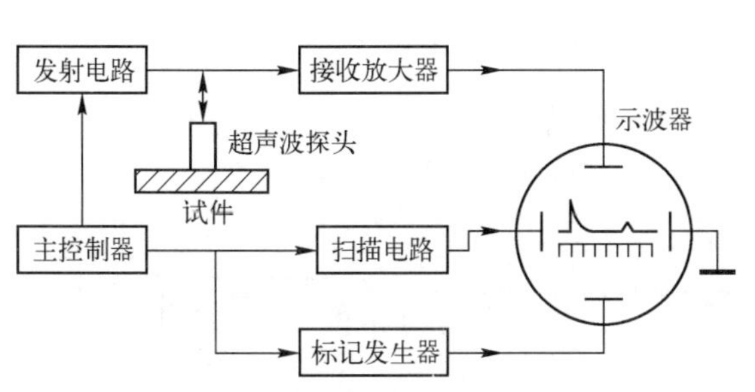

图 3.107　脉冲回波法测量厚度的原理图

图 3.108　常用的手持式超声波测厚仪

2．超声波测物位

存于各种容器内的液体表面高度及所在的位置称为液位，固体颗粒、粉料、块料的高度或表面所在位置称为料位。两者统称为物位。

超声波测量物位是根据超声波在两种介质的分界面上的反射特性而工作的。根据发射和接收换能器的功能，超声波物位传感器可分为单换能器和双换能器两种，单换能器在发射和接收超声波时均使用一个换能器。超声波传感器可以放置于液体中，让超声波在液体中传播，如图 3.109（a）和图 3.109（b）所示。由于超声波在液体中衰减比较小，所以即使产生的超声波脉冲幅度较小也可以传播。

超声波传感器也可以安装在液面的上方，让超声波在空气中传播，如图 3.109（c）和图 3.109（d）所示，这种方式便于安装和维修，但超声波在空气中的衰减比较厉害，如果从发射超声波脉冲开始，到接收换能器接收到反射波为止的这个时间间隔为已知，就可以求出分界面的位置，利用这种方法可以实现对物位的测量。

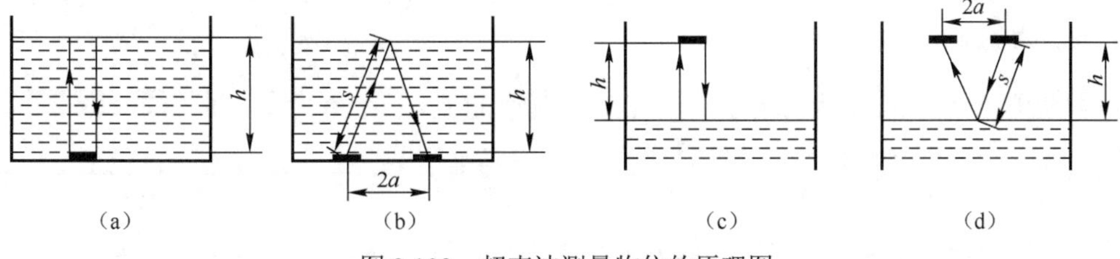

图 3.109　超声波测量物位的原理图

对单换能器来说，超声波从发射到液面，又从液面反射回换能器的时间间隔为

$$\Delta t = \frac{2h}{v} \tag{3-50}$$

式中　h——换能器距液面的距离；

v——超声波在介质中的传播速度。

对双换能器来说，超声波从发射到被接收经过的路程为 $2s$，$s=v\Delta t/2$，因此液位的高度为

$$h=\sqrt{s^2-a^2} \tag{3-51}$$

式中　s——超声波反射点到换能器的距离；

　　　a——两换能器距离的一半。

例 3.2　超声波液位计测量液位的原理图如图 3.110 所示，从显示屏上可知 t_0=2ms，t_{h1}=5.6ms。已知水底与超声波探头的间距 $h_2=10\text{m}$，反射小板 4 与空气超声探头 3 的间距 $h_0=0.34\text{m}$，求液位 h。

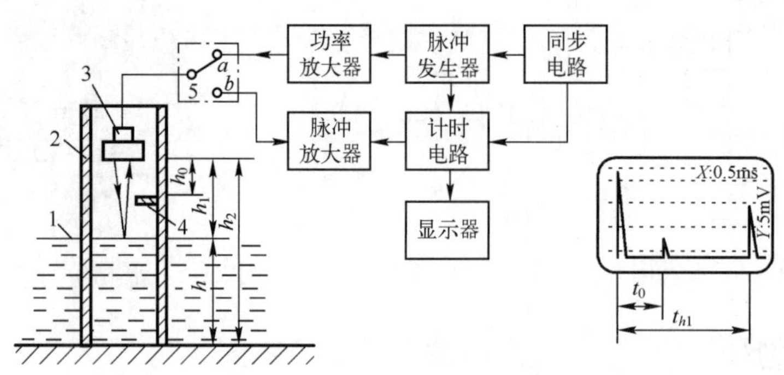

1—液面；2—直管；3—空气超声探头；4—反射小板；5—电子开关

图 3.110　超声波液位计测量液位的原理图

解：由于

$$\frac{h_0}{t_0}=\frac{h_1}{t_{h1}}$$

所以有

$$h_1=\frac{t_{h1}}{t_0}h_0=5.6\times0.34\div2\approx0.95\text{（m）}$$

所以液位 h 为

$$h=h_2-h_1=10-0.95=9.05\text{（m）}$$

上述方法除了可以测量液位，还可以测量粉体和粒状体的物位。

3．超声波测流量

超声波测量流体流量是利用超声波在不同流速的流体中传播速度不同的特点，从而求得流体的流速和流量，相应的传感器称为超声波流量计。超声波测流量通常有时差法和相位差法。时差法目前应用最为广泛，这里主要介绍时差法，其工作原理图如图 3.111 所示。

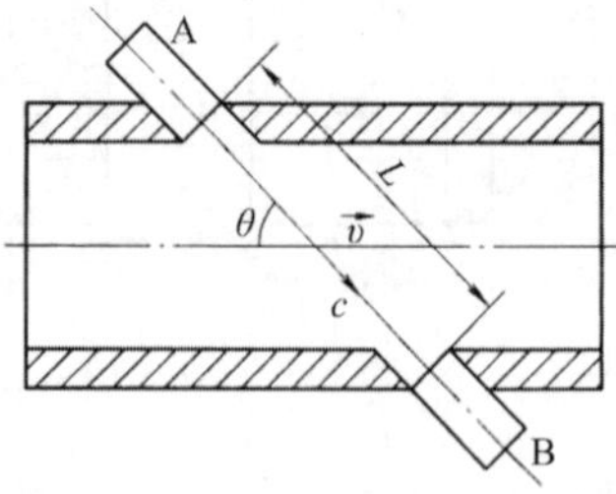

图 3.111　基于时差法的超声波测量流量的工作原理图

A、B 为两个超声波换能器，当 A 为发射换能器，B 为接收换能器时，超声波为顺流方向传播，传播速度为 $c+v\cos\theta$，顺流传播时间 t_1 为

$$t_1=\frac{L}{c+v\cos\theta} \tag{3-52}$$

式中　v——被测流体的平均流速；

c——超声波在静止流体中的传播速度；

θ——超声波传播方向与流体流动方向的夹角（θ 必须不等于 90°）；

L——两者之间距离。

反之，当 B 为发射换能器，A 为接收换能器时，超声波为逆流方向传播，传播速度为 $c-v\cos\theta$，逆流传播时间 t_2 为

$$t_2=\frac{L}{c-v\cos\theta} \tag{3-53}$$

超声波顺、逆流传播时间差为

$$\Delta t=t_2-t_1=\frac{L}{c-v\cos\theta}-\frac{L}{c+v\cos\theta}=\frac{2Lv\cos\theta}{c^2-v^2\cos^2\theta}$$

一般来说，超声波在流体中的传播速度远大于流体的速度，即 $c\gg v$，上式可近似为

$$\Delta t\approx\frac{2Lv\cos\theta}{c^2} \tag{3-54}$$

因此，被测流体的平均流速为

$$v\approx\frac{c^2}{2L\cos\theta}\Delta t$$

测得流体的平均流速后，再根据管道里流体的截面积，即可求得被测流体的流量。

在采用时差法测量流量时，测量精度主要取决于 Δt 的测量精度。同时，由于被测流量与超声波传播速度 c 有关，而 c 一般随介质的温度变化而变化，因此要考虑温漂造成的误差。时差式超声波流量计测量精度高、换能器简单，不影响流体流动形态，适用于测量较洁净的均质流体，被广泛应用在天然气、水务、石油化工、冶金、造纸、制药、发电等行业。

4. 超声波探伤

超声波检测和探伤是目前应用十分广泛的无损探伤手段，它既可检测材料表面的缺陷，又可检测内部几米深的缺陷，这是 X 光探伤所达不到的深度。它主要用于检测板材、管材、锻件和焊缝等材料的缺陷（如裂纹、气孔、杂质等，可深达材料内部几米），配合断裂学可对材料使用寿命进行评价。超声波探伤具有检测灵敏度高、速度快、成本低等优点，因此得到广泛应用。

超声波探伤按其原理可分为穿透法探伤和反射法探伤。穿透法探伤根据超声波穿透工件后能量的变化情况来判断工件内部质量，其指示简单，可避免盲区，适用于自动探测薄板，但探测灵敏度较低，不能发现小缺陷，不能定位，对两探头的相对位置要求较高。反射法探伤根据超声波在工件中反射情况的不同来探测工件内部是否有缺陷及缺陷程度，是超声波探伤最常用的方法。A 型超声波探伤仪如图 3.112 所示。

探伤时，先将探头插入探伤仪的连接插座上，探伤仪面板上有一个荧光屏，通过荧光屏可知工件中是否存在缺陷、缺陷大小及缺陷位置。工作时探头放于被测工件上，并在工件上来回移动进行检测。探头发出的超声波，在表面反射部分能量形成起始脉冲，余下能量以一定速度向工件内部传播，如工件中没有缺陷，则超声波传到工件底部便产生反射，反射波到达表面后再次向下反射，周而复始，在荧光屏上出现始脉冲波（发射波）T 和一系列底反射波 $B_1,B_2,B_3,\cdots$ 直至能量耗尽。底反射波 B 的高度与材料对超声波的衰减作用强弱有关，可以用于判断试件的材质、内部晶体粗细等微观缺陷。

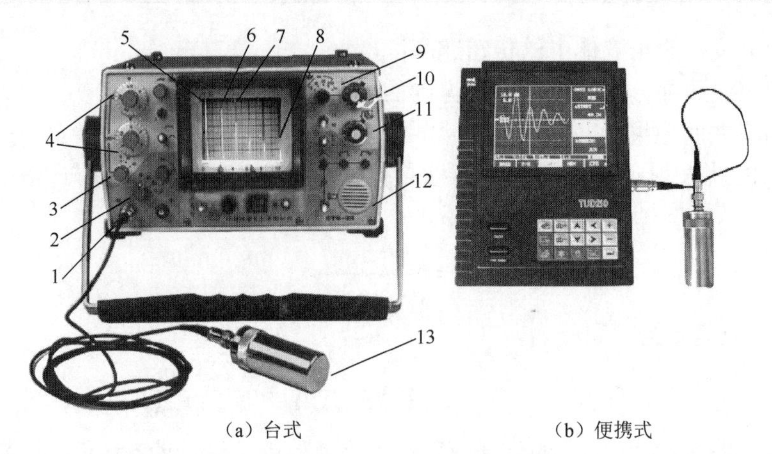

（a）台式　　　　（b）便携式

1—电缆插头座；2—工作方式选择；3—衰减细调；4—衰减粗调；5—发射波 T；
6—第一次底反射波 B_1；7—第二次底反射波 B_2；8—第五次底反射波 B_5；9—扫描时间调节；
10—扫描时间微调；11—脉冲 X 轴移位；12—报警扬声器；13—直探头

图 3.112　A 型超声波探伤仪

超声波探伤时的反射及显示波形如图 3.113 所示，荧光屏上的水平亮线为扫描线（时间基线），其长度与工件的厚度成正比（可调整）。

（1）缺陷面积大，则缺陷脉冲波 F 的幅度就高，而脉冲波 B 的幅度就低。

（2）缺陷脉冲波 F 距离脉冲波 T 越近，缺陷距离表面越近。

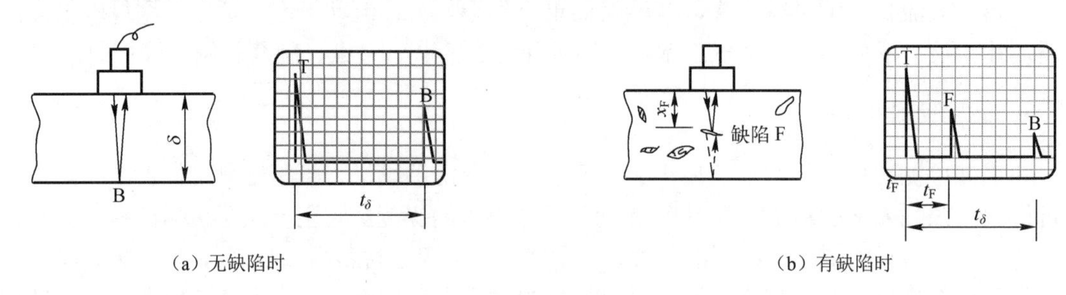

（a）无缺陷时　　　　（b）有缺陷时

图 3.113　超声波探伤时的反射及显示波形

例 3.3　如图 3.113（b）中所示，显示器的 X 轴为 10μs/div（格），现测得脉冲波 B 与脉冲波 T 的距离为 10 格，缺陷脉冲波 F 与脉冲波 T 的距离为 3.5 格，已知纵波在钢板中的声速 $c=5.9\times10^3$m/s。求：

（1）超声波从钢板底部返回时间 t_δ 及从缺陷返回时间 t_F。

（2）钢板的厚度 δ 及缺陷与表面的距离 x_F 。

解：（1）$t_\delta=10\times10=100\mu s=0.1$（ms），$t_F=10\times3.5=35\mu s=0.035$（ms）

（2）纵波在钢板中的声速 $c=5.9\times10^3$m/s，则

$$\delta= t_\delta\frac{c_L}{2}=5.9\times10^3\times0.1\times10^{-3}\div2\approx0.3\text{（m）}$$

$$x_F= t_\delta\frac{c_F}{2}=5.9\times10^3\times0.035\times10^{-3}\div2\approx0.1\text{（m）}$$

习　题　3

一、单项选择题

3.1　测量极微小的位移，应选择________电感传感器。若要求线性好、灵敏度高、量程为 1mm 左右、分辨率为 1μm 左右，应选择__________电感传感器为宜。

A．变间隙型　　B．变面积型　　C．螺管型

3.2　螺管型电感传感器采用差动结构是为了_______________。

A．加长线圈，从而增加线性范围　　B．提高灵敏度，减小温漂

C．降低成木　　D．增加线圈对衔铁的吸引力

3.3　采用电容式传感器的电子卡尺分辨率可达 0.01mm，行程可达 200mm，它采用的是_________电容传感器。

A．变间隙式　　B．变面积式　　C．变介质式

3.4　使用压电陶瓷制作的压力传感器可测量________________。

A．人体质量　　B．车刀的压紧力

C．车刀在切削时感受到的切削力的变化量　　D．自来水管中水的压力

3.5　属于四端元件的是________________。

A．应变片　　B．压电晶片　　C．霍尔元件　　D．热敏电阻

3.6　磁场垂直于霍尔薄片，磁感应强度为 B，但磁场方向与图 3.50 相反时，霍尔电势__________，因此霍尔元件可用于测量交变磁场。

A．绝对值相同，符号相反　　B．绝对值相同，符号相同

C．绝对值相反，符号相同　　D．绝对值相反，符号相反

3.7　霍尔元件采用恒流源激励是为了______________________。

A．提高灵敏度　　B．克服温漂　　C．减小不等位电动势

3.8　测量 CPU 散热片的温度最好选用________热电偶；测量锅炉烟气温度，应选用___________热电偶；测量 100m 深的岩石钻孔中的温度，应选用___________热电偶。

A．普通型　　B．铠装　　C．薄膜

3.9　在实验室测量金属的熔点时，冷端温度补偿采用___________________，可减小测量误差；而在车间，用带微机的数字式测温仪表测量炉膛的温度时，应采用_________________较为妥当。

A．计算修正法　　B．仪表机械零点调整法

C．冰浴法　　D．冷端补偿器法（电桥补偿法）

3.10　温度上升，光敏电阻、光敏二极管、光敏三极管的暗电流____________________。

A．上升　　B．下降　　C．不变

二、问答及计算题

3.11　有一电阻应变片，其 $R=120\Omega$，灵敏度 $K=2$，设工作时的应变为 $1000\,\mu\varepsilon$，问 ΔR 是多少？若将此应变片接成图 3.114 所示的电路，试求：

（1）无应变时电流表的示值是多少？

（2）有应变时电流表的示值是多少？

（3）电流表示值的相对变化量是多少？

（4）试分析这个变化量能否从电流表中读出。

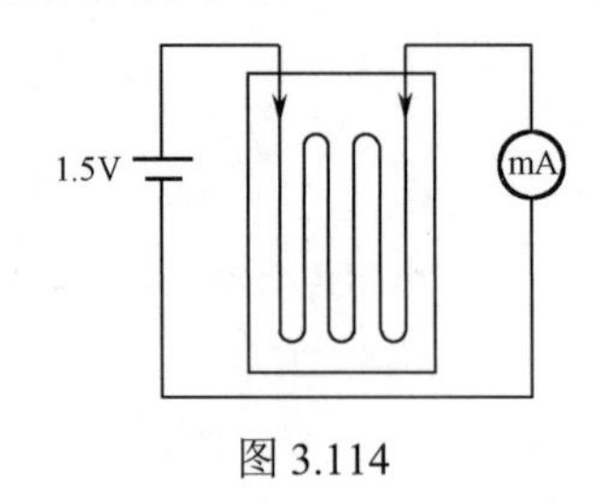

图 3.114

3.12　试分析电容式物位传感器的灵敏度。为了提高传感器的灵敏度可采取什么措施并应注意什么问题？

3.13　变间隙型电容传感器的测量电路为放大器电路，如图 3.115 所示。传感器的起始电容量 C_{x0}=20pF，定、动极板距离 d_0=1.5mm，C_0=10pF，运算放大器为理想放大器（即 $K\to\infty$，$Z_i\to\infty$），R_f 极大，输入电压 $u_i = 5\sin\omega t\text{V}$。求当电容传感器动极板上输入一位移量 $\Delta x = 0.15\text{mm}$ 使 d_0 减小时，电路输出电压 u_o 为多少？

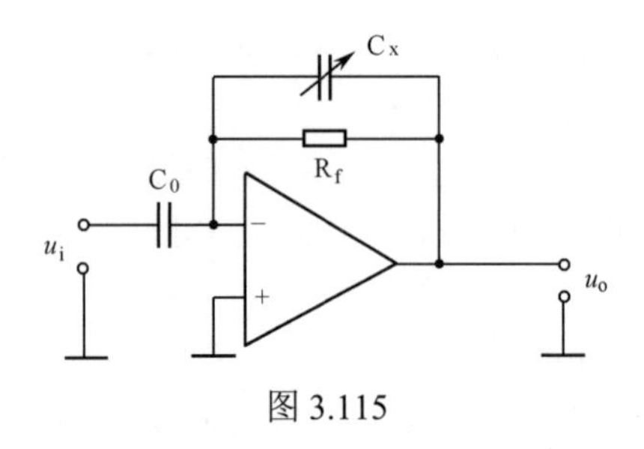

图 3.115

3.14　自感式传感器的灵敏度与哪些因素有关？要提高灵敏度可采取哪些措施？

3.15　压电式传感器的测量电路为什么常用电荷放大器？

3.16　用压电式加速度计及电荷放大器测量振动加速度，若传感器的灵敏度为 70pF/g（g 为重力加速度），电荷放大器灵敏度为 10mV/pF，试确定输入 3g（平均值）加速度时，电荷放大器的输出电压 $\overline{U}$（平均值，不考虑正负号），并计算此时该电荷放大器的反馈电容 C_f。

3.17　什么是霍尔效应？其物理本质是什么？用霍尔元件可测量哪些物理量？试举例说明。

3.18　试列举丝式金属电阻应变片与半导体应变片的相同点和不同点。

3.19　为什么说变间隙型电容传感器特性是非线性的？采取什么措施可改善其非线性特征？

3.20　什么是压电效应？以石英晶体为例说明压电晶体是怎样产生压电效应的？

3.21　写出你认为可以用霍尔传感器来检测的物理量。

3.22　试用霍尔元件设计一个测量转速的装置，并说明其工作原理。

3.23　为什么说压电式传感器只适用于动态测量而不适用于静态测量？

3.24　试利用霍尔式接近开关设计一个洗衣机自动取水装置。

3.25　热电偶冷端补偿有哪些方法？其补偿原理分别是什么？

3.26　电位器式传感器绕组的电阻为 8kΩ，电刷最大行程为 5mm。若允许的最大功耗为 40mW，传感器所用的激励电压为允许的最大激励电压。试求当输入位移量为 1mm 时，该传感器输出的电压是多少？

3.27　一个电容式传感器的两个极板均为边长 10cm 的正方形，间距为 1mm，两极板间气隙恰好放置一边长为 10cm、厚度为 1mm、相对介电常数为 4 的正方形介质。该介质可在气隙中自由滑动。若用该电容式传感器测量位移，试计算当介质极板向某一方向移出极板相互覆盖部分的距离分别为 1cm、2cm、3cm 时，该传感器的输出电容值分别是多少？

3.28　用镍铬–镍硅热电偶测某炉的炉温，已知参考端的温度为 30℃，用高精度毫伏表测得这时热电偶的输出电压为 32.255mV，试计算被测温度是多少℃？

3.29　如图 3.116 所示，A、B 为铂铑$_{10}$–铂型热电偶，A′、B′为补偿导线，Cu 为铜导线。已知接线盒 1 的温度 T_1=50℃，恒温箱的温度为 T_2=0℃，接线盒 2 的温度 T_3=20℃。试求下列条件下被测温度值分别是多少？

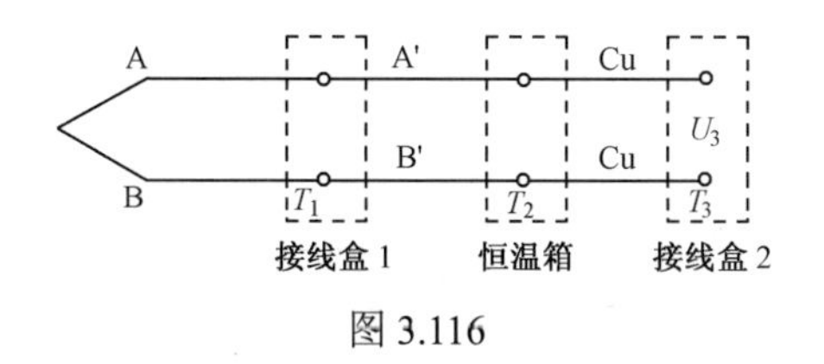

图 3.116

（1）$U_3 = 14.168\text{mV}$ 时。

（2）若 A′、B′换为铜导线，$U_3 = 13.234\text{mV}$ 时。

3.30　请画出用 4 个热电偶共用一台仪表分别测量 T_1、T_2、T_3 和 T_4 的测温电路。若用 4 个热电偶测量 T_1、T_2、T_3 和 T_4 的平均温度，则电路应怎样连接？请画出测量电路。

3.31　图 3.117 所示为光电识别系统示意图。试求：

（1）该光电识别装置是利用了图 3.87 中哪个分图的原理？

（2）各举三个不同类型的例子，简要说明如何将该系统用于机场安检通道，印制电路板装配，电子元件型号检验，被测物尺寸、形状、面积和颜色等方面的检测。

3.32　试设计两个简单的光控开关电路，加有一级电流放大控制继电器。一个是有强光照射时继电器吸合，另一个是有强光照射时继电器释放。请分别画出它们的电路图，并简述其工作原理。

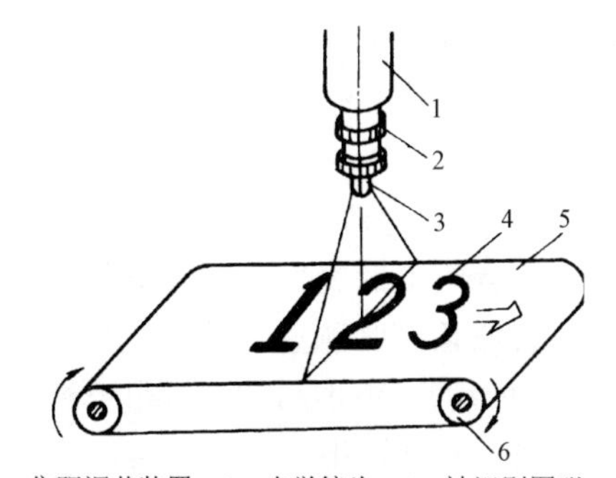

1—光电识别装置；2—焦距调节装置；3—光学镜头；4—被识别图形；5—传送带；6—传动轴

图 3.117

3.33　请你设计一种霍尔式液位控制器，要求：

（1）画出磁路系统示意图。

（2）画出电路原理简图。

（3）简要说明其工作原理。

第4章 数字式传感器

内容提要

随着微机的迅速发展及其在工业上的应用，对信号的检测、控制和处理必然进入数字化阶段。原来人们利用模拟式传感器和 A/D 转换器先将模拟信号转换成数字信号，然后由微机和其他数字设备处理，虽然这是一种简便和可行的方法，但由于 A/D 转换器的转换精度受到参考电压精度的限制而不可能很高，系统的总精度也将受到限制。如果有一种传感器能直接输出数字量，那么上述的精度问题就有望得到解决，这种传感器就是数字式传感器。数字式传感器是一种能把被测模拟量直接转换成数字量的输出装置，它具有检测精度高、寿命长、抗干扰能力强、使用方便等优点。目前，常用的数字式传感器有光栅数字式传感器、编码器、图像传感器、激光传感器等。

4.1 光栅数字式传感器

光栅是由很多等节距的透光缝隙和不透光的刻线均匀相间排列成的光电器件。20 世纪 50 年代，人们利用光栅莫尔条纹现象，把光栅作为测量元件，开始应用于机床和计算仪器上。由于光栅具有结构原理简单、计量精度高等优点，在国内外受到重视和推广。近年来，我国设计、制造了很多形状的光栅数字式传感器，成功地将其作为数控机床的位置检测元件，并用于高精度机床和仪器的精密定位及长度、速度、加速度、振动等方面的测量。

4.1.1 光栅的分类

光栅按其原理和用途不同，可分为物理光栅和计量光栅。物理光栅是利用光的衍射现象制造的，主要用于光谱分析和光波波长等的测量。计量光栅主要利用光的透射和反射现象，测量长度、角度、速度、加速度和振动等物理量，有很高的分辨率，可达 0.1μm。另外，计量光栅脉冲读数可高达每毫秒几百次，非常适用于动态测量。

计量光栅按其形状和用途可分为长光栅和圆光栅两类，如图 4.1 和图 4.2 所示，前者用于测量长度，后者可测量角度（也可测量长度）。圆光栅又有两种，一种是径向光栅，其栅线的延长线全部通过圆心，如图 4.3（a）所示；另一种是切向光栅，其全部栅线与一个同心圆相切，如图 4.3（b）所示，此小圆的直径很小，只有零点几毫米或几毫米。

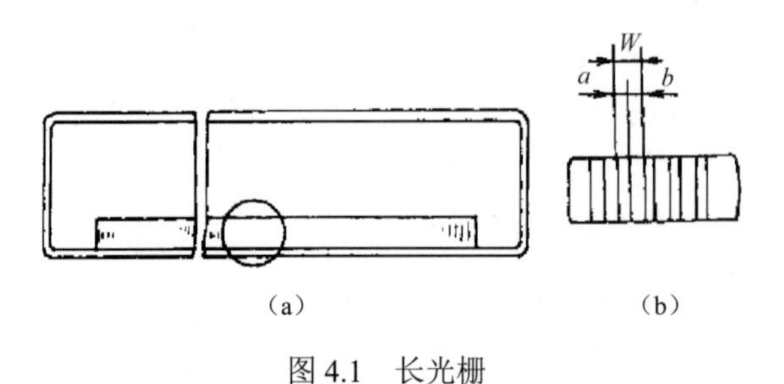

图 4.1　长光栅

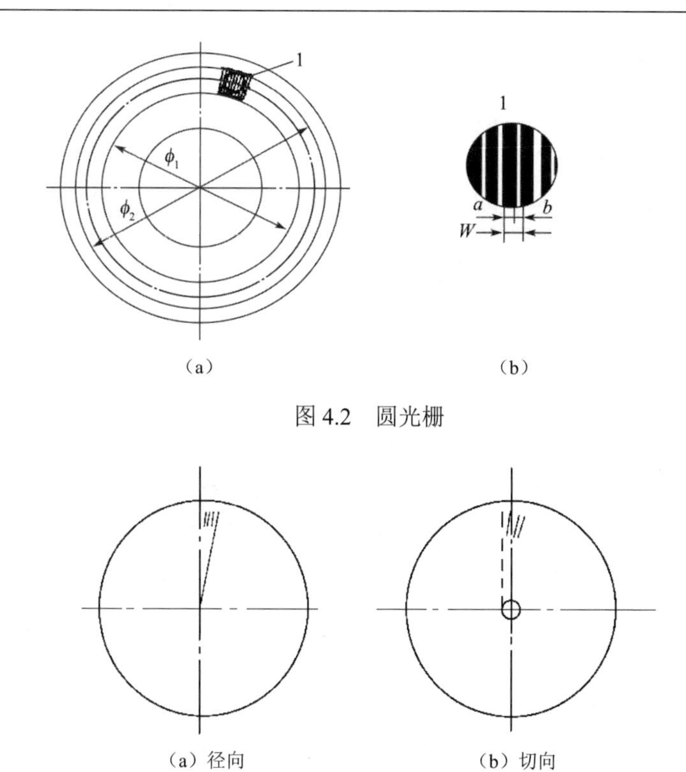

图 4.3　圆光栅的类型

根据光线的走向，光栅又可分为透射光栅和反射光栅。透射光栅的栅线刻制在透明材料上，主光栅常用工业白玻璃，指示光栅最好用光学玻璃。反射光栅的栅线刻制在具有强反射能力的金属（如不锈钢）上或玻璃所镀金属膜（如铝膜）上。

根据栅线的形式不同，光栅又可分为黑白光栅（也称幅值光栅）和闪耀光栅（也称相位光栅）。长光栅中既有黑白光栅，也有闪耀光栅，而且两者都有透射光栅和反射光栅。而圆光栅一般只有黑白光栅，主要是透射光栅。黑白光栅通常利用照相机复制工艺加工成栅线与缝隙黑白相间的结构，如图 4.2（b）所示，图中 a 为栅线宽度，b 为栅线缝隙宽度，相邻两栅线间的距离为 $W = a + b$，称光栅常数（或称为光栅栅距）。栅线密度 ρ 一般为（25～250）线/mm。

闪耀光栅的横断面呈锯齿状，常用刻画工艺加工，其栅线形状如图 4.4 所示，图中 W 为光栅常数，栅线形状有对称型和不对称型。闪耀透射光栅直接在玻璃上刻画而成，而闪耀反射光栅则刻画在玻璃的金属膜上或者进行复制。其栅线密度一般为（150～2400）线/mm。

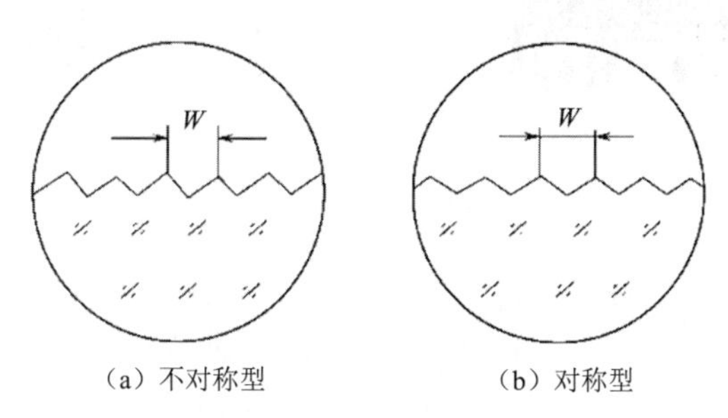

图 4.4　闪耀光栅的栅线形状

4.1.2 光栅传感器的结构和工作原理

光栅传感器由照明系统、光栅副和光电接收元件组成，如图 4.5 所示。图 4.5 中光源 1 和准直透镜 2 构成了照明系统；主光栅 3（又叫标尺光栅）和指示光栅 4 构成光栅副；5 为光电接收元件。其中，光栅副是光栅传感器中的主要元件。光栅传感器常用的光栅副主要有长光栅副和圆光栅副。

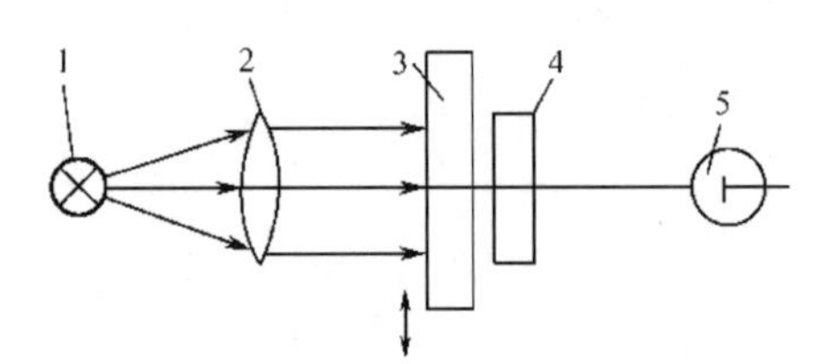

1—光源；2—准直透镜；3—主光栅；4—指示光栅；5—光电接收元件

图 4.5 光栅传感器

1．长光栅副

长光栅副是在一块长条形光学玻璃上，均匀刻上许多明暗相间、刻度相等的刻线，如图 4.1（b）所示。把光栅常数相等的主光栅和指示光栅（一般主光栅的刻线比指示光栅的刻线长）叠合在一起，如图 4.1（a）所示，中间留有很小的间隙，并使两栅线之间保持很小夹角 θ，于是在近似于垂直栅线方向出现明暗相间的条纹，即在 a–a 线上形成亮带，在 b–b 线上形成暗带，这种明暗相间的条纹称为莫尔条纹，如图 4.6（a）所示。

如果改变 θ 角，两条莫尔条纹间的距离 B 也随之变化。由图 4.6（b）可知，条纹间距 B 的大小为

$$B=\frac{\frac{W}{2}}{\sin\frac{\theta}{2}}\approx\frac{\frac{W}{2}}{\frac{\theta}{2}}=\frac{W}{\theta} \tag{4-1}$$

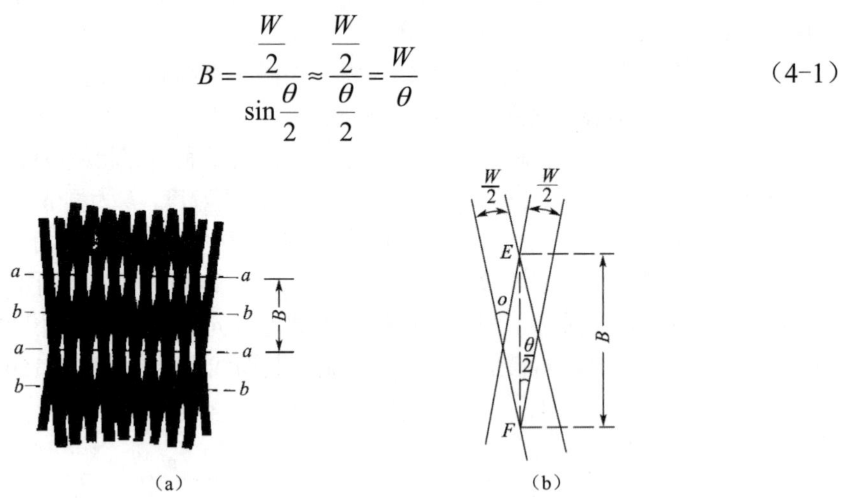

图 4.6 莫尔条纹形成原理示意图

莫尔条纹的方向与光栅的移动方向只相差 $\theta/2$，即近似于与栅线方向垂直，故此莫尔条纹又称横向莫尔条纹。从式（4–1）可以明显地看出莫尔条纹有以下重要特性。

（1）平均效应。莫尔条纹是由光栅的大量栅线共同形成的，对光栅栅线的刻画误差有平均作用，从而能在很大程度上消除刻线周期误差对测量精度的影响。

（2）放大作用。由于θ很小，从式（4-1）可明显看出光栅有放大作用，放大系数为

$$X = \frac{B}{W} \approx \frac{1}{\theta} \tag{4-2}$$

栅距 W 是很小的，很难观察，而莫尔条纹却清晰可见。

（3）对应关系。两光栅沿与栅线垂直的方向相对移动时，莫尔条纹沿栅线方向（确切地说，沿栅线夹角θ的平分线方向）移动。两光栅相对移动一栅距 W，莫尔条纹移动一个条纹间距 B。当光栅反向移动时，莫尔条纹也反向移动。利用这种严格的一一对应关系，根据光电元件接收到的条纹数目，就可以计算出小于光栅栅距的微小位移量。

2．圆光栅副

圆光栅副的形式是多种多样的，其莫尔条纹也有许多形式，但在计量光栅中主要有切线圆光栅副和径向圆光栅副两种。

将两块栅线数相同、切线圆半径均为r 的切向圆光栅同心放置时，就构成了切线圆光栅副，这时形成的莫尔条纹是以光栅中心为圆心的同心圆簇，称为环形莫尔条纹，如图 4.7 所示。其条纹间距为

$$B = \frac{WR}{2r} \tag{4-3}$$

将两块栅线数相同的径向圆光栅偏心放置时，两光栅的各个部分栅线的夹角θ不同，于是就构成了径向圆光栅副。这时形成的莫尔条纹是呈不同曲率半径的圆弧形，称为圆弧形莫尔条纹，如图 4.8 所示。其特征为条纹簇的圆心位于两光栅中心连线的垂直平分线上，而且全部圆条纹均通过两光栅的中心。这种莫尔条纹的间距不是一个定值，而是随着条纹位置的不同而不同。在垂直偏心方向上的条纹近似垂直于栅线，称其为横向莫尔条纹。沿着偏心方向的近似平行于栅线，相应地称其为纵向莫尔条纹。在实际使用中，这种圆光栅副常用其横向莫尔条纹。

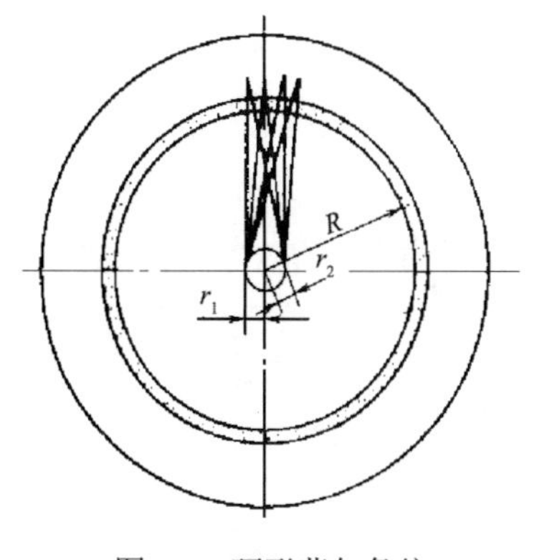

图 4.7　环形莫尔条纹

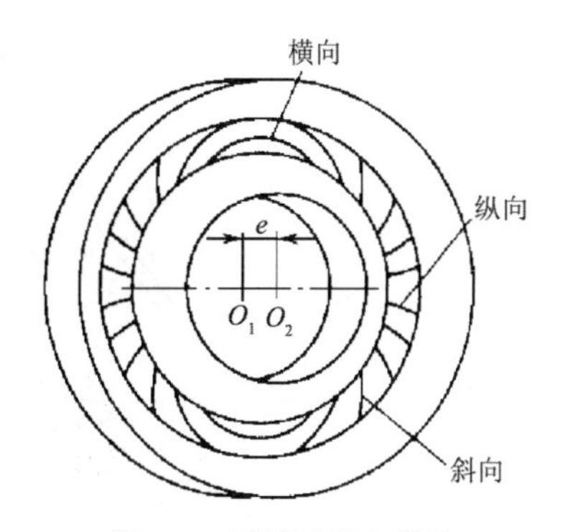

图 4.8　圆弧形莫尔条纹

4.1.3　光栅传感器的测量电路

如前所述，光栅传感器除了光栅副，还必须有形成莫尔条纹的光路、接收莫尔条纹的光电转换系统及辨向和细分等信号处理系统。

1．光栅传感器的常用光路

用于光栅传感器形成莫尔条纹的光路主要有垂直透射式光路、透射分光式光路、反射式光路和镜像式光路等。

（1）垂直透射式光路。如图 4.5 所示，光源 1 发出的光线经准直透镜 2 后成为平行光束，垂直投射到光栅上，由主光栅 3 和指示光栅 4 形成的莫尔条纹信号直接由光电接收元件 5 接收。这种光路适用于粗栅距的黑白透射光栅，其特点是结构简单、位置紧凑、调整使用方便，是目前应用比较广泛的一种。

（2）透射分光式光路。如图 4.9 所示，从光源 1 发出的光线经准直透镜 2 变为平行光束，并以一定角度射向光栅，经过主光栅 3 和指示光栅 4 衍射后，有不同等级的衍射光射出，经透镜 5 聚焦，由光电元件 7 接收到一定衍射光的莫尔条纹信号。光阑 6 的作用是选取一定宽度的衍射光带使光电元件有较大的输出信号。这种光路只适用于细栅距衍射光栅。

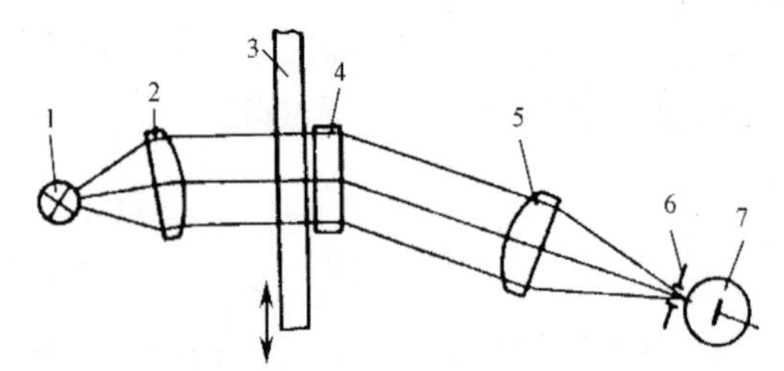

1—光源；2—准直透镜；3—主光栅；4—指示光栅；
5—透镜；6—光阑；7—光电元件

图 4.9　透射分光式光路

（3）反射式光路。如图 4.10 所示，光源 6 经聚焦透镜 5 和场镜 3 后成为平行光束，以一定角度射向指示光栅 2，经主光栅 1 反射后形成莫尔条纹，经反光镜 4 和物镜 7 成像在光电元件 8 上。这种光栅适用于黑白反射光栅。

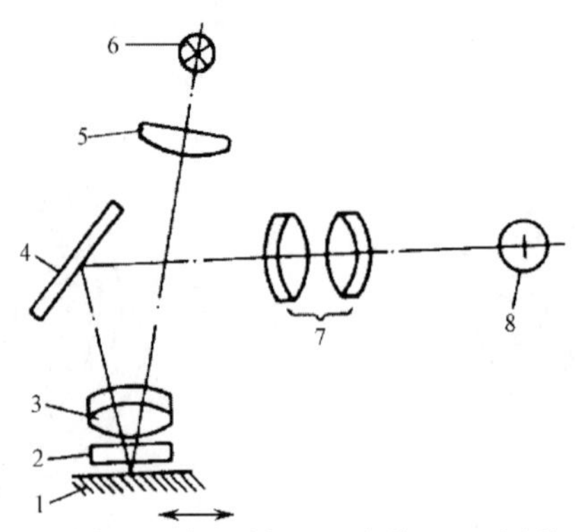

1—主光栅；2—指示光栅；3—场镜；4—反光镜；
5—聚焦透镜；6—光源；7—物镜；8—光电元件

图 4.10　反射式光路

（4）镜像式光路。如图 4.11 所示，它不设指示光栅，光源 1 发出的光线经半透半反射镜 2 和聚光镜 3 后成为平行光束，照射到主光栅 4 上，光栅上的栅线经物镜 5 和反射镜 6 又成像在主光栅 4 上形成莫尔条纹，经半透半反射镜 2 反射后，由光电元件 7 接收。这种光路不存在光栅间隙问题。同时，光学系统保证了光栅和光栅像按相反方向移动，因此光栅移过半个栅距，莫尔条纹就变化一个周期，即灵敏度提高了一倍。

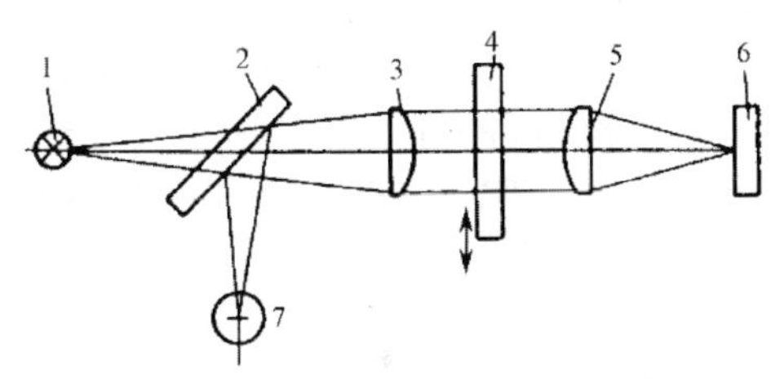

1—光源；2—半透半反射镜；3—聚光镜；
4—主光栅；5—物镜；6—反射镜；7—光电元件

图 4.11　镜像式光路

2．光栅传感器的光电转换系统

主光栅和指示光栅做相对位移产生了莫尔条纹，莫尔条纹需要经过转换电路才能将光信号转换成电信号。光栅传感器的光电转换系统由聚光镜和光电元件组成，如图 4.12 所示，光电元件可以将光量的变化转换成电阻或电能的变化。

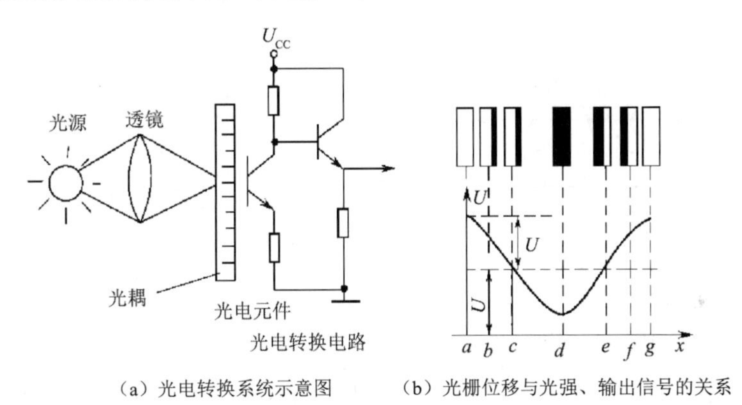

（a）光电转换系统示意图　　（b）光栅位移与光强、输出信号的关系

图 4.12　光电转换

当两块光栅做相对移动时，光电元件上的光强随莫尔条纹移动而变化，如图 4.12（b）所示。在 a 处，两光栅刻线重叠，透过的光强最大，光电元件输出的电信号也最大；c 处由于光被遮去一半，光强减小；d 处光全被遮去而成全黑，光强为零。若光栅继续移动，透射到光电元件上的光强又逐渐增大，因而形成了如图 4.12（b）所示的输出波形。光电元件输出的波形可由以下公式描述：

$$U = U_0 + U_{\mathrm{m}}\sin\left(\frac{2\pi x}{W}\right) \tag{4-4}$$

式中　U_0——输出信号的直流分量；

U_{m}——交流信号的幅值；

x——光栅的相互位移量。

由式（4-4）可知，利用光栅传感器，通过测量光电元件的输出电压就可以测量位移量 x 的值。光电元件可以采用光电池、光敏二极管和光敏三极管等。

3．光栅传感器的辨向处理

仅有一条明暗交替的莫尔条纹是无法辨别主光栅的移动方向的。因此，在原来的莫尔条纹上再加一条莫尔条纹，使两个莫尔条纹信号相差π/2 相位，就可以辨别主光栅的移动方向了。具体实现的方法是在相隔 1/4 条纹间的位置上安装两个光电元件，如图 4.13（a）所示，两个光电元件的输出信号经整形后得到方波 U_1' 和 U_2'，然后把这两个方波输入如图 4.13（b）所示的辨向电路，即可判别移动的方向，右移波形及左移波形分别如图 4.13（c）和 4.13（d）所示。

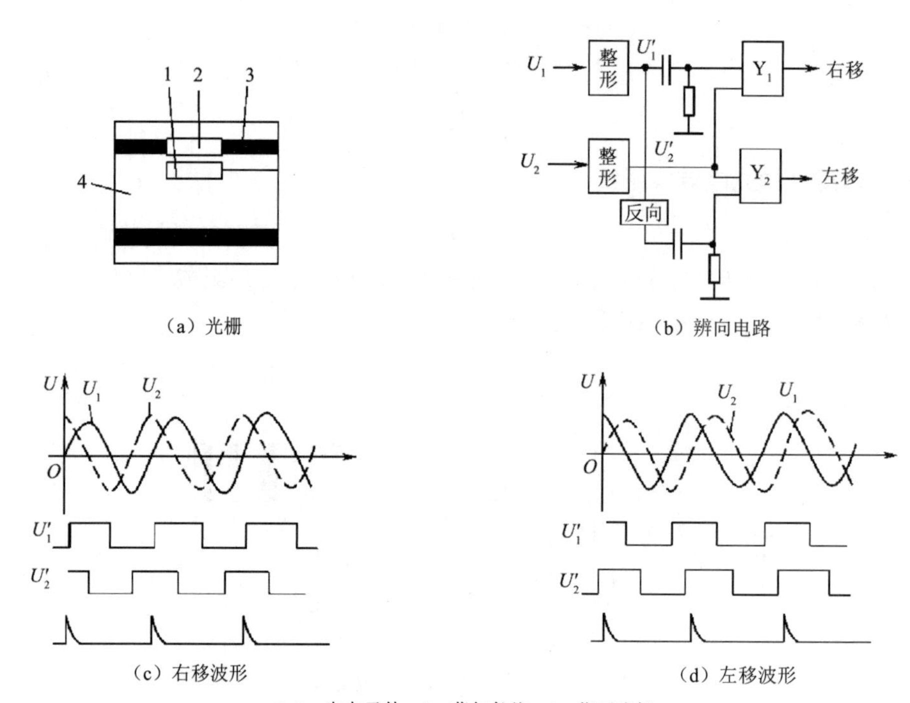

1, 2—光电元件；3—莫尔条纹；4—指示光栅

图 4.13　辨向电路原理图

4．光栅传感器的细分原理

随着对测量精度要求的提高，要求光栅具有较高的分辨率。如果仅以光栅的栅距作为其分辨单位，那么只能读到整数条莫尔条纹；若要读出位移为 0.1μm，则要求每毫米刻线 1 万条，这是目前工艺水平无法实现的。因此，只能在有合适的光栅栅距的基础上，对栅距进一步细分，才可能获得更高的测量精度。常用的细分方法有两大类：机械细分和电子细分。这里只讨论电子细分中两种最常用的方法：倍频细分法和电桥细分法。

（1）倍频细分法。在一条莫尔条纹宽度上并列放置四个光电元件，如图 4.14（a）所示，得到相位分别相差π/2 的四个正弦周期信号。用适当电路处理这一列信号，使其合并得到如图 4.14（b）所示的脉冲信号。每个脉冲分别和四个周期信号的零点相对应，则电脉冲的周期为 1/4 个莫尔条纹宽度。用计数器对这一列脉冲信号计数，就可以读到 1/4 个莫尔条纹宽度的位移量，这将是光栅固有分辨率的四倍，此种方法被称为四倍频细分法。若再增加光电元件，同样可以进一步提高分辨率。

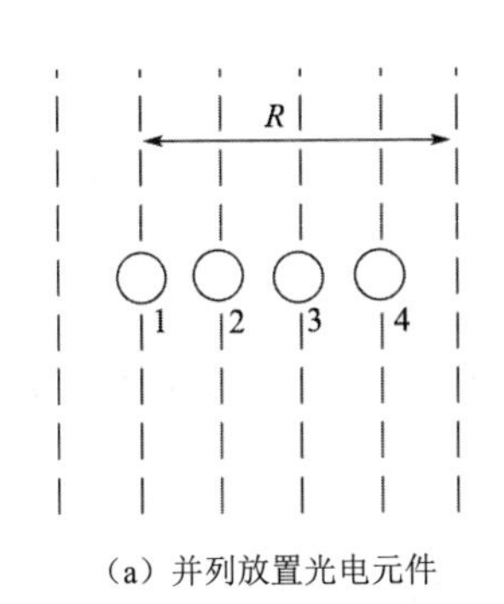

（a）并列放置光电元件

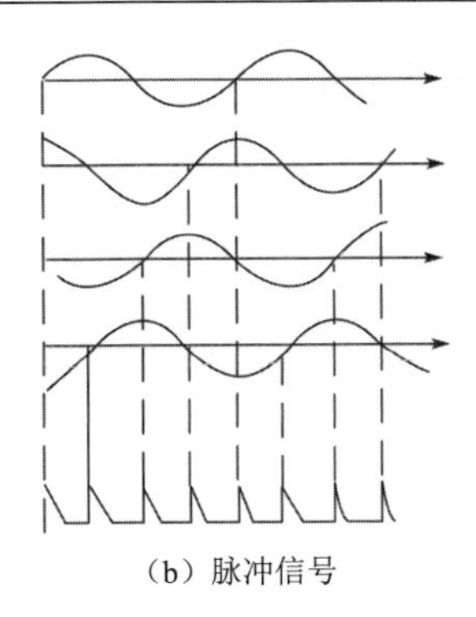

（b）脉冲信号

图 4.14　四倍频细分法

（2）电桥细分法。电桥细分的基本原理可以用图 4.15 所示的细分电桥电路来说明。图 4.15 中，u_{o1} 和 u_{o2} 分别为从光电元件得到的两个相位相差π/2 的莫尔条纹信号电压值，其中 R_1 和 R_2 是桥臂电阻，R_L 为负载电阻，设 Z 点的输出电压为 u_2，根据电桥电路原理则有

$$\begin{cases} i_1 + i_2 - i_L = 0 \\ i_1 = (u_{o1} - u_2) / R_1 = (u_{o1} - u_2) / G_1 \\ i_2 = (u_{o2} - u_2) / R_2 = (u_{o2} - u_2) / G_2 \\ i_L = u_2 / R_L = u_2 / G_L \end{cases} \tag{4-5}$$

方程组中，$G_1=1/R_1$，$G_2=1/R_2$，$G_L=1/R_L$。

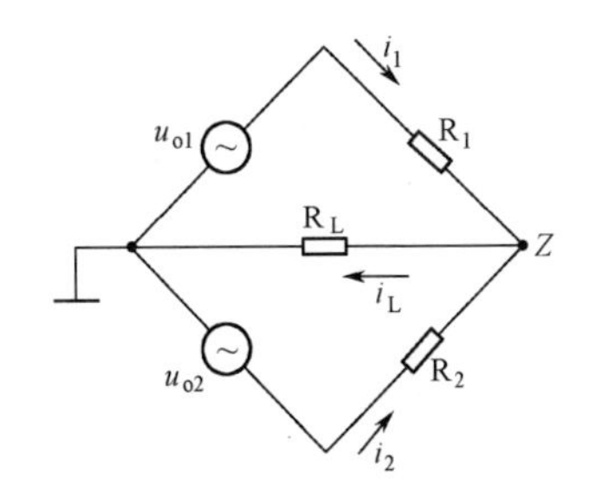

图 4.15　细分电桥电路

解方程组（4-5）得

$$u_2 = (u_{o1}G_1 + u_{o2}G_2) / (G_1 + G_2 + G_L) \tag{4-6}$$

若电桥平衡，则

$$u_2 = 0$$

即

$$u_{o1}G_1 + u_{o2}G_2 = 0 \tag{4-7}$$

光栅在任意位置 x（$2\pi x/W = \theta$）时，u_{o1} 和 u_{o2} 可以分别写成 $U\sin\theta$ 和 $U\cos\theta$，则由式（4-7）得

$$\tan\theta = \frac{\sin\theta}{\cos\theta} = \left|\frac{R_1}{R_2}\right| \tag{4-8}$$

由上式可知：选取不同的 R_1/R_2 值，就可以得到任意的 θ 值。

4.1.4 光栅传感器的应用

由于光栅具有测量精度高等一系列优点，若采用不锈钢反射式光栅，测量范围可达数十米，而且不需要加长，信号抗干扰能力强，因此在国内外受到重视和推广。近年来，我国设计、制造了很多光栅式测量长度和角度的计量仪器，并成功地将光栅作为数控机床的位置检测元件，用于精密机床和仪器的精密定位，长度检测，速度、振动和爬行的测量等。

1. 光栅位移传感器

BG1型线位移传感器是一种光栅传感器，因此，也称为BG1型光栅传感器。该传感器采用光栅常数相等的透射式标尺光栅和指示光栅副，具有精度高、便于数字化处理、体积小、质量轻等特点，适用于机床、仪器的长度测量、坐标显示和数控系统的自动测量等。BG1型光栅传感器的外形图如图4.16所示，其技术指标如表4.1所示。

图4.16 BG1型光栅传感器的外形图

表4.1 BG1型光栅传感器的技术指标

型　号	BG1		BG1A	
光栅栅距	40μm（0.040mm）、20μm（0.020mm）、10μm（0.010mm）			
光栅测量系统	透射式红外光学测量系统，高精度性能的光栅玻璃尺			
读数头滚动系统	垂直式五轴承滚动系统，优异的重复定位性，高精度测量精度		45°五轴承滚动系统，优异的重复定位性，高等级的测量精度	
防尘密封条	采用特殊的耐油、耐蚀、高弹性及抗老化塑胶，防水、防尘优良，使用寿命长			
分辨率	1μm	2μm	5μm	10μm
有效行程	50～3000mm　每隔50mm一种长度规格（整体光栅不接长）			
工作速度	＞20m/min			
工作环境	温度0～50℃　湿度≤90%(20±5)℃			
工作电压	5(1±5%)V　12(1±5%)V			
输出电压	TTL　正弦波			

在具体使用光栅传感器时要注意以下几点。

（1）传感器应尽量安装在靠近设备工作台的床身基面上。

（2）根据设备的行程选择传感器的长度，光栅传感器的有效长度应大于设备行程。

（3）将传感器固定在设备工作台的基面上，确保主尺上端面同正面与移动方向平行，误差≤0.1mm。

（4）读数头固定于相对于主尺的另一基面上，读数头与主尺之间应保持(0.8±0.15)mm的间隙，尽量使读数头安装在非运动部件上，以方便电缆线的固定。

（5）在安装传感器的设备导轨上应装限位装置。

（6）在使用环境有油污、铁屑等情况时，建议采用防护罩，防护罩应将主尺全部防护。

2．光栅数显表

图 4.17 所示为微机光栅数显表的组成框图。在微机光栅数显表中，放大、整形采用传统的集成电路，辨向、细分可由微机来完成。

图 4.18 所示为光栅数显表在机床进给运动中的应用。在机床操作过程中，由于用数显方式代替了传统的标尺刻度读数，大大提高了加工精度和加工效率。以横向进给为例，光栅读数头固定在工作台上，尺身固定在床鞍上，当工作台沿着床鞍左右运动时，工作台移动的位移量（相对值或绝对值）可通过数字显示装置显示出来。

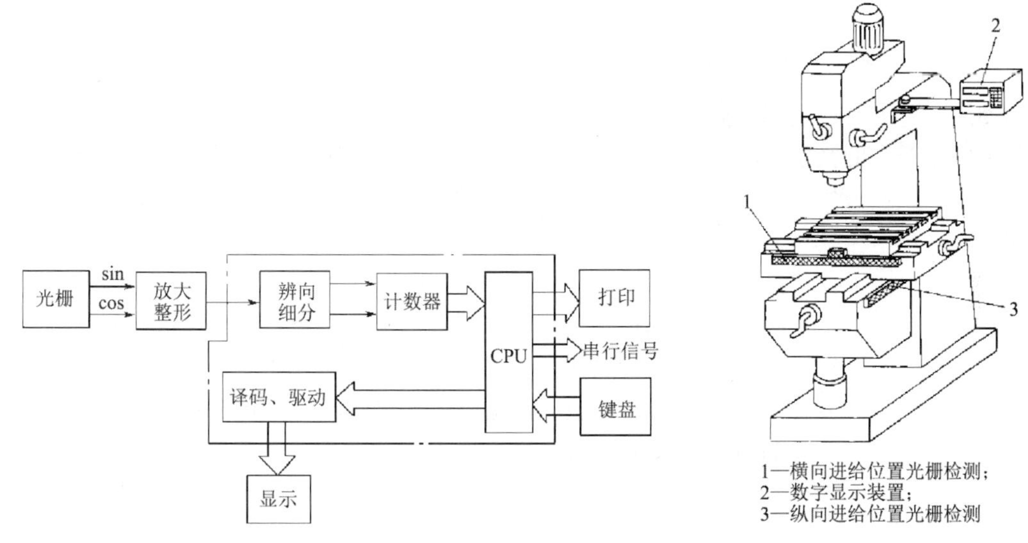

图 4.17　微机光栅数显表的组成框图

图 4.18　光栅数显表在机床进给运动中的应用

4.2　编码器

编码器主要分为脉冲盘式编码器和码盘式编码器两大类。脉冲盘式编码器不能直接输出数字编码，需要增加有关数字电路才可能得到数字编码，而码盘式编码器能直接输出某种码制的数字编码。这两种形式的数字传感器由于其高精度、高分辨率和高可靠性等优点，已被广泛用于各种位移的测量。

4.2.1　脉冲盘式编码器

脉冲盘式编码器又称为增量式编码器，它不能直接产生数字编码输出。

1．脉冲盘式编码器的结构和工作原理

脉冲盘式编码器的圆盘上等角距地开有两条缝，内外圈相邻的两缝间距离错开半条缝；另外在某一径向位置，一般在内外圈之外，开有一狭缝，表示码盘的零位。在它们的相对两侧面分别安装光源和光电接收元件，脉冲盘式编码器结构示意图如图 4.19 所示。当转动码盘时，光线经过透光和不透光的区域，每个码道将有一系列光电脉冲输出。通过对光电脉冲计数、显示和处理，就可以测量出码盘的转动角度。

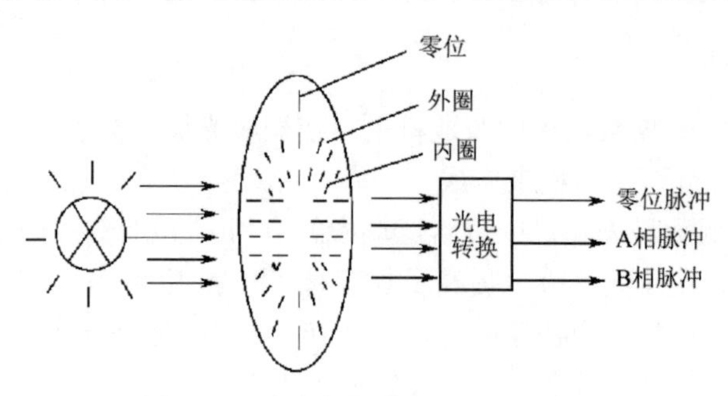

图 4.19　脉冲盘式编码器结构示意图

2．脉冲盘式编码器的辨向方式

具体使用时，为了辨别码盘旋转方向，可以采用如图 4.20（a）所示的原理图。脉冲盘式编码器两个码道产生的光电脉冲被两个光电元件接收，产生 A、B 两个输出信号，这两个输出信号经过放大整形后，产生 P_1 和 P_2 脉冲，将它们分别接到触发器的 D 端和 CP 端。触发器在 CP 端脉冲（P_2）的上升沿触发。当正向转动时，P_1 脉冲超前 P_2 脉冲 90°，触发器的 Q =“1”，表示正向转动；当反向转动时，P_2 脉冲超前 P_1 脉冲 90°，触发器的 Q =“0”，$\overline{\text{Q}}$ =“1”，表示反向转动。用 Q =“1”和 $\overline{\text{Q}}$ =“1”分别控制可逆计数器是正向计数还是反向计数，即可将光电脉冲变成编码输出，其波形图如图 4.20（b）所示。由零位产生的脉冲信号接至计数器的复位端，实现每转动一圈复位一次计数器的目的。无论是正向转动还是反向转动，计数器每次反映的都是相对于上次角度的增量，故这种测量称为增量法。

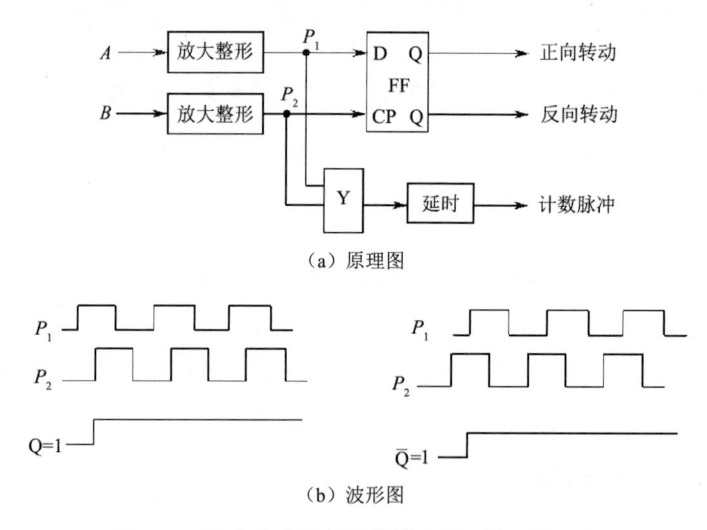

图 4.20　脉冲盘式编码器的辨向原理图及波形图

除了光电式增量编码器，光纤式增量编码器和霍尔效应式增量编码器等都得到了广泛的应用。

4.2.2　码盘式编码器

码盘式编码器也称为绝对式编码器，它将角度转换为数字编码，能方便地与数字系统（如微机）连接。码盘式编码器按其结构可分为接触式编码器、光电式编码器和电磁式编码器三种，后两种为非接触式编码器。

1．接触式编码器

接触式编码器由码盘和电刷组成。码盘是利用制造印制电路板的工艺，在铜箔板上制作某种码制图形（如 8-4-2-1 码等）的盘式印制电路板。电刷是一种活动触点结构，在外力的作用下旋转码盘时，电刷与码盘接触处就产生某种码制的数字编码输出。下面以 4 位二进制数码盘为例，说明其工作原理和结构。

图 4.21（a）所示为一个 4 位 8-4-2-1 码制的码盘。涂黑处为导电区，将所有导电区连接到高电位；空白处为绝缘区，连接到低电位。4 个电刷沿某一径向安装，4 位二进制数码盘上有 4 圈码道，每个码道有一个电刷，电刷经电阻接地。当码盘转动某一角度后，电刷就输出一个 4 位二进制数；码盘转动一周，电刷就输出 16 种不同的 4 位二进制数。由此可知，二进制码盘所能分辨的旋转角度为 $\alpha = 360/2^n$。若 n=4，则 α=22.5°。位数越多，分辨精度越高。当然，分辨精度越高，对码盘和电刷的制作和安装要求越严格。所以，一般取 $n<9$。另外，8-4-2-1 码制的码盘在正、反向旋转时，由于电刷安装不精确引起的机械偏差，会产生非单值误差。

采用 8-4-2-1 码制的码盘虽然比较简单，但是对码盘的制作和安装要求十分严格，否则会产生错码。当电刷由二进制数 0111 过渡到 1000 时，本来是十进制数 7 变为十进制数 8，但是如果电刷进入导电区的先后不一致，可能会出现 8～15 之间的任一十进制数，这样就产生了前面所说的非单值。若使用循环码制即可避免此问题，图 4.21（b）所示为一个 4 位循环码制的码盘。电刷在不同位置时对应的数码如表 4.2 所示。循环码的特点是相邻两个数码间只有一位变化，即使制造或安装不精确，产生的误差也只是最低位，在一定程度上可消除非单值误差。因此，采用循环码制的码盘比 8-4-2-1 码制的码盘的精度更高。

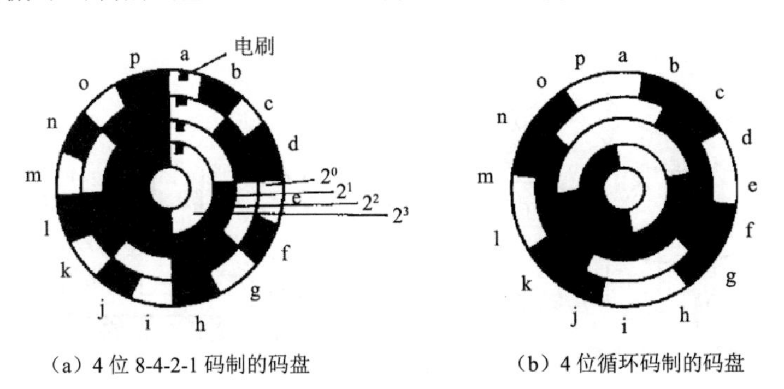

（a）4 位 8-4-2-1 码制的码盘　　（b）4 位循环码制的码盘

图 4.21　接触式编码器的码盘

表 4.2　电刷在不同位置时对应的数码

角　度	电 刷 位 置	二进制数（B）	循环码（R）	十 进 制 数
0	a	0000	0000	0
1α	b	0001	0001	1
2α	c	0010	0011	2
3α	d	0011	0010	3
4α	e	0100	0110	4
5α	f	0101	0111	5
6α	g	0110	0101	6

续表

角　度	电刷位置	二进制数（B）	循环码（R）	十进制数
7α	h	0111	0100	7
8α	i	1000	1100	8
9α	j	1001	1101	9
10α	k	1010	1111	10
11α	l	1011	1110	11
12α	m	1100	1010	12
13α	n	1101	1011	13
14α	o	1110	1001	14
15α	p	1111	1000	15

另外一种提高接触式编码器码盘精度的方法是扫描法。扫描法有V扫描法、U扫描法及M扫描法。这里只介绍V扫描法，如图4.22所示。V扫描法是在最低位码道上安装一个电刷，在其他位码道上均安装两个电刷：一个电刷位于被测位置的前边，称为超前电刷；另一个放在被测位置的后边，称为滞后电刷。若最低位码道有效位的增量宽度为x，则各位电刷对应的距离依次为$1x$、$2x$、$4x$、$8x$等，这样在每个确定的位置上，最低位电刷输出电平反映了它真正的值。由于高电位有两个电刷，因此会输出两种电平。根据电刷分布和编码变化规律，为了读出反映该位置的高位二进制编码对应的电平值，若低一级轨道上电刷真正输出的是“1”，高一级轨道上的真正输出则要从滞后电刷读出；若低一级轨道上电刷真正输出的是“0”，高一级轨道上的真正输出则要从超前电刷读出。由于最低位轨道上只有一个电刷，它的输出则代表真正的位置。

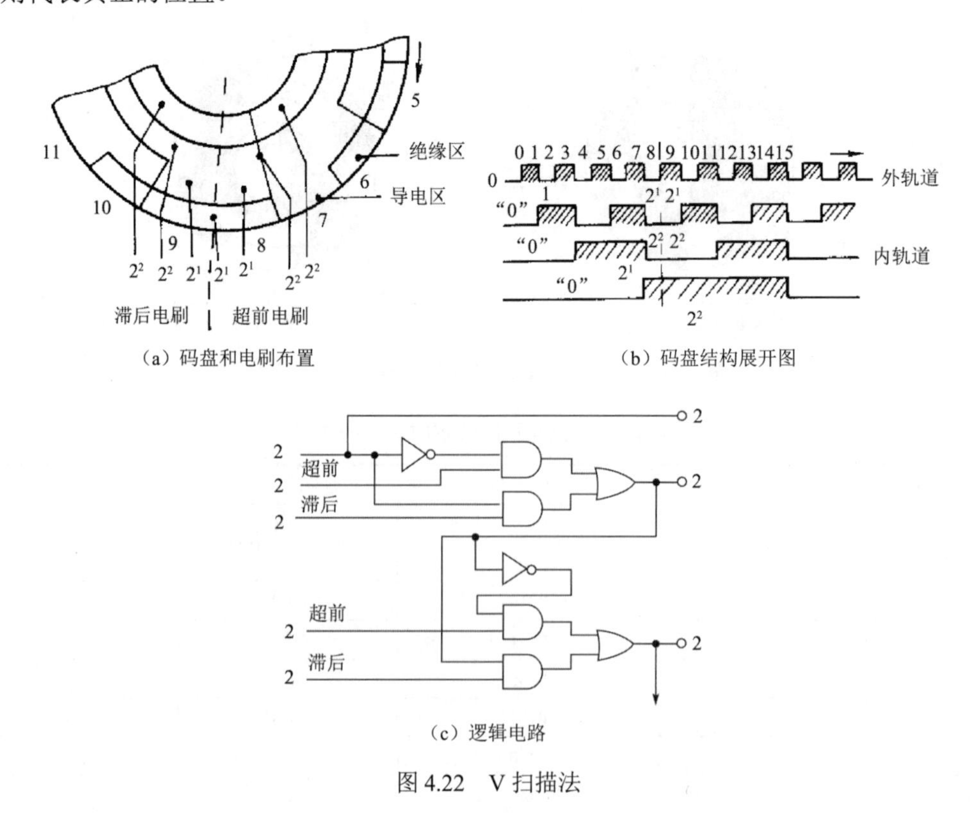

图4.22　V扫描法

这种方法的原理是根据二进制数的特点设计的。由于 8-4-2-1 码制的二进制数是从最低位向高位逐级进位的，最低位变化最快，高位逐渐减慢。当某一个二进制数的第 i 位是 1 时，该二进制数的第$(i+1)$位和前一个数码的$(i+1)$位状态是一样的，故该数码的第$(i+1)$位的真正输出要从滞后电刷读出。相反，当某个二进制数的第 i 位是 0 时，该数码的第$(i+1)$位的输出要从超前电刷读出。读者可以从表 4.2 来证实。

除此之外，还可以利用码盘组合来提高其分辨率。

2．光电式编码器

接触式编码器的分辨率受电刷的限制，一般不会很高。而光电式编码器由于使用了体积小、易于集成的光电元件代替机械的接触电刷，其测量精度和分辨率能达到很高水平。另外，它是非接触测量，允许高速转动，有较高的寿命和可靠性，所以它在自动控制和自动测量技术中得到了广泛的应用。例如，绝对多头、多色的电脑绣花机和工业机器人都使用它作为精确的角度转换器。我国已有 16 位光电式编码器和 25000 脉冲/圈的光电式增量编码器，并形成了系列产品，为科学研究和工业生产提供了对位移量进行精密检测的手段。

光电式编码器是一种绝对式编码器，即几位编码器，其码盘上就有几位码道，编码器在转轴的任何位置都可以输出一个固定的与位置相对的数码。具体是采用照相腐蚀工艺，在一块圆形光学玻璃上刻有透光和不透光的码形。光电式编码器结构示意图如图 4.23 所示。在几个码道上，装有相同个数的光电转换元件代替接触式编码器的电刷，并且将接触式编码器码盘上的高、低电位用光源代替。当光源经光学系统形成一束平行光投射在码盘上时，转动码盘，光经过码盘的透光区和不透光区，在码盘的另一侧就形成了光脉冲，脉冲光照射在光电元件上就产生与光脉冲相对应的电脉冲。码盘上的码道数就是该码盘的数码位数。由于每一个码位有一个光电元件，当码盘旋至不同位置时，各个光电元件根据受光照与否，将间断光转换成电脉冲信号。

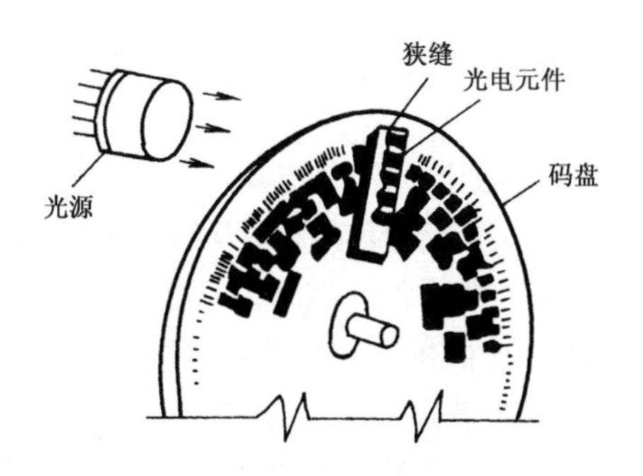

图 4.23　光电式编码器结构示意图

光电式编码器的精度和分辨率取决于光电码盘的精度和分辨率，即取决于刻线数，其精度远高于接触式编码器的码盘。与接触式编码器一样，光电式编码器通常采用循环码作为最佳码形，这样可以解决非单值误差的问题。

为了提高测量的精度和分辨率，常规的方法是增加码盘的码道数，即增加刻线数。但是，当刻度增加到一定数量后，工艺就难以实现，所以只能再采用其他方法提高精度和分辨率。最常用的方法是利用光学分解技术，即插值法，来提高分辨率。

例如，若码盘已有 14 条（位）码道，在 14 位的码道上增加 1 条专用附加码道，如图 4.24

所示。附加码道的扇形区的形状和光学几何结构与前 14 位有所差异，使之与光学分解器的多个光敏元件相配合，产生较为理想的正弦波输出；通过平均电路进一步处理，消除码盘的机械误差，从而获得更理想的正弦或余弦信号。附加码道输出的正弦或余弦信号在插值器中按不同的系数叠加在一起，形成多个相移不同的正弦信号输出。各正弦波信号再经过零比较器转换为一系列脉冲，从而细分了附加码道的光电元件输出的正弦信号，产生了附加的低位的有效数位。

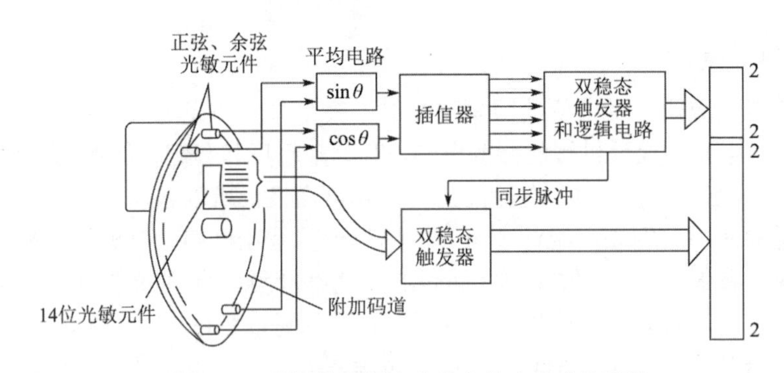

图 4.24　用插值法提高分辨率的光电式编码器

3. 电磁式编码器

在数字式传感器中，电磁式编码器是近年发展起来的一种新型电磁敏感元件，它是随着光电式编码器的发展而发展起来的。光电式编码器的主要优点是对潮湿气体和污染敏感，但可靠性差，而电磁式编码器不易受尘埃和结露影响，同时其结构简单紧凑，可高速运转，响应速度快（达 500～700kHz），体积比光电式编码器小，成本更低，且易将多个元件精确地排列组合，比用光学元件和半导体磁敏元件更容易构成新功能器件和多功能器件。其输出不仅具有一般编码器具有的增量信号及指数信号，还具有绝对信号输出功能。所以，尽管目前约占 90%的编码器均为光电式编码器，但毫无疑问，在未来的运动控制系统中，电磁式编码器的用量将逐渐增多。

电磁式编码器的磁性码盘是用磁化方法，按编码图形制成磁化区（磁导率高）和非磁化区（磁导率低）的圆盘。它采用了小型磁环或微型马蹄形磁芯做磁头，磁头靠近但不接触码盘表面。每个磁头（环）上绕有两个绕组，一次绕组用恒幅、恒频的正弦波激励磁，该线圈被称为询问绕组，二次绕组通过感应码盘将磁化信号转换为电信号。当询问绕组被激励磁以后，二次绕组产生同频信号，但其幅值和两绕组匝数比有关，也与磁头附近有无磁场有关。当磁头对准磁化区时，磁路饱和，输出电压很低；若磁头对准非磁化区，它就类似于变压器，输出电压会很高。输出电压经逻辑状态的调制，就得到用“1”“0”表示的方波输出，几个磁头同时输出就形成了数码。

以往的电磁式编码器多数是小型、分辨力低、价格低的产品，而最近已开发出可与光电式编码器相媲美的高分辨率电磁式编码器。电磁式编码器现在有通过轴回转在磁鼓与磁盘上进行多极起磁，并把磁传感器检测的磁极信号作为编码器脉冲信号加以利用的类型，和利用在磁性齿轮与传感器侧设置的偏置磁铁检测磁通变化的磁阻型两类。目前，在磁鼓、磁盘上进行多极起磁的形式较多。

在电磁式编码器的研制生产方面，提高电磁式编码器的分辨率和小型化已成为各国研究发展的重点。日本在这方面的研究占有绝对的优势，一些公司先后研制出 100～1024p/r 的增量型电磁式编码器、64000p/r 的带温度补偿回路和电路细分的正弦波电磁式编码器，以及 100 万 p/r 的高分辨率电磁式编码器。雅马哈公司研制开发的 YRE-200 系列电磁式编码器，其分辨率高达 614400p/r。据报道，日本还推出了一种用于调节数字器件数字值的带尾座系统的电磁式编码器，其体积很小，但脉冲频率高，能达到所需的任何分辨率。日本松下电器公司新近研制的多膜电磁式编码器也颇具特色，专用于检测步进电动机的转子磁性位置，由于磁阻元件采用多层薄膜结构，故检测信号相间误差小，特性稳定，同时解决了多相检测问题。

4.2.3　编码器的应用

CHA 系列实心轴增量式编码器，其外径为$\phi40$，轴径为$\phi6$，体积小，质量轻，适用于 BL-2 型万向节。它广泛应用于自动控制、自动测量、遥控、计算技术及数控机床的角度和纵横坐标测量等，具有坚固、可靠性高、寿命长、耐环境性强等特点。其外形图和输出信号如图 4.25 所示。CHA-2 型增量式编码器的输出电路如图 4.26 所示，其电气参数如表 4.3 所示。

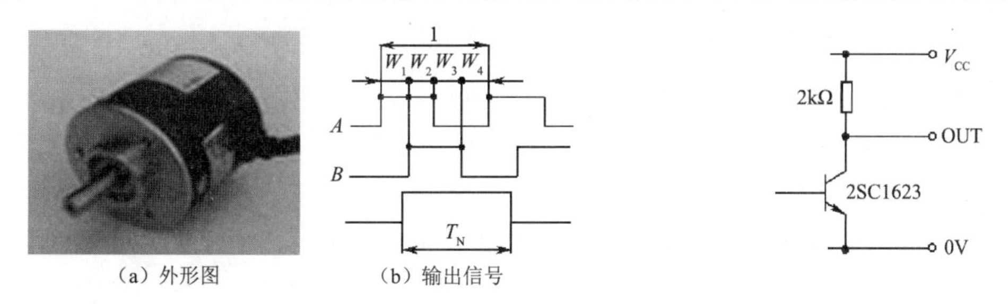

（a）外形图　（b）输出信号

图 4.25　CHA 系列实心轴增量式编码器

图 4.26　CHA-2 型增量式编码器的输出电路

表 4.3　CHA-2 型增量式编码器的电气参数

电源电压（V）	消耗电流（mA）	输出形式	输出电压（V）		上升时间（ns）	下降时间（ns）	注入电流（mA）	响应频率（kHz）	绝缘阻抗（MΩ）
			V_H	V_L					
11～24	180	电压输出	≥0.7V_{CC}	≤0.5V_{CC}	≤350	≤30	—	0～5	≥100

编码器除了可以直接测量角位移或间接测量直线位移，还可以进行数字测速、工位编码或用于伺服电动机控制。

1．数字测速

由于光电式编码器的输出信号是脉冲形式，因此可以通过测量脉冲频率或周期的方法来测量转速。光电式编码器可代替测速发电机的模拟测速。常用的测速方法有 M 法测速和 T 法测速。

（1）M 法测速。在一定时间间隔 t_c 内（如 10s、20s、0.1s 等），用编码器所产生的脉冲数来确定速度的方法称为 M 法测速。若编码器每转产生 N 个脉冲，在 t_c 时间间隔内得到 m_1 个脉冲，则编码器所产生的脉冲频率为

$$f = m_1 / t_c \tag{4-22}$$

转速为

$$n = 60f / N = 60(m_1 / t_c) / N = 60m_1/(Nt_c) \tag{4-23}$$

例 4.1　某编码器的指标为 1024 个脉冲/r（1024p/r），在 0.4s 时间内测量得 4KB 个脉冲（1KB=1024），求转速 n。

解： 编码器轴的转速为

$$n = 60m_1/(Nt_c) = 60\times4\times1024/(1024\times0.4) = 600 \text{（r/min）}$$

M 法测速适用于转速较快的场合。当转速较慢时，编码器的脉冲频率较低，测量精度降低。另外，t_c 的长短也会影响测量精度。t_c 取得越长，测量精度越高，但不能反映速度的瞬时变化，不适合动态测量。

（2）T 法测速。用编码器所产生的相邻两个脉冲之间的时间来确定被测转速的方法称为 T 法测速。测速时，先选择一标准时钟，其周期为 T_c（如 1μs），测出编码器输出的两个相邻脉冲上升沿（周期 T）之间所能填充的标准时钟个数 m_2，则周期 T 为

$$T = m_2T_c \tag{4-24}$$

若编码器每转产生 N 个脉冲，则转速为

$$n = 60f/N = 60/(TN) = 60/[(m_2T_c)N] = 60f_c/(Nm_2) \tag{4-25}$$

例 4.2　某编码器的指标为 1024p/r，标准时钟频率 f_c=1MHz，测得编码器输出的两个相邻脉冲上升沿之间所能填充的标准时钟数 m_2=1000 个，求转速 n。

解： 编码器轴的转速为

$$n = 60f_c/(Nm_2) = 60\times1\times10^6/(1024\times1000) = 58.6 \text{（r/min）}$$

T 法测速适用于转速较慢的场合。当转速较快时，编码器输出脉冲的周期较短，测量精度降低。f_c 也不能取得太低，以至在 T 时段内测量得到的脉冲太少，而降低测量精度。

2．工位编码

由于绝对式编码器每一转角位置均有一个固定的编码输出，若编码器与转盘同轴相连，则转盘上每一工位安装的被加工工件均有一个编码与之相对应，如图 4.27 所示。当转盘上某一工位转到加工位时，该工位对应的编码由编码器输出给控制系统。例如，要使工位⑥的工件转到加工点，计算机控制电动机通过传动机构带动转盘旋转，直到编码器输出 0110，计算机控制电动机停转。这种编码方式在加工中心的刀库选刀控制中得到广泛应用。

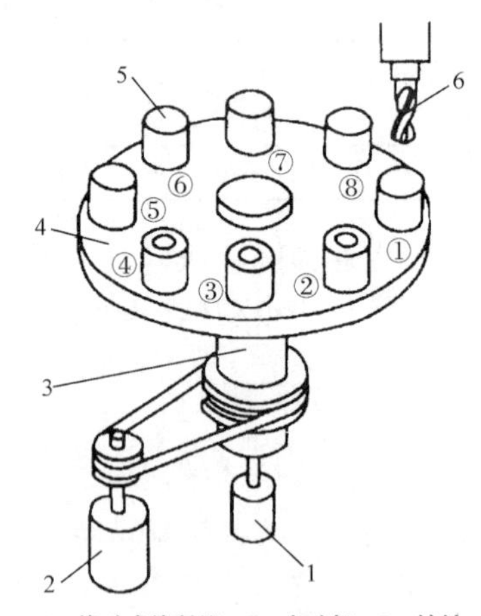

1—绝对式编码器；2—电动机；3—转轴；4—转盘；5—工件；6—刀具

图 4.27　转盘工位编码

3．交流伺服电动机控制

交流伺服电动机的运行需要角度位置传感器，以确定各个时刻转子磁极相对于定子绕组转过的角度，从而控制电动机的运行。光电编码器在交流伺服电动机控制中主要起到以下三个作用。

（1）提供电动机定子、转子间相对位置的数据。

（2）通过 F/V（频率/电压）转换，提供速度反馈信号。

（3）提供传动系统角位移信号，作为位置反馈信号。

4.3　图像传感器

人类视觉可感知外部世界物体的位置、色彩、纹理等大量信息，约占人类所有感官信息的 80%，视觉信息已成为人类认识世界的重要信息来源。当今，制造业数字化、网络化、智能化已成为制造业发展的大趋势，在智能制造“三化”和国家大力提倡数字经济的大背景下，作为制造信息来源之一的机器视觉技术至关重要。本节重点介绍视觉图像传感器的工作原理、主要特性参数和应用。

4.3.1　图像传感器的工作原理

摄像机的工作原理简单：光线透过摄像管前的透镜后，物体在光导电膜构成的靶上成像，靶上各点的导电性能与该点所受光强成比例。因而可以看成是在靶上有一幅电子图像，摄像管阴极发出的射线经聚焦后射在靶上，通过靶及覆盖于靶前的透明光导电膜及限流电阻与电源阳极闭合，从而产生与该聚焦点相对应的电流。通过摄像偏转扫描系统，对靶逐点扫描，通过电容器取出各点变化电流，即得到该图像的时间序列信号。

图像传感器的工作原理与摄像机的工作原理相类似，将光敏二极管构成一维或二维阵列，每一只或多只光敏二极管为一个像素，当外来光线通过透镜照在该阵列上时，光敏二极管产生与所受光强成比例的电荷，形成一幅电子图像，顺序逐点取出各个光敏二极管的信号，也能得到该图像的时间序列信号。按结构及取出信号方法的不同，图像传感器分为 CCD（Charge Coupled Device，电荷耦合器件）图像传感器和 CMOS 图像传感器。

4.3.2　CCD 图像传感器

CCD 图像传感器作为一种新型光电转换器，与摄像管相比，其具有体积小、质量轻、分辨率高、灵敏度高、动态范围大、光敏元件的几何精度高、光谱响应范围大、工作电压低、功耗小、寿命长、抗震性和抗冲击性好、不受电磁场干扰和可靠性高等一系列优点；除了大规模应用于数码相机，还广泛应用于摄像机、扫描仪，以及工业领域等。此外，在医学上为诊断疾病或进行显微手术等而对人体内部进行的拍摄中，也大量应用 CCD 图像传感器及相关设备。

1. CCD 成像

CCD 内部是按照一定规律排列的微小 MOS 电容器阵列组成的移位寄存器。一个 MOS 电容器就是一个光敏单元，可以感应一个像素点，传递一幅图像需要由许多 MOS 光敏单元大规模集成。CCD 的基本功能是信号电荷的产生、存储、传输和成像。CCD 图像传感器成像过程如图 4.28 所示，以下是其步骤。

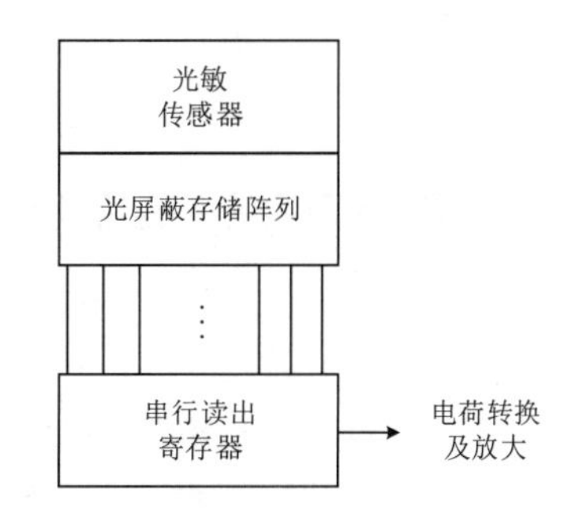

图 4.28　CCD 图像传感器成像过程

（1）电荷的产生。光线通过 CCD 时，众多 MOS 光敏元件产生光电效应，将光线按亮度强弱转变成相应数量的电荷。

（2）电荷的存储。当光信号变成电荷数量信号后，排列在 CCD 器件内的 MOS 光敏元件收集移动到 MOS 金属电极上的电荷，光强越大，门极上堆积的电荷数目越多。

（3）电荷的传输。在一个周期内，CCD 器件将门极收集到的电荷传输至一个读出寄存器，CCD 器件根据每一个门极对应的节点位置将电荷数量转换为毫伏（mV）级电压信号。

（4）处理成像。经过转换后的毫伏（mV）级电压信号通过放大电路放大后变为对应的 0～10V 电压信号，这些模拟电压信号经过 A/D 转换器后编码形成数字图像。

2．CCD 图像传感器的分类

CCD 图像传感器从结构上分为线阵（Linear）CCD 图像传感器和面阵（Area）CCD 图像传感器。线阵 CCD 图像传感器的光敏元件只有一列，在拍摄过程中被拍摄的物体水平单向运动或传感器单向运动，每次拍摄形成的图像只有一条线，最终由所有拍摄的线图像组合成一幅高分辨率的数字图像。线阵 CCD 图像传感器主要应用于影像扫描仪及传真机。

面阵 CCD 图像传感器的每一个光敏元件代表图像的一个像素，它将各个光敏元件的电荷信息传输至 A/D 转换器，电荷模拟电信号经过 A/D 转换器处理后变成数字信号，数字信号以一定格式压缩后存入缓存内形成一幅数字图像。面阵 CCD 图像传感器主要应用于工业相机、数码相机（DSC）、摄录影机、监视摄影机等多项影像输入产品。

CCD 图像传感器按色彩分为灰度 CCD 图像传感器和彩色 CCD 图像传感器。灰度 CCD 图像传感器在成像过程中，直接将每个像素获得的信号转换成灰度值。彩色 CCD 图像传感器的一种实现形式是将彩色滤镜嵌在 CCD 像素阵列上，相近的像素使用不同颜色的滤镜，典型的有 G-R-G-B 排列方式，如图 4.29（a）所示。在成像过程中，相机内部微处理器从每个像素获得信号，将相邻的四个点合成一个彩色像素点。另一种实现形式是使用三棱镜，先将从镜头射入的光分成三束，每束光都由不同的内置光栅过滤出某一种三原色，然后使用三块 CCD 分别感光，再由三幅单色图像合成一个高分辨率、色彩精确的彩色图像，如图 4.29（b）所示。

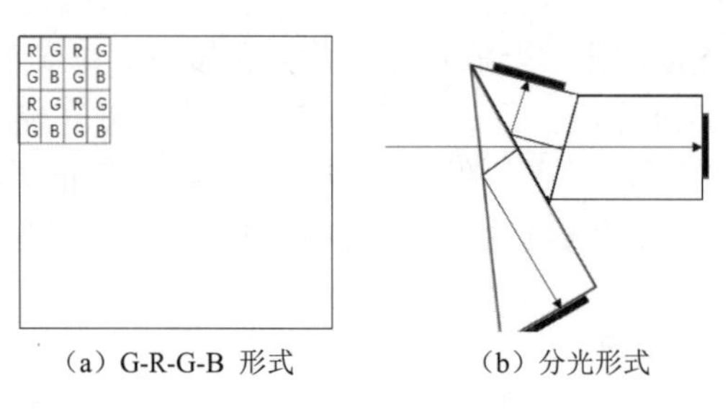

（a）G-R-G-B 形式　　（b）分光形式

图 4.29　彩色 CCD 图像传感器的实现形式

3．CCD 图像传感器特性参数

用来评价 CCD 图像传感器的主要参数有分辨率、光电转移效率、灵敏度、光谱响应、动态范围、暗电流及噪声等。不同的应用场合，对特性参数的要求也各不相同。

（1）分辨率。分辨率是指 CCD 图像传感器对物像中明暗细节的分辨能力，是 CCD 图像传感器最重要的特性参数，在感光面积一定的情况下，主要取决于光敏单元之间的距离，即相同感光面积下光敏单元的密度，密度越大，分辨率越高。

（2）光电转移效率。当 CCD 图像传感器中电荷包从一个势阱转移到另一个势阱时，Q_1 为转移一次后的电荷量，Q_0 为原始电荷量，转移效率定义为

$$\eta = \frac{Q_1}{Q_0} \times 100\%$$

信号电荷进行 N 次转移时，总转移效率为

$$\frac{Q_N}{Q_0} = \eta^N = (1-\varepsilon)^N$$

式中　ε——转移损耗。

因为 CCD 图像传感器中的每个电荷在传送过程中要进行成百上千次的转移，所以要求转移效率 η 必须达到 99.99%～99.999%，以保证总转移效率在 90%以上。如果 CCD 图像传感器的总效率太低，就失去了实用价值，所以当 η 一定时，限制了转移次数或器件的最长位数。

4．灵敏度及光谱响应

CCD 图像传感器的光谱响应含义与普通光电探测器相同，光谱响应范围由光敏材料决定。对于本征硅，其光谱响应范围为 0.4～1.15μm（峰值波长约为 0.81μm）。CCD 的光谱响应与光敏面结构、光束入射角及各层介质的折射率、厚度、消光系数等多个因素有关。图 4.30 所示为四种不同结构 CCD 图像传感器的光谱响应特征曲线。可见它们是有区别的，在选用时应注意与光源的辐射光谱相匹配。

CCD 图像传感器的光电特性一般指其输出电压与输入照度之间的关系。对于 Si-CCD 图像传感器，在低照度下，其输出电压与输入照度有良好的线性关系；而当输入照度超过 100lx 以后，输出有饱和现象。

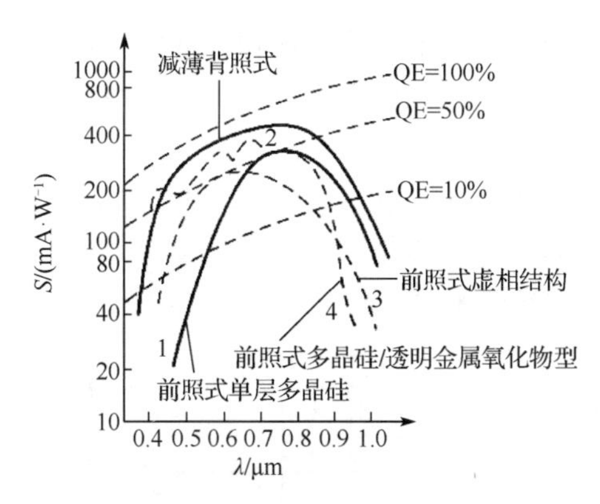

图 4.30　四种不同结构 CCD 图像传感器的光谱响应特征曲线

5．动态范围

饱和曝光量和等效曝光量的比值称为 CCD 图像传感器的动态范围。动态范围反映的是图像传感器能够感知的最弱光照（最小可检出的光子数）和最强光照（最大未饱和光子数，即满势阱容量）的光照区间。CCD 图像传感器的动态范围一般在 10^3～10^5 数量级。

6．暗电流

暗电流起因于热激发产生的电子-空穴对，是缺陷产生的主要原因。光信号电荷的积累时间越长，其影响就越大。同时，暗电流的产生不均匀，会在图像传感器中出现固定图形，暗电流限制了器件的灵敏度和动态范围。暗电流与光积分时间、温度密切相关，温度每降低 10℃，

暗电流约减小一半。对于每个器件，暗电流大的地方（称为暗电流尖峰）总是出现在相同位置的单元上，利用信号处理，把出现暗电流尖峰的单元位置存储在 PROM（可编程只读存储器）中，单独读取相应单元的信号值，就能消除暗电流尖峰的影响。

7. 噪声

噪声是图像传感器的主要参数。CCD 图像传感器是低噪声器件，但由于其他因素产生的噪声会叠加到信号电荷上，信号电荷的转移受到干扰。噪声的来源有转移噪声、散粒噪声、信号输入噪声等。散粒噪声虽然不是主要的噪声源，但是在对其他几种噪声可以采取有效措施来降低或消除的情况下，散粒噪声就决定了图像传感器的噪声极限值。在低照度、低反差下应用时，影响更为显著。

4.3.3 CMOS 图像传感器

CMOS 图像传感器的工作原理如下。首先给光敏二极管加一负脉冲，使光敏二极管导通，然后用一合适的负偏压对其充电。充电结束后，入射光线以脉冲形式照至光敏二极管，其电荷将与入射光量成比例减少，最后给光敏二极管加负脉冲，使光敏二极管再次导通。由于各光敏二极管上的电荷数由光照量决定，所以各点相应补充电荷引起的充电电流将反映出各点光量的数值。按顺序对各光敏二极管进行处理，可得到图像的时间序列信号。

CMOS 图像传感器按取出图像信号的方式可分为被动式与主动式。被动式又称无源式，如图 4.31（a）所示，由一个光敏二极管和一个开关管构成。当开关管开启时，光敏二极管与垂直的列选通线连通，位于列选通线末端的电荷积分放大器读出电路列选通线电压。当光敏二极管存储的信号电荷被读出时，其电压被复位到列选通线电压水平，与光信号成正比的电荷由电荷积分放大器转换为更多电荷输出。

主动式又称为有源式，如图 4.31（b）所示，每一像素内都有单独的放大器，有效地提高了成像质量。但是集成在表面的放大器晶体管减少了像素元件的有效感光表面积，降低了封装密度，使 40%～50%的入射光被反射。

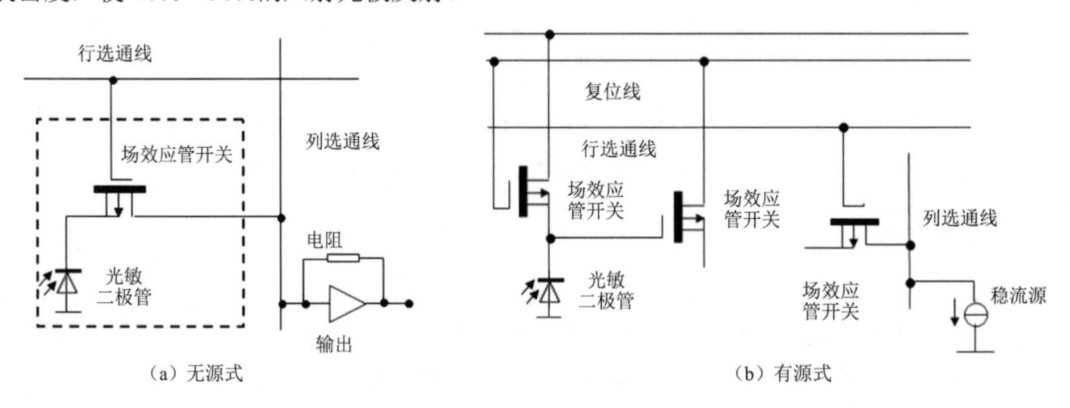

图 4.31 CMOS 图像传感器

CCD 图像传感器与 CMOS 图像传感器的主要区别在于，前者集成在半导体单晶材料上，而后者集成在俗称金属氧化物材料的半导体材料上。虽然使用材料和制造工艺不同，但二者的工作原理大致相同，CMOS 图像传感器的成像过程如图 4.32 所示。

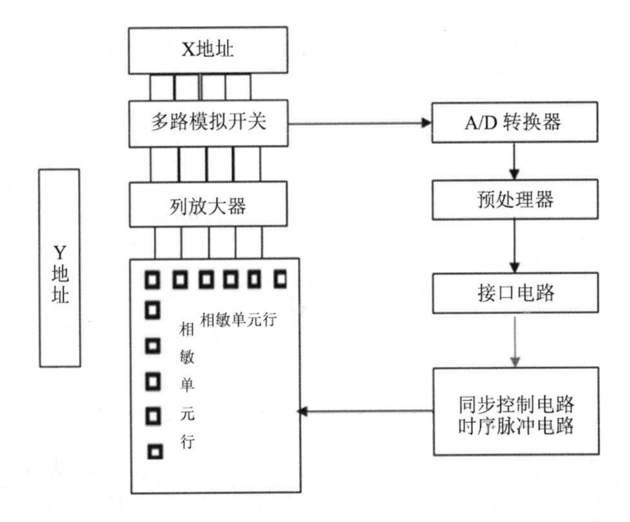

图 4.32　CMOS 图像传感器的成像过程

CMOS 图像传感器工作时，先由水平传输送出电荷信号，然后由垂直传输送出全部电荷信号，因此 CMOS 图像传感器可在每个像素结构旁边直接进行信号放大。这种传输方法可快速扫描数据，实现高帧率、千万级像素高速处理。而 CCD 图像传感器很难实现高帧率、高分辨率图像采集。CMOS 图像传感器在不改变制造流水线的情况下能克服高像素制造工艺带来的困难，因此像素成像质量的提升也比 CCD 图像传感器容易。CCD 图像传感器和 CMOS 图像传感器的感光表面只能有一部分用作感光单元的光线接收面，其余部分要留给光敏单元及元器件之间的绝缘隔离带，因此它们不能像胶片一样将整个表面用来接收光线信号。

4.3.4　图像传感器的应用

目前，CCD 图像传感器广泛应用于黑白、彩色、微光、红外摄像，军事探测，气象观察，大气观察，医学观察，天文观察，火灾报警，闭路监控，工业检测，传真扫描等领域。

4.4　激光传感器

由于激光具有高方向性、单色性、高亮度和高相干性等特点，现被广泛应用在军事、医学、精密测量、生物、气象等领域。激光传感器是指利用激光技术进行测量的传感器，由激光器、激光检测器和测量电路组成。它能实现无接触远距离测量，具有速度快、精度高、量程大、抗光电干扰能力强等特点。

4.4.1　激光器的分类

激光器按照工作物质可分为以下四种。

（1）固体激光器。固体激光器的工作物质是固体。常用的有红宝石激光器、掺钕的钇铝石榴石激光器（YAG 激光器）和钕玻璃激光器等。它们的结构大致相同，特点是小而坚固、功率高。钕玻璃激光器是目前脉冲输出功率最高的器件，可达到数十兆瓦。

（2）气体激光器。气体激光器的工作物质为气体，现已有各种气体原子、离子、金属蒸气、气体分子激光器。常用的有二氧化碳激光器、氦氖激光器和一氧化碳激光器，其形状如普通放电管，特点是输出稳定、单色性好、寿命长，但功率较小，转换效率较低。

（3）液体激光器。液体激光器可分为无机液体激光器和有机染料激光器，其中最重要的是有机染料激光器，它的最大特点是波长连续可调。

（4）半导体激光器。半导体激光器是较新型的一种激光器，其中较成熟的是砷化镓激光器。其特点是效率高、体积小、质量轻、结构简单，适宜在飞机、军舰、坦克上使用及步兵随身携带，可制成测距仪和瞄准器，但输出功率小、定向性较差、受环境温度影响较大。

4.4.2 激光传感器的工作原理

激光传感器工作时，激光器对准目标发射激光脉冲，经目标反射后，激光向各方向散射。部分散射光返回到激光检测器，被激光检测器光学系统接收后成像到雪崩光敏二极管上。雪崩光敏二极管是一种内部具有放大功能的光学传感器，它能检测极其微弱的光信号，并将其转化为相应的电信号。常见的激光传感器为激光测距传感器，它通过记录并处理从光脉冲发出到返回被接收所经历的时间，可以测定目标距离等。

4.4.3 激光传感器的应用

利用激光的高方向性、高单色性和高亮度等特点可实现无接触远距离测量。激光传感器常用于长度、距离、振动、速度、方位等物理量的测量，还可用于探伤和大气污染物的监测等。激光在检测领域中的应用十分广泛，技术含量十分丰富，对社会生产和生活的影响也十分明显。

（1）激光测长。现代长度计量大多是利用光波的干涉现象来进行的，其精度主要取决于光的单色性的好坏。激光是最理想的光源，它比以往最好的单色光源（氪-86 灯）还纯 10 万倍，因此激光测长的量程大、精度高。由光学原理可知，单色光的最大可测长度 L 与波长 λ 和谱线宽度 δ 之间的关系是

$$L=\frac{\lambda^2}{\delta}$$

用氪-86 灯可测最大长度为 78cm，对于较长物体就需分段测量而使精度降低。若用氦氖激光器，则最长可测几十千米。一般测量数米之内的长度，其精度可达 $0.1\,\mu\text{m}$。

（2）激光测距。激光测距是激光最早的应用之一，属于一种非接触式测量，特别适合测量快速的位移变化，且无须在被测物体上施加外力。

激光测距的基本原理是，先将激光对准目标发射出去，测量其往返时间 t，然后与光速 c 相乘，再除以 2，就可以得到往返的距离 s，即

$$s=\frac{ct}{2}$$

（3）激光测振。激光测振基于多普勒原理测量物体的振动速度。

多普勒原理：如果波源或接收波的观察者相对于传播波的媒质而运动，那么观察者所测到的频率不仅取决于波源发出的振动频率，还取决于波源或观察者的运动速度的大小和方向。所测频率与波源的频率之差称为多普勒频移。在振动方向与运动方向一致时，多普勒频移 $f_{\mathrm{d}}=v/\lambda$，其中 v 为振动速度，λ 为波长。在激光多普勒振动速度测量仪（测振仪）中，由于

光往返，因此 $f_{\mathrm{d}} = 2v/\lambda$。

测振仪在测量时，光学部分将物体的振动转换为相应的多普勒频移，光检测器将此频移转换为电信号，电路部分对信号适当处理后送往多普勒信号处理器，而多普勒信号处理器将多普勒频移信号变换为与振动速度相对应的电信号，最后记录于磁带中。

测振仪采用波长为 6328A 的氦氖激光器，用声光调制器进行光频调制，将石英晶体振荡器和功率放大电路作为声光调制器的驱动源，用光电倍增管进行光电检测，用频率跟踪器来处理多普勒信号。

测振仪的优点是使用方便，不需要固定参考系，不影响物体本身的振动，测量频率范围大、精度高、动态范围大；缺点是测量过程受其他杂散光的影响较大。

（4）激光测速。图 4.33 所示为激光测速仪原理图，当被测物体进入相距为 s 的两个激光区间内，先后遮断两个激光器发出的激光光束，再利用计数器记录主振荡器在先后遮断两个激光器发出的激光光束的时间间隔内的脉冲数 N，就可求得被测物体速度，即

$$v = \frac{sf}{N}$$

式中　f——主振荡器的振荡频率。

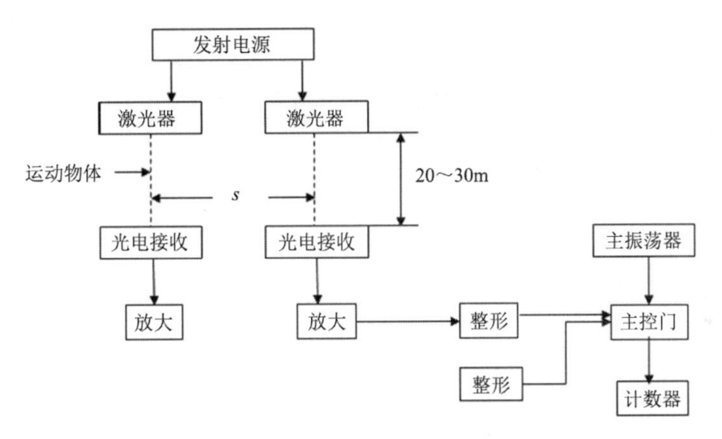

图 4.33　激光测速仪原理图

激光测速仪的测量精度较高，当被测对象速度为 200km/h 时，精度可达 1.5%；当速度为 100km/h 时，精度为 0.8%。

激光测速是基于多普勒原理的一种激光测速方法，常见的是激光多普勒流速计（激光流量计），可以测量风洞气流速度、火箭燃料流速、飞行器喷射气流流速、大气风速和化学反应中粒子的大小及汇聚速度等。

习　题　4

一、选择题

4.1　不能直接用于直线位移测量的传感器是______________。

A．长光栅　　　　　B．长磁栅　　　　　C．角编码器

4.2 某直线光栅每毫米刻线数为 50 线，采用四细分技术，则该光栅的分辨率为______________。

A．5μm　　B．50μm　　C．4μm　　D．20μm

4.3 光栅传感器利用莫尔条纹来达到______________。

A．提高光栅的分辨率的目的

B．辨向的目的

C．使光敏元件能分辨主光栅移动时引起的光强变化的目的

D．细分的目的

二、问答及计算题

4.4 莫尔条纹是怎样产生的？它具有哪些特性？

4.5 在精密车床上使用刻线为 5400 线/r 的圆光栅进行长度检测时，其检测精度为 0.01mm，问该车床丝杆的螺距是多少？

4.6 试述光栅传感器的细分原理。

4.7 码盘式编码器主要有哪几种？各有什么特点？

4.8 某光栅传感器，刻线数为 100 线/mm，没细分时测得莫尔条纹数为 800，试计算光栅位移是多少毫米？若经四倍细分后，记数脉冲仍为 800，则光栅此时的位移是多少？测量分辨率是多少？

4.9 刻线为 1024 的增量式角编码器安装在机床的丝杠转轴上，已知丝杠的螺距为 2mm，编码器在 10s 内输出 204800 个脉冲，试求刀架的位移量和丝杠的转速分别是多少？

第5章

新型传感器

内容提要

随着现代科学技术的飞速发展，人类进入了信息时代。计算机技术、通信技术和传感技术是我国电子信息产业的三大支柱。传感器在自动检测与控制系统中居首要位置，是感知、获取信息的窗口，是人类感觉器官的延伸。为了能够与信息时代信息量激增、要求捕获和处理信息的能力日益增强的技术发展趋势保持一致，对于传感器性能指标（包括精确度、可靠性、灵敏度等）的要求越来越严格。近年来，传感器在朝着灵敏度高、精确度好、适应性强、小巧、网络化和智能化的方向发展。在这一过程中，随着材料科学、信息科学、人工智能等技术的发展，出现了以激光、生物分子、仿生学、机器人技术及各种智能技术等为支撑的新型传感器，如激光传感器、仿生传感器、微型传感器和智能传感器等。本章主要介绍仿生传感器、微型传感器和智能传感器等。

5.1 仿生传感器

现代生物技术（Biotechnology）兴起于20世纪70年代，它是以生命科学为基础，运用先进的工程技术手段与其他基础科学的原理，利用生物或生物组织、细胞及其他组成部分的特性和功能，设计、构建或将生物体改造为具有人类预期性状的新物种或新品系，从而为社会提供产品和服务的综合性技术体系。它主要包括基因工程、细胞工程、酶工程、发酵工程和仿生生物工程等，形成了基因技术、生物生产技术、生物分子工程技术、定向发送技术、生物耦合技术、纳米生物技术和仿生技术等。最初的生物传感器，就是通过这些技术，采用固定化的细胞、酶或者其他生物活性物质与换能器相配合组成的传感器，如酶传感器、微生物传感器、细胞传感器、组织传感器等。基于仿生技术的传感器，就是仿生传感器，如电子皮肤。

随着现代仿生技术的进步，人类已经制造出仿视觉传感器、仿听觉传感器、仿嗅觉传感器等仿生传感器。这些传感器能自动捕获信息、处理信息、模仿人类的行为，现已广泛应用于机器人。

5.1.1 机器人用传感器概述

机器人所用的传感器，常称为机器人用传感器，一般分为机器人外部传感器（感觉传感器）和机器人内部传感器两种类型。机器人内部传感器包括位移传感器、力觉传感器、温度传感器、速度传感器、平衡传感器等。这类传感器主要用来检测机器人内部状态的各种参量，掌握机器人的实时状态，以便机器人按规定的位置、轨迹、速度、加速度等进行工作。当这类传感器应用于机器人时，一方面要求其输出稳定，在恶劣环境下能连续使用，可靠性高，体积小；另一方面要求其精度高，能使机器人的动作灵敏等。

机器人外部传感器主要包括听觉传感器、视觉传感器、触觉传感器、压觉传感器、滑觉传感器、接近觉传感器等，其主要功能是识别工作环境，检测机器人所处位置的对象及周围环境的各种物理量，为机器人提供信息，从而使机器人对这些对象和环境进行认识和处理。目前，机器人外部传感器主要分为广义触觉传感器和视觉传感器两大类。广义触觉传感器指的是与对象接触的各种感觉传感器，其又可分为接触觉传感器、压觉传感器、力觉传感器、接近觉传感器、滑觉传感器五种；而视觉传感器可细分为明暗觉传感器、色觉传感器、位置觉传感器、形状觉传感器等，如表5.1所示。

表5.1 机器人外部传感器

类　型	检测内容	应用目的	传感器件
明暗觉传感器	是否有光，亮度多少	判断有无对象并检测	光电管、光电断路器
色觉传感器	对象色彩及浓度	利用颜色识别对象的场合	彩色摄影机、滤色器、彩色光管
位置觉传感器	物体的位置、角度、距离	检测物体空间位置、物体移动	摄像管
形状觉传感器	物体的外形	提取物体轮廓及固有特征，识别物体	光电晶体管阵列、CCD图像传感器、SPD等
接触觉传感器	与对象是否接触，接触位置	决定对象位置，识别对象形态，控制速度，安全保障，异常停止，寻径	电位计、光电传感器、微型开关、弹性传感器
压觉传感器	物体的压力、握力大小及压力分布	控制握力，识别握持物，测量物体弹性	压电元件、导电橡胶、感压高分子材料、应变针
力觉传感器	机器人有关部件（如手指）所受外力及转矩	控制手腕移动，伺服控制，正确完成作业	应变针、负载单元、转矩检测仪
接近觉传感器	与对象是否接近，接近距离，对象面的倾斜度	控制位置，寻径、安全保障，异常停止	光传感器、气压传感器、超声波传感器、磁传感器
滑觉传感器	垂直于握持面方向物体的位移、旋转重力引起的变形	修正握力，防止打滑，测量物体的质量及表面状态，进行多层作业	压电式、电容式滑觉传感器，旋转传感器，微型开关，振动检测器，圆筒状光电旋转传感器

有了这些传感器，机器人不仅出现在科幻电影和工厂里，而且走进了餐厅、商场、酒店及医院，为人类生活提供服务与便利。现在常常可以见到拥有能够识别人类的“眼睛”、倾听的“耳朵”和交流的“嘴巴”，甚至能够表达肢体语言的“手臂”和自主行走的“双腿”的机器人，这类机器人被称为服务机器人。

5.1.2 服务机器人用传感器

除了有亲近友好的类人外形，服务机器人必须借助多种传感器感知、适应外部环境，并在当前环境中服务于他人。服务机器人最常用的传感器主要包括环境感知用传感器和人机交互用传感器。

1. 环境感知用传感器

环境感知对服务机器人来说至关重要，它包括了机器人对周围未知环境的认知、对自身在环境中的定位，以及作为服务型移动机器人时，能否进行自主避障与导航。服务机器人的感知系统相当于人的五官和神经系统，是机器人获取外部环境信息及进行内部反馈控制的工具。实际上，机器人感知系统的本质是一个多传感器系统。多种传感器采集不同的信息，通过不同的处理方式来模拟人类的五大感觉：视觉、听觉、触觉、嗅觉和味觉。以 Cruzr 为例，它作为智能云平台商用服务机器人，拥有图 5.1 所示的由多种传感器构成的机器人感觉，其中用于环境感知的主要是机器人视觉与接近觉。

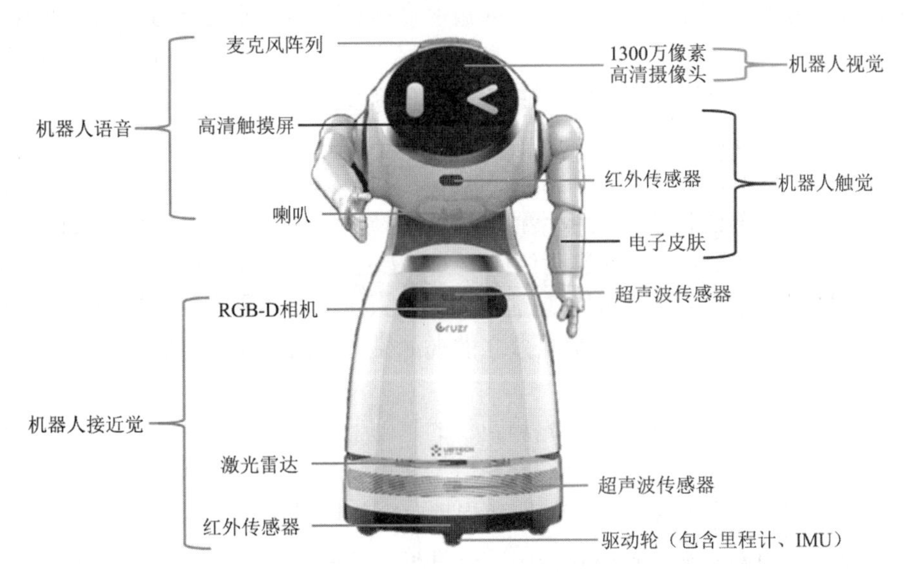

图 5.1　Cruzr 的机器人感觉及主要传感器

视觉是指通常以图像的信息方式感知外部环境，一般包括图像获取、图像处理、图像理解这三个过程。依据视觉传感器的特性，主流的移动机器人视觉系统有单目视觉、双目立体视觉、多目立体视觉、全景视觉等。接近觉是一种粗略的距离感觉。接近觉传感器主要感知机器人自身与对象之间的接近程度，根据不同的使用场景，有时只需要给出简单的阈值判断（接近与否），有时需要精准测距以避障或防止冲击。应用场景不同，需感知的距离范围也不同，可远到十几米或近到不足 1mm。

Cruzr 的环境感知主要用于自主避障与导航，即需要在未知或者不确定的环境下，运用传感器收集并利用距离信息来进行路径规划与执行。Cruzr 配置了多种常用的测距传感器，安装在底盘驱轮上的里程计和惯性测量单元（IMU）等内部传感器用于确定 Cruzr 在其自身坐标系内的姿态、位置，是完成移动机器人运动所必需的传感器。分布在其底座上的激光雷达、红外传感器、超声波传感器和 RGB-D 相机等外部传感器，用于机器人本身相对其周围环境的定位，负责检测距离、接近程度或接触程度之类的信息，便于机器人的引导及物体的识别和处理。红外传感器、超声波传感器和图像传感器已在前面章节介绍了，这里只简要介绍里程计、IMU 和激光雷达。

（1）里程计。里程计是移动机器人的基础传感器，不依赖于其他任何传感器，安装在移动机器人的驱动轮电动机上。通常，它根据电动机轴上光电式编码器在采样周期内脉冲的变化量计算出车轮相对于地面移动的距离和方向角的变化量，推算出移动机器人位姿，从而提供移动机器人运动基础模型。

在实际应用中，由于里程计在机器人运动之后才能获得数据，因此其产生的里程计模型具有一定的滞后性。另外，地面打滑或地面不平整等很容易导致里程计运动模型产生误差，且误差会累积，轨迹容易漂移。在机器人应用中，通常将里程计和 IMU 分别经过数据处理建立的机器人运动模型进行决策层上的融合后再建立运动模型。

（2）IMU。IMU 和里程计一样，同样属于移动机器人的内部传感器，能够不依赖于外部条件就可实现机器人定位。它通常由三轴陀螺仪和三轴加速度计组成，陀螺仪用于输出机器人相对于自身坐标系的三个坐标轴方向上的角速度信息，而加速度计用于输出机器人在自身坐标系中的三个坐标轴方向上的加速度信息，根据这些信息二次积分就能解算出机器人对应的姿态。IMU 测量短时间内快速移动的精度高，但随着时间的增长，会有误差被积分后放大的问题，导致数据漂移。在 Cruzr 的导航中融合里程计与 IMU 来进行轨迹的矫正。

从本质来看，IMU 与里程计都属于相对定位的方法，即在移动机器人位姿初始值给定的前提下，基于它们内部的传感器信息计算出每一时刻位姿相对于上一时刻位姿的距离及方向角的变化，从而实现机器人位姿的实时估计，该方法也常被称作航迹推算法。在 Cruzr 的应用中，将里程计与 IMU 分别经过数据处理建立的机器人运动模型进行决策层上的融合后再建立运动模型，然后该模型与激光雷达数据建立的观测模型共同来完成机器人建图、定位、导航等功能。

（3）激光雷达。激光雷达是在激光测距仪的基础上发展起来的。它不仅可以测距，还可以检测目标方位、运行速度和加速度，以及用于地表物体的三维绘制等，现已成功用于人造卫星的测距和跟踪，无人驾驶的路径识别和规划，服务机器人的建图、定位和导航等。

激光雷达主要由激光器、接收器、信号处理单元和旋转机构等组成。激光器是激光发射机构。激光器发射的激光照射到被测物后，反射的光线会经由镜头组汇聚到接收器上。而信号处理单元负责控制激光器的发射，以及接收、处理接收器送入的信息等，并根据这些信息计算出目标物体的距离信息等。旋转机构负责将核心测量部件以稳定的转速旋转起来，从而实现对所在平面的扫描并产生实时的平面图信息。

激光器主要有两种。一种是激光二极管，通常有硅和砷化镓两种基底材料。使用砷化镓材料制造的激光雷达，激光波长为 1550nm，功率高，探测距离远，更容易穿透粉尘、雾霾，并且不会造成视网膜损伤，但价格高。使用硅材料制造的激光雷达，激光波长接近于可见光波长 905nm，成本低，但需严格限制发射器的功率，避免造成眼睛的永久性损伤。另一种就是目前非常流行的垂直腔面发射激光器，其价格低廉、体积极小、功耗极低，但测距小。

旋转机构有机械式、固态式、光学相控阵式、泛光面阵式等。机械式的有效时长相对较短，而且大多匀速旋转。固态式取消了机械结构，采集速度快，分辨率高，对温度和振动的适应性强，通过波束控制，探测点（点云）可以任意分布，是激光雷达的发展方向。光学相控阵式的制造工艺难度较大，对加工精度要求更高。泛光面阵式的制作工艺是目前全固态激光雷达中的主流技术。

在实际应用中，激光雷达通常被分为单线雷达和多线雷达，也就是常说的 2D 激光雷达和 3D 激光雷达。2D 激光雷达能扫描一个平面上的物体，一般用于室内机器人，如常见的扫地机器人和服务机器人，而 3D 激光雷达还能够获得周围物体的高度信息，多用于室外的无人驾驶领域。激光雷达作为 Cruzr 身上的外部传感器，扫描获得的激光雷达数据，提供观测模型。相对于里程计和 IMU，激光雷达测量精确，能够比较精准地提供角度和距离信息，可以达到小于 1° 的角度精度及厘米级别的测距精度，且扫描范围广，能够扫描水平面上 360° 的区域。

2. 人机交互用传感器

与机器人的感知系统相比，人机交互系统更加依赖于语音交互技术、图像识别技术、AR/VR 技术等人工智能技术，而非传感器。但传感器作为外界信息的提供者，也广泛应用于人机交互系统。人机交互用传感器主要包括视觉传感器、触觉传感器、听觉传感器三类。Cruzr 的视觉传感器包含一个用于人脸识别的高清摄像头、用于客流统计的 RGB-D 相机和反馈机器人功能状态的呼吸灯等，触觉传感器包含头部的高清触摸屏和手臂上的电子皮肤，听觉传感器包含一个麦克风阵列和三个扬声器。视觉传感器已在前面章节介绍了，这里主要介绍听觉传感器和触觉传感器。

（1）听觉传感器。具有语音识别功能的传感器称为听觉传感器。语音识别实质上通过模式识别技术识别未知的输入声音。由于人类的语言非常复杂，词汇量相当丰富，即使同一个人，其发音也会随环境及身体状况的变化而变化，因此语音识别有相当大的难度。现在，智能手机一般采用单麦克风系统，在低噪声、无混响、距离声源近的情况下，能够获取良好的符合语音识别需求的声音信号。为了提高服务机器人在真实环境下的语音识别率，现多用一定数目的声学传感器组成麦克风阵列来获取需求的声音信号。

麦克风阵列由一组按一定几何结构摆放的麦克风组成，对采集的不同空间方向的声音信号进行空时（即空间时间）处理，实现噪声抑制、混响去除、人声干扰抑制、声源测向、声源跟踪等功能，进而提高语音信号处理质量。Cruzr 头部有一个环形的麦克风阵列，由 6 个麦克风等间隔分布在圆周上组成，如图 5.2 所示，在室内环境下能够拾取 5m 内的有效声音，利用 6 个麦克风形成的 6 个对应 60° 的波束实现 360° 声源定位，定位精度可达到±5°。

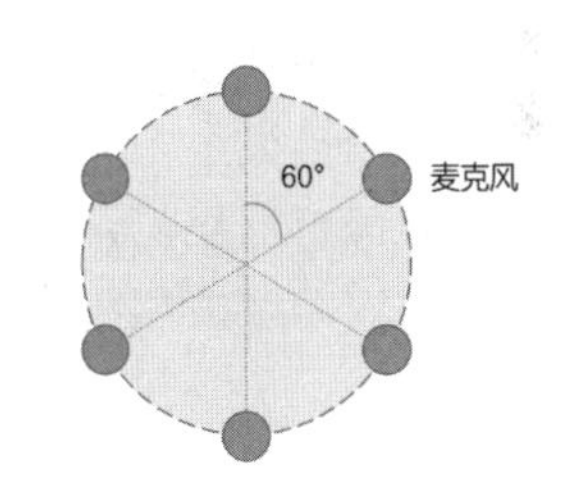

图 5.2　Cruzr 的麦克风阵列

（2）触觉传感器。触觉传感器就是仿真人或动物的接触觉，感知被接触物体的特性。现在常用的触觉传感器有微动开关、含碳海绵及导电橡胶等。通过这些触觉传感器，不仅可以对被接触物体产生感性认识，还可以反映传感器接触物体后自身的状况，如是否握牢物体和物体在传感器什么部位等。电子皮肤是服务机器人最常用的触觉传感器。

电子皮肤又称新型可穿戴柔性仿生触觉传感器，结构简单，可被加工成各种形状，是一种可以让机器人产生触觉的传感器。电子皮肤能够具备生物皮肤现有的功能，如感知温度、压力和水流等，还能具备生物皮肤不具有的功能，如感知声波，测量血压、心跳等。

电子皮肤通常由三维界面应力检测单元、局部点微应力检测单元和外围电路组成。其中，三维界面应力检测单元由新型平板电容压力传感器组成，用于实时检测三维界面应力的大小，包括检测与界面垂直的正应力和与界面相切的剪应力。局部点微应力检测单元由新型声表面波压力传感器组成，用于检测局部点的微应力大小。

Cruzr 的左、右前臂各有两块电子皮肤，手掌侧面也有一块，这些电子皮肤具有灵敏度高、响应速度快的特点，并且触感柔软、探测面积大。在 Cruzr 的运动过程中，如果其中一只手臂上的电子皮肤感知到障碍物，如触碰到桌角或旁人，Cruzr 手背和腰部的呼吸灯就会亮红灯以提示障碍物的存在。此时，电子皮肤接收到的压力信号转换为电信号传给 Cruzr 底盘上的控制器，控制器将会控制双臂，使双臂立即掉电、停止运动，从而避免 Cruzr 对用户或自身造成伤害。

5.2 微型传感器

MEMS（Micro Electro-Mechanical System）通常称为微机电系统，是当今高科技发展的热点之一。随着 MEMS 技术的发展，作为微机电系统的一部分，微型传感器也得到了长足的发展。顾名思义，微型传感器就是尺寸微型化了的传感器，像微机电系统一样，随着系统尺寸的变化，它的结构、材料、特性乃至所依据的作用原理均可能发生变化。与常规传感器一样，微型传感器根据不同的作用原理分类，可以分为电容式微型传感器、电感式微型传感器、压阻式微型传感器和热敏电阻式微型传感器等。

5.2.1 电容式微型传感器

电容式微型传感器是采用蚀刻法制成的硅传感器，它的优点是耗能少、灵敏度高及输出信号受温度影响小，常用于压力、流量和加速度的测量。

1. 电容式微型压力传感器

电容式微型压力传感器利用膜片产生的位移使电容量发生变化，由于它所产生的电容量和电容变化量很小，因而常要求用刻蚀法集成与之相连的信号处理电路。图 5.3 所示为电容式微型压力传感器结构示意图，整个传感器采用体硅工艺制造而成，其中，金属膜片层形成一个活动电极，对被测压力敏感，并与金属化固定电极形成一个电容器。

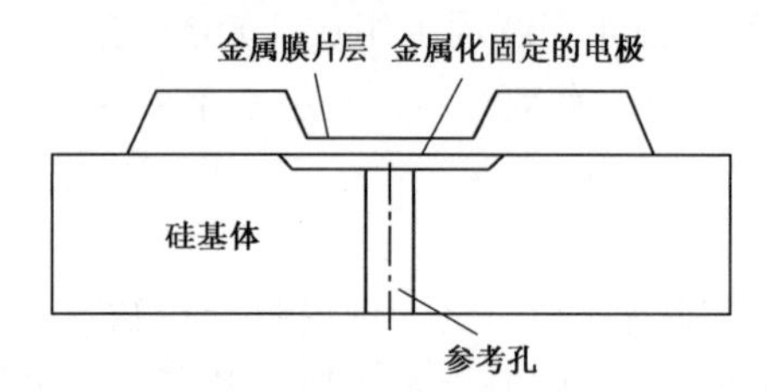

图 5.3 电容式微型压力传感器结构示意图

2. 电容式微型流量传感器

电容式微型流量传感器一般利用流体流动过程中形成的压差促使传感器极板间距的改变来测量流量。图 5.4 所示为基于压差作用的电容式微型流量计工作原理图。

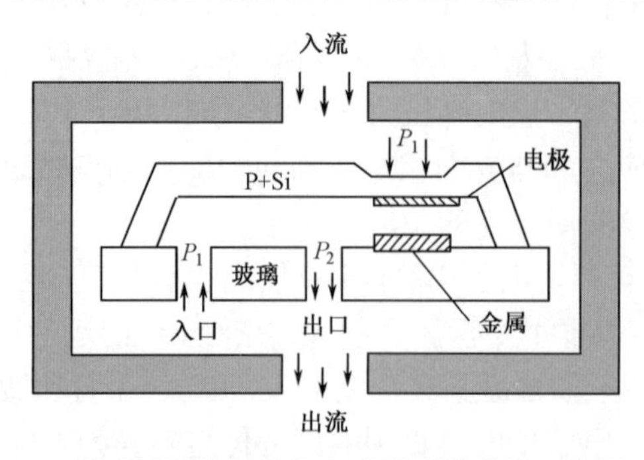

图 5.4 基于压差作用的电容式微型流量计工作原理图

在传感器壳体的基底和上膜片上分别有一个金属电极，两者形成电容器的极板。由于流体流入的作用，入流和出流端会形成压差，该压差会改变膜片电极相对于固定电极的位置，从而改变电容器的电容。通过测量电容量或极板间距的变化，便可知道流体的流速和流量。

5.2.2　电感式微型传感器

电感式微型传感器的典型应用是微型磁通门式磁强计，其工作原理图如图 5.5 所示。微型磁通门式磁强计由一对绕向相反的激励线圈和检测线圈组成，磁芯工作在饱和状态。被测磁场感应强度为零时，在激励线圈中通以正弦交变电流，由于两磁芯上的线圈绕向相反，故磁芯中的磁通量大小相等，在检测线圈中无电压被检测到。而被测磁场感应强度不为零时，由于磁场叠加，两个磁芯中的磁场对称性受到破坏，因此在检测线圈中检测到产生的感应电动势。

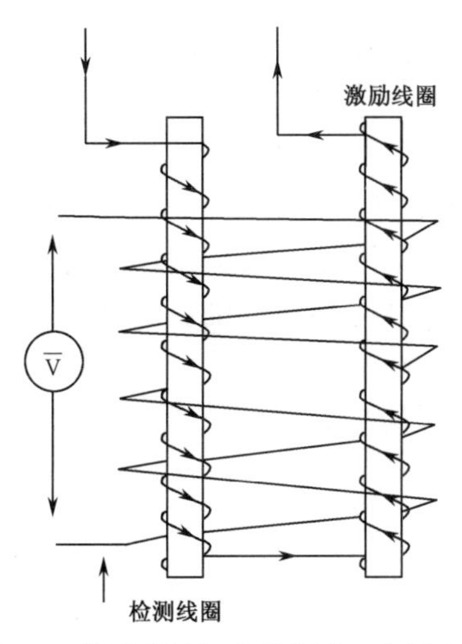

图 5.5　微型磁通门式磁强计工作原理图

微型磁通门式磁强计的制作方法主要有两种：一种制作方法是先使用各向异性腐蚀法在硅片上制作一凹槽，并用电子束光刻直接在槽内制作金属线圈，然后用电镀工艺制作棒状磁芯；另一种制作方法并不刻蚀凹槽结构，而是将整个螺线管线圈做在衬底上，因此该制作方法相对简单，而且可将传感器的接口电路与线圈集成在一块芯片上。

5.2.3　压阻式微型传感器

压阻式微型传感器的工作原理是半导体材料的压阻效应，如图 5.6 所示。半导体的压阻效应是指单晶半导体材料沿一轴向受外力作用时，其电阻率（ρ）发生变化的现象，其灵敏度远远大于金属丝应变片的灵敏度。压阻式微型传感器的典型应用是测量压力，在硅基框架上形成硅薄膜层，利用扩散工艺在该薄膜层上制成半导体压敏电阻。膜片受压力作用时，引起压敏电阻的阻值变化，经与之相连的电路可将这种阻值的变化转换为电压值的变化。

图 5.7 所示为压阻式微型传感器结构示意图。其中，硅片微型传感器被置于油室中，被测压力经一弹性钢膜片传至油室中，由硅片微型传感器加以测量。该配置方式可以消除硅片上

应力集中的影响。压阻式微型传感器适合用于压力或差压的测量，测量范围是几兆帕到几百兆帕。

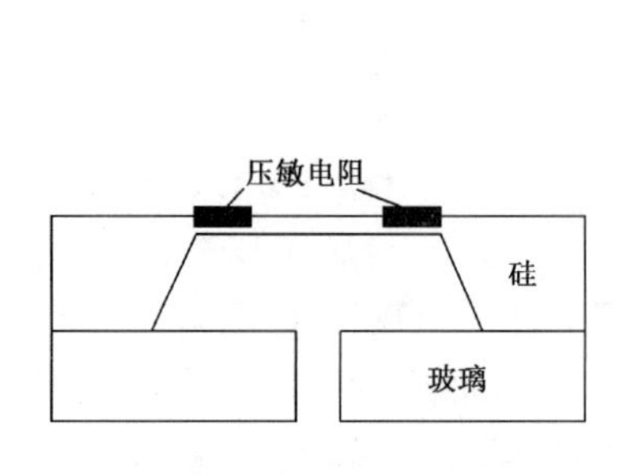

图 5.6　压阻式微型传感器工作原理图

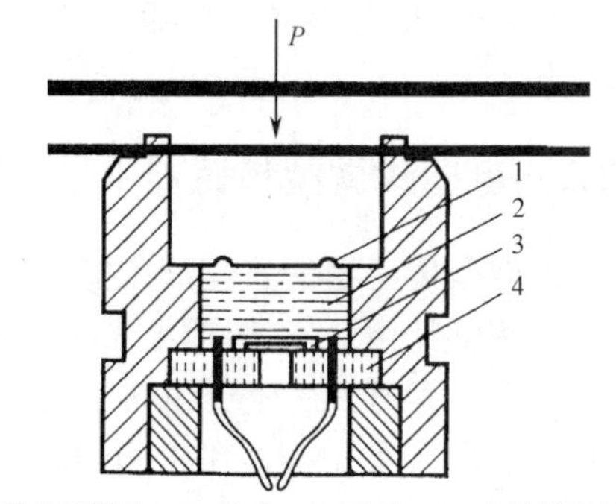

1—弹性钢膜片；2—油室；3—硅片；4—电连接密封装置

图 5.7　压阻式微型传感器结构示意图

5.2.4　热敏电阻式微型传感器

热敏电阻式微型传感器主要用来测量气体的流量和流速，其结构截面图如图 5.8 所示。其中，膜片由导热性能差的材料（如氮化硅或二氧化硅）组成，在膜片上配置两个加热电阻和两个热敏测量电阻，流经膜片的被测气体在流过热敏测量电阻时，会给这两个电阻带来热量（加热）或带走热量（冷却），热敏测量电阻上的温差是气体流速或流量的一个度量。

图 5.9 所示为测量气体热导率的微型传感器。该传感器由热源、温度探头组成，图 5.9 中的热源由绝热材料膜片（如氮化硅薄膜）形成，沉热槽则由 MEMS 工艺制成的微结构硅片组成。在操作时，可加恒定的加热电压或加热功率，也可使膜片具有恒定的温度。在第二种情况下，加热功率随热导率的增加而增加，这样加热功率便是热导率的一个度量。在硅片上开有多个孔，形成沉热槽，在基体上则设有通道让被分析气体进入。

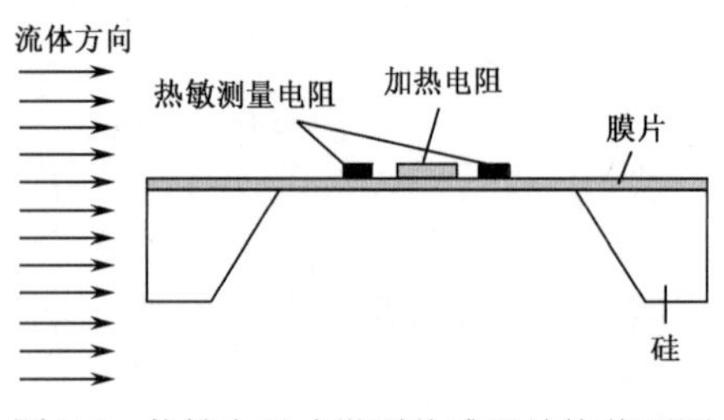

图 5.8　热敏电阻式微型传感器结构截面图

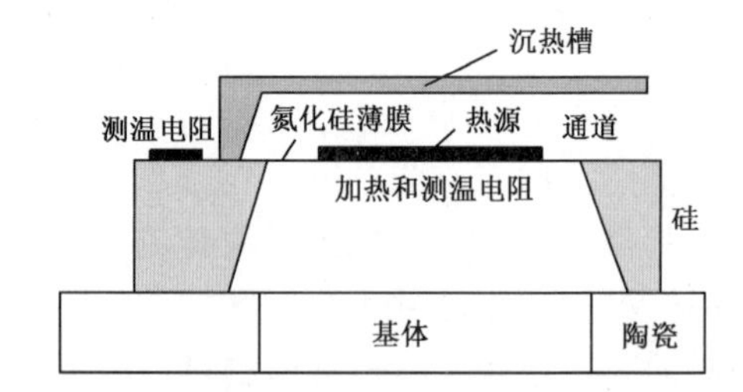

图 5.9　测量气体热导率的微型传感器

5.2.5　MEMS 陀螺仪

传统的陀螺仪主要利用角动量守恒原理制成，因此它多是一个不停转动的物体，它的转轴指向不随承载它的支架的旋转而变化。但是，MEMS 陀螺仪的工作原理不是这样的，因为要用微机械技术在硅片衬底上加工出一个可转动的结构并不是一件容易的事。MEMS 陀螺仪利用的是科里奥利力（旋转物体在有径向运动时所受到的切向力）。MEMS 陀螺仪的核心元件是一个微加工机械单元，按照一个音叉机制运转，利用科里奥利力原理，把角速率转换成一个特定感应结构的位移。

1．MEMS 陀螺仪的工作原理

MEMS 陀螺仪工作原理图如图 5.10 所示。在基底上有两组沿旋转轴对称的感应部件，每组感应部件由固定电极和运动电极构成，运动电极沿径向持续振动，且两个运动电极的运动方向相反。从外部施加一个角速度，径向运动的运动电极就会产生一个与运动方向垂直的科里奥利力，如图 5.10 中的直箭头所示。产生的科里奥利力使运动电极发生位移，位移大小与所施加的角速度大小成正比，该位移将会引起固定电极和运动电极之间的电容变化。因此，在陀螺仪输入部分施加的角速度被转换成一个专用电路可以检测的电参数。

MEMS 陀螺仪的信号调节电路可简化为电动机驱动部分和加速传感器感应部分：电动机驱动部分通过静电激励方法，使驱动电路前后振荡，为机械元件提供励磁；加速传感器感应部分通过测量电容变化来测量科里奥利力在感应质点上产生的位移，能够提供数值与施加在传感器上的角速度成正比的模拟或数字信号。

MEMS 陀螺仪的机械感应元器件与其调节电路在同一个封装内。智能设计方法结合先进的封装解决方案使产品的封装尺寸大幅缩减，MEMS 陀螺仪的系统封装尺寸仅为 3mm×5mm，最大厚度仅为 1mm，如图 5.11 所示。

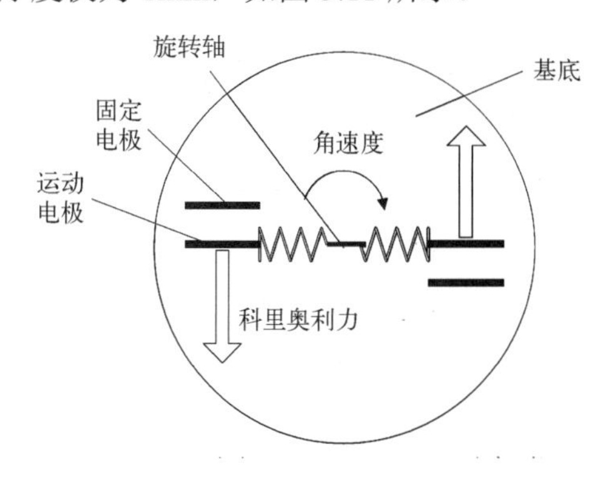

图 5.10　MEMS 陀螺仪工作原理图

图 5.11　MEMS 陀螺仪实物

2．MEMS 陀螺仪的应用

在汽车上，偏航陀螺仪可以开启电子稳定控制（ESC）制动系统，防止汽车急转弯时发生意外事故；当汽车出现翻滚状况时，滚转陀螺仪可以引爆安全气囊；当汽车导航系统无法接收 GPS 卫星信号时，偏航陀螺仪能够测量汽车的方位，使汽车始终沿电子地图的规划路线行驶，这个系统称为航位推测系统。

在消费电子产品上，陀螺仪传感器与加速度传感器配合可以实现特有动作识别和手势定位功能，使其在很多领域（特别在遥控领域）得到了快速的推广和应用，也产生了很多的市场亮点，如体感游戏、新颖的菜单界面、独特的动作控制方式等。数码相机使用陀螺仪检测人手的旋转运动，能够对图像起到稳定的作用。除了为相机增加防抖功能，为 GPS 辅助导航，为手机、游戏机、平板电脑等产品增添一些游戏功能，人们还开发出了许多基于定位技术的创新应用。定位关联服务、增强实境、室内精准定位是目前消费电子领域基于 MEMS 传感技术的最为热门的三大应用。

5.3 智能传感器

5.3.1 智能传感器概述

智能传感器（Intelligent Sensor）的概念最初由美国宇航局于 1978 年在研发宇宙飞船的过程中提出。为保证整个太空飞行过程的安全，要求传感器的精度高、响应快、稳定性好，同时具有一定的数据存储和信息处理能力，能够实现自诊断、自校准、自补偿及远程通信等功能，而传统传感器在功能、性能和工作容量方面显然不能满足这样的要求，于是智能传感器应运而生。

智能传感器具有以下特点。

（1）高精度。采用自动调零、自动补偿、自动校准等多项新技术，其测量精度及分辨率有大幅提高。

（2）多功能。能进行多参数测量。例如，瑞士 Sensirion 公司研制的 SHT 11/15 型高精度、自校准、多功能智能传感器，能同时测量相对湿度、温度和露点等参数，兼有数字温度计、湿度计和露点计三种仪表的功能，可广泛用于工农业生产、环境监测、医疗仪器、通风及空调设备等领域。

（3）自适应能力强。智能传感器有较强的自适应能力。美国 Microsemi 公司最近推出的能实现人眼仿真的集成化可见光亮度传感器，可代替人眼感受环境的亮度变化，自动控制 LCD 背光源的亮度，以充分满足用户在不同时间、不同环境中对显示器亮度的需要。

（4）高可靠性与高稳定性。

（5）超小型化、微型化、微功耗。

5.3.2 不同结构的智能传感器

智能传感器是在集成传感器的基础上发展起来的，是指那些装有微处理器，不但能够进行信息处理和信息存储，而且能够进行逻辑分析和结论判断的传感器。智能传感器利用集成或混合集成的方式将传感器、信号处理电路和微处理器集成为一个整体，一般具有自补偿、自校准和自诊断能力及数据存储、信息处理和双向通信功能。智能传感器按其结构的不同分为非集成化智能传感器和集成化智能传感器。

1. 非集成化智能传感器

非集成化智能传感器是将传统的经典传感器（采用非集成化工艺制作的传感器，仅具有获取信号的功能）、信号调理电路及带数字总线接口的微处理器组合为一个整体而构成的智能传感器。其结构框图如图 5.12 所示。

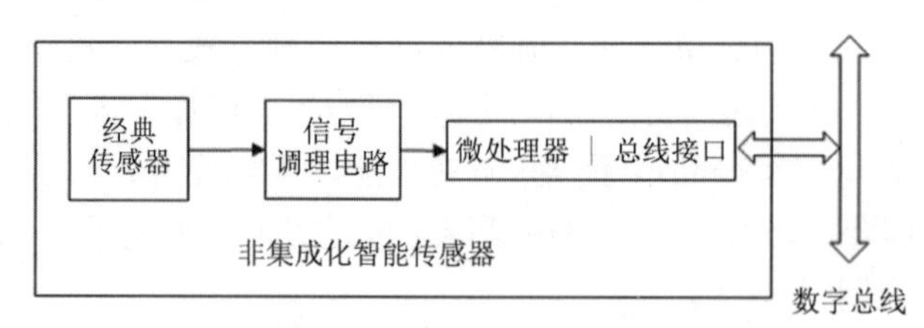

图 5.12 非集成化智能传感器结构框图

图 5.12 中的信号调理电路用来调理传感器的输出信号，即先将传感器输出信号放大并转换为数字信号，再将数字信号送入微处理器，然后由微处理器通过总线接口挂接在现场数字总线上。例如，美国罗斯蒙特公司、SMAR 公司生产的电容式智能压力（差）变送器系列产品，就是在传统非集成化电容式变送器基础之上附加一块带数字总线接口的微处理器插板后组装而成的。同时，开发配备可进行通信、控制、自校正、自补偿、自诊断等智能化软件，从而形成的智能传感器。

2．集成化智能传感器

集成化智能传感器采用微机械加工技术和大规模集成电路工艺技术，将传感元件、测量电路、各种补偿元件和微处理器单元等集成在一块芯片上，又称为集成智能传感器，其结构示意图如图 5.13 所示。它的体积小，质量轻，功能强，性能好。例如，由于敏感元件与放大电路之间没有了传输导线，减少了外来干扰，提高了信噪比；温度补偿元件与敏感元件处在同一温度下，可取得良好的补偿效果；信号发送和接收电路与敏感元件集成在一起，使遥测传感器非常小巧，遥测传感器可置于狭小、封闭空间，甚至置入生物体内而进行遥测和控制。目前，广泛应用的集成化智能传感器有集成温度传感器、集成压力传感器等。将若干种不同的敏感元件集成在一块芯片上，制成多功能传感器，可以同时测量多种参数。

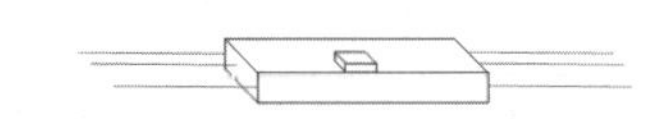

图 5.13　集成化智能传感器结构示意图

5.3.3　集成温度传感器

集成温度传感器是将温度传感器、放大电路、温度补偿等功能集成在同一块极小的芯片上，可以完成温度测量及信号输出功能的专用集成电路。集成温度传感器按其输出的信号可以分为模拟集成温度传感器和数字集成温度传感器。

模拟集成温度传感器是最简单的一种专门用于测量温度的集成化传感器。按照输出方式的不同，模拟集成温度传感器可分为电流输出型和电压输出型，它们输出的电流（电压）与摄氏温度成正比。

电流输出型模拟集成温度传感器的输出阻抗极高，可以简单地使用双绞线进行数百米远的精密温度遥感或遥测（不必考虑长线上引起的信号损失和噪声），也可以用于多点温度测量系统中（不必考虑选择开关或多路转换器引入的接触电阻造成的误差）。常见的电流输出型模拟集成温度传感器有 AD590、AD592、LM334 等类型。

电压输出型模拟集成温度传感器的优点是直接输出电压，且输出阻抗低，容易读出或控制电路接口，因而设计电路相对简单。常见的电压输出型模拟集成温度传感器有 TMP35/36/37、LM35 系列、LM135 系列等。

近几年，人们还研制出了周期输出型模拟集成温度传感器、频率输出型模拟集成温度传感器和比率输出型模拟集成温度传感器，这三种也称为增强型模拟集成温度传感器。

数字集成温度传感器也叫智能温度传感器，它是在模拟集成温度传感器的基础上发展而来的。它将温度传感器、A/D 转换器、寄存器、接口电路集成在一块芯片中，功能强大的还包含中央处理器、只读存储器、随机存储器。其测量误差小，分辨率高，阻抗高，抗干扰能力强，能远程传输数据。用户可以根据需要设定温度的上限和下限，设置自动报警功能。该类传感器自带串行总线接口，适配各种微控制器、温度控制器、报警装置等。与模拟集成温度传感器最大的不同是，它采用了数字化技术，能远程传输数据。数字集成温度传感器可用于温度测量、多路温度测控、计算机等现代办公设备及家用电器中。

下面以 AD590 传感器（以下简称 AD590）为例介绍集成温度传感器。

1．AD590 的性能特点

AD590 是由美国哈里斯（Harris）公司与 Analog Devices 公司等生产的恒流源式集成温度传感器。其具有测温误差小、动态阻抗高、响应速度快、传输距离远、体积小、微功耗等优点，适合远距离测温控温，不需要进行非线性校准。

不同公司产品的分档情况及电气参数可能会有差异。由 Analog Devices 公司生产的 AD590 有 AD590J/K/L/M 四档。这类器件的外形与小功率晶体管相仿，共有三个引脚：1 引脚为正极，2 引脚为负极，3 引脚接管壳。使用时，将 3 引脚接地，可以起到屏蔽作用。表 5.2 所示为 AD590 的主要电气参数。

表 5.2　AD590 的主要电气参数

参　数	分　档			
	J	K	L	M
工作电压	+4～+30V			
25℃电流输出	298.2μA			
温度系数	1μA/K			
25℃可校正误差	±5.0℃	±2.5℃	±1.0℃	±0.5℃
非线性误差	±1.5℃	±0.8℃	±0.4℃	±0.3℃
长期漂移	±0.1℃			
输出阻抗	＞10MΩ			
+4～+5V	0.5μA/V			
+5～+15V	0.2μA/V			
+15～+30V	0.1μA/V			
最大正向电源	+44V			
最大反向电源	−20V			

2．AD590 的测温误差

AD590 的测温误差主要有校准误差和非线性误差。其中，校准误差是系统误差，可以通过硬件或软件处理加以消除。如果配合可调零与调满度（两点可调）的电路，可以使上述两项误差降到最低。常用的补偿方法有两种：单点调整和双点调整。

单点调整电路如图 5.14 所示。单点调整是一种最简单的方法，只要在外接电阻中串联一个可变电阻 R_W 即可。在 25℃时，调节 R_W，使电路输出电压值为 298.2mV。由于单点调整仅仅是对某一温度点进行调整，所以在整个温度范围内仍然存在误差。至于这一调整点选在什么温度值合适，要根据使用范围来定。

双点调整电路如图 5.15 所示。双点调整不仅能调整校准误差的大小，而且能调整斜率误差，提高测量精度。图 5.15 中，AD581 是 10V 的基准电压源，在 0℃和 100℃两点进行调整，通过运算放大器，使输出电压的温度系数为 100mV/℃。先使 AD590 处在 0℃，调节 R_{W1} 使输出电压 $U_o = 0V$，再使 AD590 处在 100℃，调节 R_{W1} 使输出电压 $U_o = 10V$。

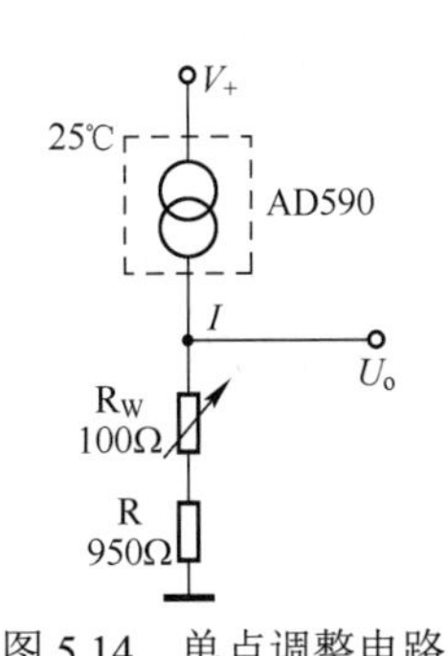

图 5.14　单点调整电路

图 5.15　双点调整电路

3．AD590 的应用

把 AD590 与一个阻值为 1kΩ的电阻串联，即得基本温度检测电路。在 1kΩ的电阻上得到正比于绝对温度值的输出电压 U_o，其灵敏度为 1mV/℃。由于 AD590 的动态电阻值高，因而这种电路可用一般双绞线进行远距离测量。另外，还可对多个 AD590 进行温度测量，其应用电路如图 5.16 所示。

（1）串联测量电路与并联测量电路。图 5.16（a）所示为串联测量电路，这时电阻 R 上的电流是三个电路中最小的，可以测出最低温度值；图 5.16（b）所示为并联测量电路，可以测出三个器件温度的平均值。

（2）温差测量电路。利用两块 AD590，按照图 5.16（c）所示的电路可组成温差测量电路。两块 AD590 分别处于两个被测点，其温度分别是 T_1、T_2，由图可知

$$I = I_2 - I_1 = K_T(T_1 - T_2) \tag{5-1}$$

这里假设两个 AD590 有相同的标度因子 K_T，则运算放大器的输出电压 U_o 为

$$U_o = IR_3 = K_T R_3 (T_1 - T_2) \tag{5-2}$$

式中，K_T、R_3 可看成整个电路的标度因子，可见 R_3 对 U_o 有很大的影响。

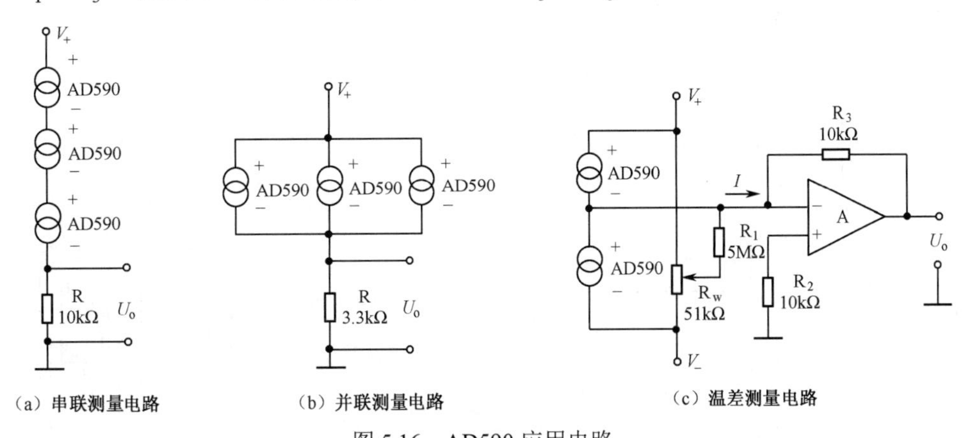

图 5.16　AD590 应用电路

但是，由于感温元件的制作工艺使其不能完全满足相同的标度因子，电路中引入了电位器 R_W，通过电阻 R_1 注入一个电流予以校正。

5.3.4　智能压力传感器

智能压力传感器也称为数字式压力测量仪，它是把敏感元件（常用的压力传感器）和信

号处理电路集成在一起，并把被测压力以数字的形式输出或显示的仪器。例如，可选用摩托罗拉 MPX700DP 压力传感器作为敏感元件，设计成显示压力的测量装置。

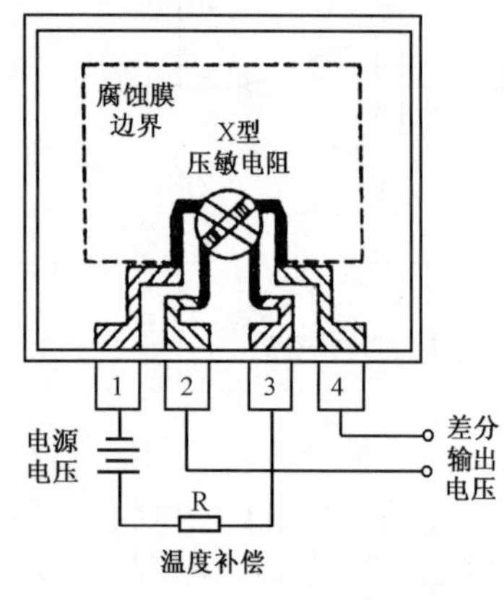

图 5.17　智能压力传感器的结构及外部连接

1．智能压力传感器的基本结构和特性

图 5.17 所示为智能压力传感器的结构及外部连接，应变电阻成对角状置于膜片边缘，电源电压由交叉引脚（1 和 3 引脚）接入，压敏电阻（其阻值随被测压力大小的变化而变化）上形成的电压由交叉的 2、4 引脚输出。

MPX700DP 压力传感器的电源电压为 3V，在任何情况下不要超过 6V。当压力端口的压力高于真空端口的压力时，出现在 2、4 引脚的压差电压为正。当采用 3V 电源供电时，满量程时的输出电压为 60mV。

当零压力加于传感器上时，仍存在一些输出电压，这个电压称为零点偏差。对于 MPX700 系列传感器，零点偏差电压在 0～35mV 范围内，零点偏差电压问题可由合适的仪表放大器通过调零解决。输出电压随输入压力呈线性变化。

2．温度补偿

MPX700DP 压力传感器的输出电压受环境温度影响，为此需进行一定补偿。温度补偿的方法较多，最简单的方法是在传感器与电源之间串联电阻，如图 5.17 中的外接电阻 R 就可起到温度补偿的作用。实际使用时，可采用如图 5.18 所示的数字压力测量仪电路图，图中 R_5 和 R_{13} 为温度补偿电阻，在 0～80℃的温度范围内可获得满意的补偿效果。由于传感器的桥驱动电压要求为 3V 左右，而提供的一般稳压电源为 15V，所以在电路串联电阻后，既起到温度补偿的作用，又可对电源电压降压，以满足传感器的电压要求。

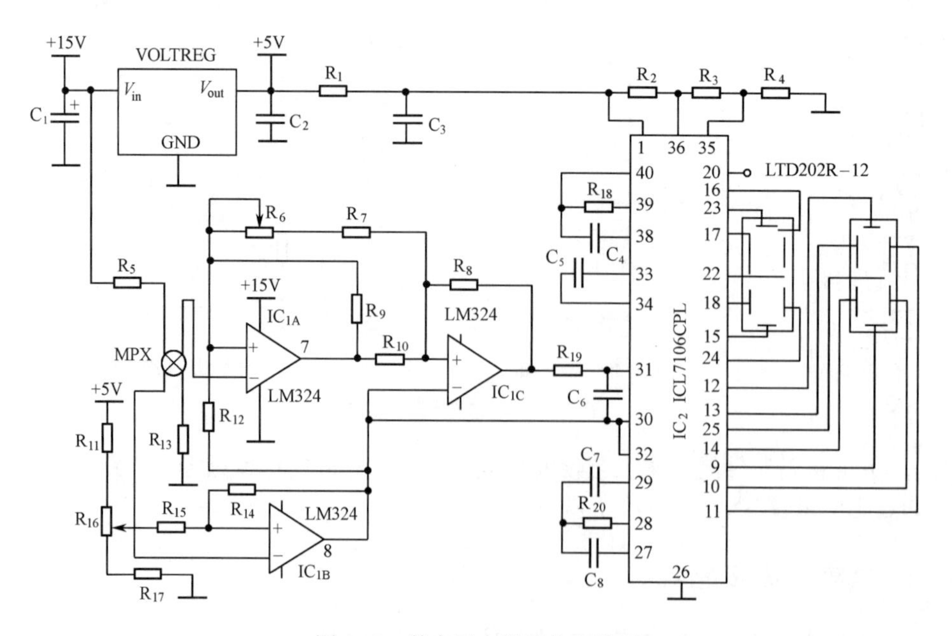

图 5.18　数字压力测量仪电路图

需要注意的是，由于传感器的输出电压与电源电压具有比例关系，所以要求 15V 的电压务必稳定。在很多应用中，15V 稳压芯片均可提供所需的稳定电源电压。

用串联电阻法进行温度补偿时，其中一个电阻的阻值须为传感器电桥输入电阻的 3.577 倍（25℃），若传感器的电桥输入电阻为 400～500Ω，则补偿电阻为 1431～1967Ω。如果需要补偿的量大于±0.5%或使用温度低于 80℃，那么 400～500Ω中的任何一个值都可用于对补偿电阻的换算。

3．传感器放大电路

由于 MPX700DP 压力传感器的输出电压为毫伏级，为了将传感器的输出电压放大以驱动后续电路，在测量电路中必须使用放大器。放大器除放大传感器的输出电压外，还提供零压力情况下传感器零点偏差电压。整个电路如图 5.18 所示。为达上述目的，电路采用了 3 个运算放大器（均采用 LM324），具有高输入阻抗的运算放大器 IC_{1A} 和 IC_{1B} 可保证不会增加基本传感器的负载。

放大器的增益可通过电位器 R_6 进行调节，以满足满量程时应达到的输出。图 5.18 中放大器的增益可表示为

$$A=2\left(1+\frac{B}{R}\right) \tag{5-3}$$

式中　A——电路的增益；

R——R_6、R_7 之和；

B——电路中 R_9、R_{10} 和 R_{12} 的具体阻值。

由上式可知，当 R 为无穷大时，增益的最小值为 2。放大器可提供 100 或更高增益（通过调整 R_6），但在本测试仪中，放大器的增益需限制在 2.4～5.3 之间，以适应传感器的满量程范围。

分压器由电阻 R_{15}、R_{16} 和 R_{17} 构成，以提供 IC_{1B} 的反向输入端的可调电压。由于 IC_{1B} 的增益小于 1，故此电压经 IC_{1B} 后，幅度减小。然后将其加到 A/D 转换器上，这样可减小传感器误差电压带来的不良影响，同时可以使压力为零时，显示装置相应显示为零。放大器的差分输出取自 LM324 的 7 脚和 8 脚，输出信号经 A/D 转换器后形成相应的数字输出。

4．A/D 转换器

A/D 转换器采用一块高性能的 ICL7106CPL 型 A/D 转换器芯片（IC_2），将运算放大器差分输出的模拟电压转换成相应的数字量。显示部分采用两块 LCD。

IC_2 内有 7 段数字译码器、显示驱动电路、频率产生器、参考电压和时钟。芯片可直接驱动 3 位半的 LCD，而不需要多路选择式的显示方式。只是在本测试仪中，LCD 的最高位和最低位数字未全被利用。但当需要较大的范围或较高的分辨率时，未使用的芯片端口可再连接 1 位半的附加数字显示位。

如果 IC_2 的 30 脚和 31 脚的模拟差分输入等于 35 脚和 36 脚参考电压的 2 倍，IC_2 可达到满量程输出。在本测量仪中，分压网络由 R_2、R_3 和 R_4 组成，通过对 5V 电压分压以提供合适的参考电压（238mV）。当压力为 100Pa 时，应出现最大数字显示，所以 IC_2 最大模拟输入电压为 238mV，这样放大电路的增益必须为 238/60，即大约为 4。当压力超过 100Pa 时，低两位数字被读出并显示。

IC_2 还可以对模拟输入的正和负做出响应，由 20 脚产生相应的极性指示。如果需要，电

路可用于正、负不同的压力测量，用 20 脚的极性输出指示负压力。

5．电路装调及压力连接

压力传感器需要小心安装于 PC 板上（有缺口的引脚为 1 引脚，见图 5.18），并使用合适的工具和螺钉紧固传感器。注意：不要过紧，以免损坏塑壳。为了保证稳定，除 R_5、R_{11} 和 R_8 外，均应采用金属膜电阻。

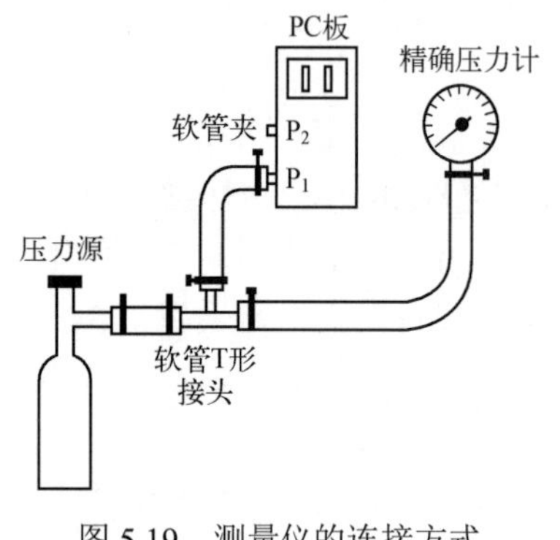

图 5.19　测量仪的连接方式

用于压力测量时，最靠近 4 引脚的端口接入待测压力，即如图 5.19 所示的端口 P_1，其余端口开放（即接入大气压）；真空测量时，则使用端口 P_2，同时相反的端口开放（即接入大气压）。

当该装置用于测量压差时，两个端口均要用到。当端口 P_1 的压力高于端口 P_2 的压力时，压力读数为正，其值为两端口压力差。同时，A/D 转换器的 20 引脚将输出其极性指示。端口与端口的连接须用夹具夹紧压力管，如果夹具不可靠，那么压力管有可能会突然脱落。

6．校准

电路的校准包括零点校准（R_{16}）和满量程校准（R_6）两个方面，如图 5.18 所示。

校准时，需要压力可达 100Pa 的压力源和精确的压力表。由于传感器的输出电压与电源电压的大小密切相关，所以电路校准必须使用标准 15V 电源。任何电源的变化都会引起校准误差。在启动测量装置后，零压力时，通过调节 R_{16} 使输出显示值为零。

注意：当 R_{16} 调过零的任何一边时，读数都会偏离零。

将传感器接入压力源。使用已知精度的压力表，调节压力源使其指向 100Pa。调节 R_6 使其显示值为零（即表示 100Pa）。去掉压力源，重新检查调零电位器，再次进行调零校准，检查 100Pa 时 R_6 是否显示零，这样便完成了电路的校准。

当压力在 0～100Pa 范围内时，数字压力测量仪可通过参考压力表的对比进行检查。

注意：当压力超过 100Pa 时，仍可进行显示，但精度已大为降低。

5.3.5　网络传感器

随着计算机技术和网络通信技术的飞速发展，出现了在现场就具有标准协议（如 TCP/ IP、UDP、HTTP、SMTP、POP3）通信功能的网络传感器。这种传感器可实现现场测控数据就近登录网络，并可在网络所能及的范围内实时发布和共享。

1．网络传感器的基本结构

网络传感器采用模块化结构将传感器和网络技术有机地结合在一起，它是测控网中的一个独立节点，其基本结构如图 5.20 所示。敏感元件输出的模拟信号经 A/D 转换及数据处理后，由网络处理装置根据程序设定和网络协议封装成数据帧，并加上目的地址，通过网络接口传输到网络上。另外，其他节点又可通过网络接口传给传感器数据和命令，实现对本节点的操作。

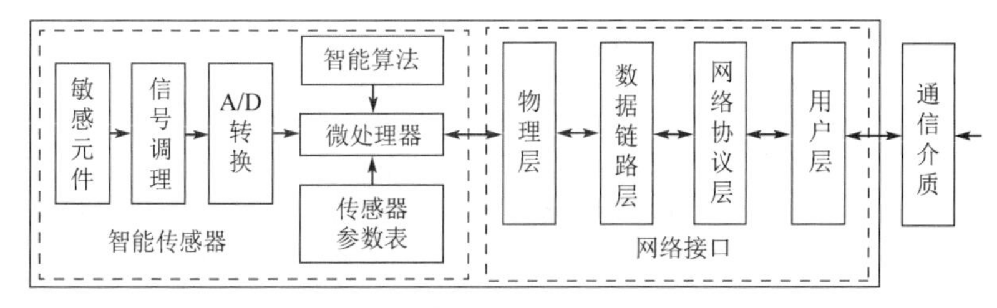

图 5.20　网络传感器的基本结构

2. 网络传感器的类型

网络传感器必须符合某种网络协议，使现场测控数据能直接进入网络。由于工业现场存在多种网络标准，因此网络传感器具有各自不同的网络接口单元类型。目前，主要有基于现场总线、基于互联网协议和基于 IEEE 1451 标准的网络传感器三种类型。

基于现场总线的网络传感器支持全数字通信，它可以通过一根线缆与控制器相连，高可靠地完成现场状态监测、控制、信息远距离传输等功能。基于互联网协议的网络传感器可以直接接入 Internet，并且可以“即插即用”。IEEE 1451 的智能传感器接口标准是为了解决传感器与各种网络相连的问题，由美国国家标准技术局和 IEEE 联合制定的。配备了 IEEE 1451 标准接口系统的网络传感器，也称为 IEEE 1451 传感器。

5.4　新型传感器研发的重点领域

当今，世界发达国家对传感技术的发展极为重视，将该技术视为涉及国家安全、经济发展和科技进步的关键技术之一，多国将传感技术的发展列入国家科技发展战略计划之中。因此，近年来，传感技术迅速发展，对传感器新原理、新材料和新技术的研究更加深入、广泛，传感器的新品种、新结构、新应用不断涌现，现在新型传感器研发的重点领域主要有以下几个方面。

1. 基于 MEMS 技术的新型传感器

微传感器（尺寸从几微米到几毫米的传感器），特别是以 MEMS 技术为基础的传感器，已逐步实用化，这是今后传感器发展的重点之一。

微机械设想早在 1959 年就被提出，其后逐渐显示出采用 MEMS 技术制造各种新型微传感器、执行器和微系统的巨大潜力。这项研发在工业、农业、国防、航空航天、航海、医学、生物工程、交通、家庭服务等各个领域都有巨大的应用前景。MEMS 技术近十年来的发展令人瞩目，多种新型微传感器已经实用化，微系统研究已处于突破前夜，创新的空间很大，已成为竞争研究开发的重点领域。

MEMS 器件主要分为惯性测量、压力测量、微流量、光 MEMS、射频 MEMS 及其他 MEMS 器件等，而目前市售的 MEMS 器件主要有 5 种：压力传感器、加速度传感器、微型陀螺、喷墨头、硬盘驱动头。销售最多的是 IT 领域的喷墨头、硬盘驱动头和汽车领域中的压力传感器、加速度传感器、微型陀螺。用于生物、化学测试系统的 Lab-on-Chip 和其他类型生物芯片则刚刚显露出巨大的潜力。

2．生物、医学研究急需的新型传感器

21 世纪是生命科学的世纪，特别是人类基因组计划的进展大大促进了人们对生物学、医学、卫生、食品等学科的研究及现代科学仪器制造所急需的各种新型传感器的研究、开发。这不仅需要酶、免疫、微生物、细胞、DNA、RNA、蛋白质、嗅觉、味觉和体液等生物量传感器，也需要血气、血压、血流量、脉搏等生理量传感器，还要进一步实现这些功能的集成化、微型化，研制出“Lab-on-Chip”微分析芯片，使许多不连续的分析过程连续化、自动化，完成实时、在位分析，实现高效、快速、低成本、无污染和大批量生产的目标。

3．新型环保化学传感器

保护环境和生态平衡是目前我国的重要任务之一，实现这一目标必须对江河湖海进行水质检测，这就需要测量污水的流量、pH 值、电导率、浊度、COD、BOD，以及矿物油、氰化物、氨氮、总氮、总磷和金属离子浓度（特别是重金属离子浓度等），而检测这些参量的多数传感器尚不能实用化，有的甚至尚未研制。

大气监测是环保的重要方面，主要监测内容有风向、风速、温度、湿度、工业粉尘、烟尘、烟气、SO_2、NO、O_3、CO 等，监测这些的传感器大多数亟待开发。

目前，全国已建检测站 4000 多个，环境科研院所几百个，“十五”期间装备了 400 多个国家网络监测站，350 多个环境信息中心，100 多个城市空气质量地面自动监测系统，以便时刻监测大气污染；有 100 多个国家水质监测系统需要监测水质；国家要对 18000 个重点污染企业安装在线连续自动监测系统。这些说明研究、开发新型环保化学传感器的任务是多么迫切和艰巨。

4．工业过程控制和汽车传感器

我国工业过程控制技术水平还很低，汽车工业也在迅速发展，为适应这一形势，重点开发新型压力、温度、流量、位移等传感器，尽快为汽车工业研发出电喷系统、空调排污系统和自动驾驶系统所需的传感器。

我国汽车工业的发展速度加快，2012 年已达年产 1900 万辆的生产能力，若每辆汽车需要 10 只传感器，则需要 1.9 亿只传感器及其配套变送器和仪表。

一个现代化的高级轿车电子控制系统水平的高低，关键在于采用传感器的水平和数量，通常为 30 余种，多则上百种。不可缺少对温度、压力、位置、距离、转速、加速度、姿态、流量、湿度、电磁、光电、气体、振动等信息进行实时、准确的测量和控制。随着我国汽车工业的发展，开发和应用汽车传感器，实现汽车传感器国产化势在必行。

总之，随着集成微光、机、电系统技术的迅速发展，以及光导、光纤、超导、纳米、智能材料等新技术的应用，将会出现大量的新型传感器。这些传感器通过进一步的信息采集与传输、处理集成化、智能化和网络化，将具有自检自校、量程转换、定标和数据处理等功能，传感器的功能必将得到进一步增强和完善，性能必将进一步提高。

习　题　5

5.1　什么是仿生传感器？仿生传感器主要有哪些？

5.2　试设计一种智能位移传感器。

5.3　试描述新型传感器的发展前景。

第6章

传感器与检测系统的信号处理技术

内容提要

在检测系统中，被测的非电信号经传感器转换为电信号，如电压、电流和电阻信号等。但传感器输出的电信号往往都很微弱且输出阻抗高，输出信号在包含被测信号的同时，还不可避免地被噪声干扰。因此，传感器输出的信号不一定能被直接利用，有时必须进行信号处理。检测系统的信号处理技术是比较复杂的，它包括信号放大、滤波、隔离、标准化输出、线性化处理、温度补偿、误差修正、量程切换等。在微机构成的测量和控制系统中，还要将传感器输出的连续变化的模拟信号转换成数字量，才能被计算机识别；这些转换后的数字量经计算机处理，其输出结果通过 A/D 转换器再变成模拟电压或电流信号，送到执行机构以驱动电动阀门、电动机、机械手、模拟记录仪等设备。本章主要介绍电桥电路、信号的放大与隔离、信号的转换、多传感器信息融合技术等信号处理技术。

传感器信号调理电路是检测系统的重要组成部分，也是传感器和 A/D 转换器之间及 D/A 转换器和执行机构之间的桥梁。信号需要调理的主要原因如下：

（1）目前，标准化工业仪表通常采用 0～10mA、4～20mA 的信号，为了和 A/D 转换器的输入形式相适应，必须经 I/V 转换成 0～5V 或 1～5V 的电压信号。同样，D/A 转换器的输出也应经 V/I 转换为电流信号。

（2）某些测量信号可能是非电信号，如热电阻等，这些非电信号必须变换为电信号。此外，还有些信号是弱电信号，如热电偶信号，必须经过放大、滤波。处理方法包括信号形式的变换、量程调整、环境补偿、线性化等。

（3）在某些恶劣条件下，共模电压干扰很强。例如，共模电压高达 220V，甚至 500V 以上，若不采用隔离的办法，则无法完成数据采集任务，因此必须根据现场环境，考虑共模干扰的抑制，甚至采用隔离措施，包括地线隔离、路间隔离等。

6.1 电桥电路

电桥电路又叫惠斯通电桥，它是将电阻、电容、电感等参数的变化转换为电压或电流输出的一种测量电路。电桥电路简单、可靠，且具有很高的精度和灵敏度，因此在测试装置中得到了广泛的应用。

电桥电路按其所采用的激励电源类型可分为直流电桥和交流电桥两类，其工作方式有两种：平衡电桥（零检测器）和不平衡电桥。在传感器的应用中主要采用的是不平衡电桥。

6.1.1　直流电桥

直流电桥的基本形式如图6.1所示。电桥各臂的电阻分别为R_1、R_2、R_3和R_4，U是直流电源电压，U_o是输出电压。此电桥的输出形式有电流输出和电压输出两种，这里主要讨论电压输出形式。

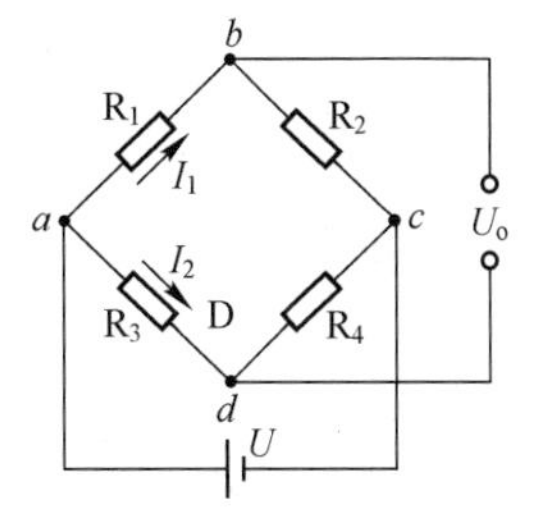

图6.1　直流电桥的基本形式

当电桥输出端接有放大器时，由于放大器的输入阻抗很高，所以可以认为电桥的负载电阻为无穷大，这时电桥以电压的形式输出，输出电压即为电桥输出端的开路电压。此时，桥路分支电流为

$$I_1 = \frac{U}{R_1 + R_2}$$

$$I_2 = \frac{U}{R_3 + R_4}$$

a、b之间与a、d之间的电位差分别为

$$U_{ab} = I_1 R_1 = \frac{R_1}{R_1 + R_2} U$$

$$U_{ad} = I_2 R_3 = \frac{R_3}{R_3 + R_4} U$$

输出电压为

$$U_o = U_{ab} - U_{ad} = \frac{R_1 R_4 - R_2 R_3}{(R_1 + R_2)(R_3 + R_4)} U \tag{6-1}$$

若电桥输出为零，则电桥处于平衡状态，应满足$R_1 R_4 = R_2 R_3$，这是初始平衡条件。根据此条件，可将直流电桥分为以下三种情况。

（1）四臂阻值相等，即$R_1 = R_2 = R_3 = R_4$，称为等臂电桥，这时输出电压U_o=0，只要其中一个桥臂上的阻值改变，U_o就不为零，这是最常用的电阻应变片测量电路。

（2）$R_1 = R_2 = R$，$R_3 = R_4 = R'$（$R \neq R'$），称为输出对称电桥。

（3）$R_1 = R_3 = R$，$R_2 = R_4 = R'$（$R \neq R'$），称为电源对称电桥。

假设电桥各臂阻值都发生变化，其阻值的增量分别为ΔR_1、ΔR_2、ΔR_3、ΔR_4，则电桥的输出为

$$U_o = \frac{(R_1 + \Delta R_1)(R_4 + \Delta R_4) - (R_2 + \Delta R_2)(R_3 + \Delta R_3)}{(R_1 + \Delta R_1 + R_2 + \Delta R_2)(R_3 + \Delta R_3 + R_4 + \Delta R_4)} U \tag{6-2}$$

将式（6-2）展开，取初始状态电桥各臂阻值相等，即$R_1 = R_2 = R_3 = R_4 = R$，且一般情况下$\Delta R \ll R$，忽略$\Delta R$的高次项，则式（6-2）变为

$$U_o = \frac{U}{4R}(\Delta R_1 - \Delta R_2 - \Delta R_3 + \Delta R_4) \tag{6-3}$$

对于应用不平衡电桥电路的传感器，电桥中的一个或几个桥臂的阻值对其初始值的偏差相当于被测量的大小变化，电桥可将这个偏差转换为电压或电流输出。

由式（6-3）可知，电桥四个臂阻值的变化对电桥输出电压的影响不尽相同，其中，相邻臂的符号相反，相对臂的符号相同，这就是电桥的加减特性。根据电桥的加减特性，可以通过适当的组桥来提高测量灵敏度或消除由温度等影响而产生的不必要的阻值变化。

电阻应变片接入电桥电路通常有以下几种接法：如果电桥的一个臂接入应变片，如 R_1 臂接入应变片，其他三个臂采用固定电阻，那么该电桥称为单臂工作电桥；如果电桥的两个臂接入应变片，那么该电桥称为双臂工作电桥，又称半桥形式；如果电桥的四个臂都接入应变片，那么该电桥称为全桥工作电桥。

1．单臂工作电桥

若电桥为单臂工作状态，即 R_1 臂接入应变片，其余桥臂上的电阻均为固定电阻。当 R_1 感受应变 ε 产生电阻增量 ΔR（ΔR 远小于电桥固定阻值）时，把初始平衡条件代入式（6-2）可知，由 ΔR 产生的不平衡引起的输出电压为

$$U_o=\frac{(R_1+\Delta R)R_4-R_2R_3}{(R_1+\Delta R+R_2)(R_3+R_4)}U=\frac{R_1R_2}{(R_1+R_2)^2}\left(\frac{\Delta R}{R_1}\right)U \tag{6-4}$$

若该电桥是输出对称电桥，因有 $R_1=R_2=R$，$R_3=R_4=R'$（$R\neq R'$），则由式（6-4）可得

$$U_o=\frac{RR}{(R+R)^2}\left(\frac{\Delta R_1}{R}\right)U=\frac{1}{4}\left(\frac{\Delta R}{R}\right)U=\frac{KU}{4}\varepsilon \tag{6-5}$$

若该电桥是电源对称电桥，因有 $R_1=R_3=R$，$R_4=R_2=R'$（$R\neq R'$），则由式（6-4）可得

$$U_o=\frac{RR'}{(R+R')^2}\left(\frac{\Delta R_1}{R}\right)U=\frac{RR'}{(R+R')^2}K\varepsilon \tag{6-6}$$

若该电桥是等臂电桥，因有 $R_1=R_2=R_3=R_4=R$，则由式（6-3）可得

$$U_o=\frac{\Delta R}{4R}U=\frac{KU}{4}\varepsilon \tag{6-7}$$

式（6-5）～式（6-7）中的 K 为应变片的灵敏度系数。

由上面三种情况可以看出：当桥臂应变片的阻值发生变化时，电桥的输出电压也随之变化，当 $\Delta R\ll R$ 时，电桥的输出电压与应变呈线性关系。此外，还可以看出，在桥臂电阻产生相同变化的情况下，等臂电桥及输出对称电桥的输出电压要比电源对称电桥的输出电压大，即它们的灵敏度高。

2．双臂工作电桥

若等臂电桥相邻的两个桥臂接入应变片，其中一个受拉，另一个受压，另外两个桥臂是固定电阻，如 $|\Delta R_1|=K\varepsilon_1=|\Delta R_2|=-K\varepsilon_2=K\varepsilon$，$\Delta R_3=\Delta R_4=0$；或者相对的两个桥臂接入应变片，两片应变片的应变方向相同，另外两个桥臂是固定电阻，如 $\Delta R_1=K\varepsilon_1=\Delta R_4=K\varepsilon_4=K\varepsilon$，$\Delta R_2=\Delta R_3=0$，则由式（6-3）可知其输出电压为

$$U_o=\frac{KU}{2}\varepsilon \tag{6-8}$$

3．全桥工作电桥

若桥臂上四片应变片的应变为 $\varepsilon_1=-\varepsilon_2=-\varepsilon_3=\varepsilon_4=\varepsilon$，则输出电压为

$$U_o=KU\varepsilon \tag{6-9}$$

由电桥的加减特性可知，组成全桥测量电路的灵敏度最高，输出电压最大。

直流电桥后续的放大电路可采用差动输入的运算放大器，对精度要求高的可选用测量放大器，具体可参照6.2.2节。

例 6.1　采用阻值为 350Ω、灵敏度系数 K=2.0 的金属电阻应变片和阻值为 350Ω的固定电阻组成电桥，供桥电压为 8V，并假定负载电阻无穷大。当应变片上的应变为1×10^{-3}时，试求单臂工作电桥、双臂工作电桥及全桥工作电桥的输出电压。

解：单臂工作电桥的输出电压为：$U_o=\dfrac{U}{4}K\varepsilon=\dfrac{8}{4}\times2.0\times1\times10^{-3}=4\times10^{-3}$（V）

双臂工作电桥的输出电压为：$U_o=\dfrac{U}{2}K\varepsilon=\dfrac{8}{2}\times2.0\times1\times10^{-3}=8\times10^{-3}$（V）

全桥工作电桥的输出电压为：$U_o=UK\varepsilon=8\times2.0\times1\times10^{-3}=16\times10^{-3}$（V）

6.1.2　交流电桥

当 U 为交流电源时，图 6.1 所对应的电桥为交流电桥，为了适应电感式传感器、电容式传感器的需要，交流电桥的应用场合很多。交流电桥通常采用正弦交流电压供电，在频率较高的情况下，需要考虑分布电感和分布电容的影响。

1．交流电桥的平衡条件

交流电桥的四个桥臂分别用阻抗 Z_1、Z_2、Z_3、Z_4 表示，它们可以是电感值、电容值或电阻值，其输出电压也是交流的。设交流电桥的电源电压为

$$u=U_m\sin\omega t \tag{6-10}$$

式中　U_m——电源电压的幅值；

ω——电源电压的角频率，$\omega=2\pi f$，f 为电源电压的频率，一般取被测应变最高频率的 5～10 倍。

此时，交流电桥的输出电压为

$$\dot{U}_o=\frac{Z_1Z_4-Z_2Z_3}{(Z_1+Z_2)(Z_3+Z_4)}\dot{U}=\frac{Z_1Z_4-Z_2Z_3}{(Z_1+Z_2)(Z_3+Z_4)}U_m\sin\omega t \tag{6-11}$$

所以，交流电桥的平衡条件为

$$Z_1Z_4=Z_2Z_3 \tag{6-12}$$

2．电阻电桥

当 U 为交流电源时，图 6.1 所示为常用的应变片交流电桥，它是纯电阻型的，电桥输出电压的幅值和应变的大小成正比，可以通过电桥输出电压的幅值来测量应变的大小，但无法通过输出电压来判断应变的方向。

例如，一个单臂接入应变片的等臂电桥，即 $Z_1=Z_2=Z_3=Z_4=Z$，$Z_1=Z+\Delta Z$，当 $\Delta Z\ll Z$ 时，忽略分母中 ΔZ 的影响，根据式（6-11）可以得到电桥的输出电压为

$$\dot{U}_o=\frac{1}{4}\frac{\Delta Z}{Z}\dot{U}=\frac{1}{4}K\varepsilon U_m\sin\omega t \tag{6-13}$$

对于一个相邻两桥臂接入差动变化的应变片的等臂电桥，即 $Z_1=Z_2=Z_3=Z_4=Z$，$Z_1=Z+\Delta Z$，$Z_2=Z-\Delta Z$，根据式（6-11）可以得到电桥的输出电压为

$$\dot{U}_o=\frac{1}{2}\frac{\Delta Z}{Z}\dot{U}=\frac{1}{2}K\varepsilon U_m\sin\omega t \tag{6-14}$$

式（6-13）与式（6-14）相比较，其灵敏度提高了一倍，即双臂差动比单臂的工作效率提高了一倍。

3．电感电桥

图 6.2（a）所示为常用的电感电桥，两相邻桥臂为电感 L_1 和 L_2，另两臂为纯电阻 R_1 和 R_2，其中，R_1' 和 R_2' 为电感线圈的有功电阻。若设 Z_1、Z_2 为传感器阻抗，并且 $R_1' = R_2' = R'$，$L_1 = L_2 = L$，则有 $Z_1 = Z_2 = Z = R' + \mathrm{j}\omega L$，另有 $R_1 = R_2 = R$。由于电桥是双臂工作的，所以接入的是差动式电感传感器的两差动电感，工作时，$Z_1 = Z + \Delta Z$ 或 $Z_1 = Z - \Delta Z$，当负载 $Z_L \to \infty$ 时，电桥的输出电压为

$$\dot{U}_o = \frac{Z_1}{Z_1 + Z_2}\dot{U} - \frac{R_1}{R_1 + R_2}\dot{U} = \frac{2RZ_1 - R\left(Z_1 + Z_2\right)}{2R\left(Z_1 + Z_2\right)}\dot{U} = \frac{\dot{U}}{2}\frac{\Delta Z}{Z} \tag{6-15}$$

当 $\omega L \gg R'$ 时，式（6-15）可近似为

$$\dot{U}_o \approx \frac{\dot{U}}{2}\frac{\Delta L}{L} \tag{6-16}$$

由此可以看出，交流电桥的输出电压与传感器线圈的电感相对变化量成正比。

4．电容电桥

图 6.2（b）所示为常用的电容电桥，两相邻桥臂为电容 C_1 和 C_2，另两臂为纯电阻 R_1 和 R_2，其中，R_1' 和 R_2' 为电容介质损耗电阻。若设 Z_1、Z_2 为传感器阻抗，并且 $R_1' = R_2' = R'$，$C_1 = C_2 = C$，则有 $Z_1 = Z_2 = Z = R' + \frac{1}{\mathrm{j}\omega C}$，另有 $R_1 = R_2 = R$。由于电桥是双臂工作的，所以接入的是差动式电感传感器的两差动电感，工作时，$Z_1 = Z + \Delta Z$ 或 $Z_1 = Z - \Delta Z$，当负载 $Z_L \to \infty$ 时，电桥的输出电压为

$$\dot{U}_o = \frac{Z_1}{Z_1 + Z_2}\dot{U} - \frac{R_1}{R_1 + R_2}\dot{U} = \frac{2RZ_1 - R(Z_1 + Z_2)}{2R(Z_1 + Z_2)}\dot{U} = \frac{\dot{U}}{2}\frac{\Delta Z}{Z} \tag{6-17}$$

当 $\omega L \gg R'$ 时，式（6-17）可近似为

$$\dot{U}_o \approx \frac{\dot{U}}{2}\frac{\Delta C}{C} \tag{6-18}$$

由此可以看出，交流电桥的输出电压与传感器的电容相对变化量成正比。

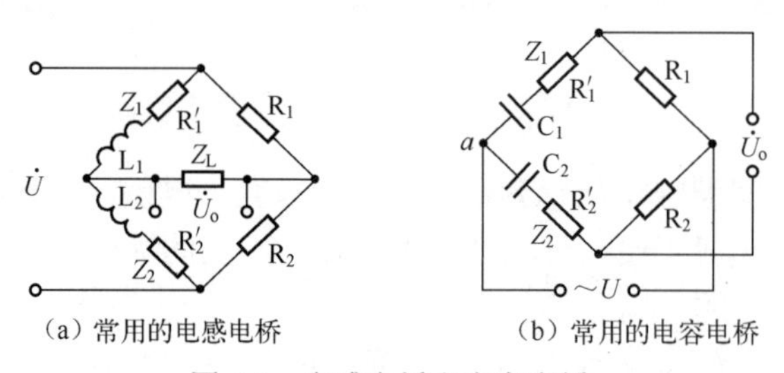

（a）常用的电感电桥　（b）常用的电容电桥

图 6.2　电感电桥和电容电桥

5．变压器电桥

电感式传感器和电容式传感器的转换电路还常采用变压器电桥，如图 6.3 所示。它的平衡臂为变压器的两个二次绕组，差动式传感器的两差动电容或差动电感分别接在另外两个臂上，设其阻抗分别为 Z_1 和 Z_2，若负载阻抗为无穷大，由于被测量使传感器的阻抗发生变化，即 $Z_1 = Z + \Delta Z$，$Z_2 = Z - \Delta Z$，则有

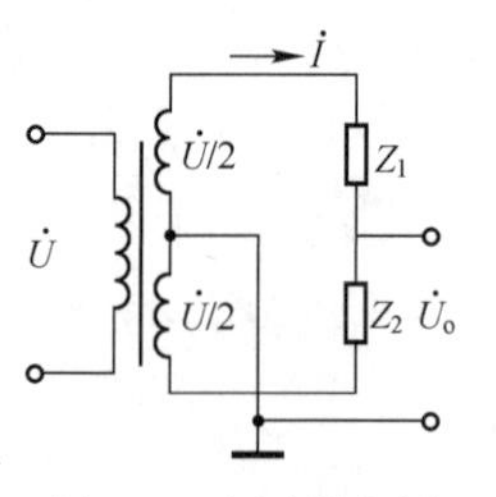

图 6.3　变压器电桥

$$\dot{U}_o = \dot{I}Z_2 - \frac{\dot{U}}{2} = \frac{\dot{U}}{Z_1 + Z_2}Z_2 - \frac{\dot{U}}{2} = \frac{\dot{U}}{2}\frac{\Delta Z}{Z} \tag{6-19}$$

由式（6-19）可以看出，输出电压反映了传感器线圈阻抗的变化。如果用差动式电容传感器组成电桥相邻两臂，当负载阻抗为无穷大时，电桥的输出电压为

$$\dot{U}_o = \frac{\dot{U}}{2}\frac{C_1 - C_2}{C_1 + C_2} \tag{6-20}$$

式中　C_1、C_2——差动式电容传感器的电容。

若两个差动式电容传感器为变间隙式的，即电容分别为

$$C_1 = \frac{\varepsilon_0 \varepsilon A}{\delta - \Delta\delta}，\quad C_2 = \frac{\varepsilon_0 \varepsilon A}{\delta + \Delta\delta}$$

可得

$$\dot{U}_o = \frac{\dot{U}}{2}\frac{\Delta\delta}{\delta} \tag{6-21}$$

由此可见，在电源激励电压恒定的情况下，电桥输出电压与电容式传感器输入位移成正比。该输出电压经放大并经相敏检波和滤波后可由指示表显示。

6.2　信号的放大与隔离

信号放大电路是传感器信号调理最常用的电路。目前的放大电路几乎都采用运算放大器，由于其输入阻抗高、增益大、可靠性高、价格低廉、使用方便，因此得到了广泛应用。常用的放大器有运算放大器、仪表放大器、可编程增益放大器（Programmable Gain Amplifier，PGA）和隔离放大器。实际应用中，一次仪表的安装环境和输出特性千差万别，也很复杂，因此选用哪种类型的放大器应取决于应用场合和系统要求。

6.2.1　运算放大器

各种非电量的测量，通常由传感器将非电量转换成电压（或电流）信号，此电压（或电流）信号一般情况下属于微弱信号。对于一个单纯的微弱信号，可采用运算放大器进行放大。

1．反相放大器

用运算放大器构成的反相放大器电路如图 6.4（a）所示。根据“虚地”原理，即$U_\Sigma \approx 0$，反相放大器的放大倍数为

$$G = \frac{U_o}{U_i} = -\frac{R_1}{R_2} \tag{6-22}$$

当$R_1 = R_2$时，则为反相跟随器，$U_o = -U_i$。

2．同相放大器

反相放大器的输入阻抗通常只有几千欧。而采用图 6.4（b）所示的同相放大器电路，可以得到较高的输入阻抗。根据“虚地”原理，同相放大器的放大倍数为

$$G=\frac{U_o}{U_i}=\frac{R_1}{R_2}+1 \tag{6-23}$$

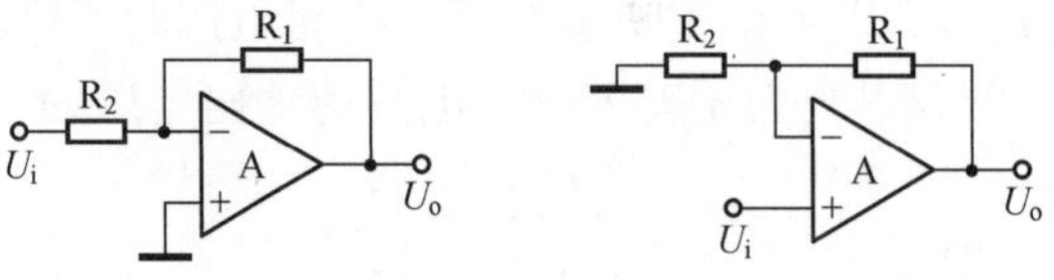

（a）反相放大器电路　　（b）同相放大器电路

图 6.4　运算放大器的运用

6.2.2　测量放大器

运算放大器对微弱信号的放大，仅适用于信号回路不受干扰的情况。然而，传感器的工作环境往往比较恶劣，在传感器的两个输出端上经常产生较大的干扰信号，有时是完全相同的，即共模干扰。对于简单的反相输入或同相输入接法，由于电路结构不对称，抵御共模干扰的能力很差，故不能用在精密测量场合，因此需要引入另一种形式的放大器，即测量放大器，又称仪表放大器、数据放大器，它用于传感器的信号放大，特别是用于微弱信号的放大及具有较大共模干扰的场合。

1．测量放大器的结构与特性

测量放大器除了对低电平信号进行线性放大，还担负着阻抗匹配和抗共模干扰的任务，它具有高共模抑制比、高速度、高精度、高频带、高稳定性、高输入阻抗、低输出阻抗、低噪声等特点。

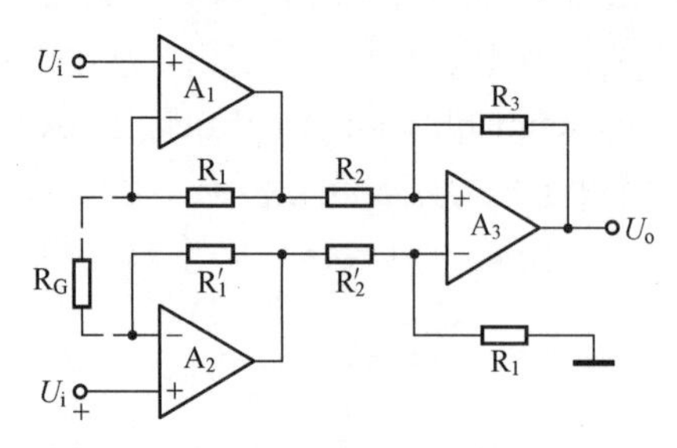

图 6.5　测量放大器的原理图

测量放大器的原理图如图 6.5 所示，测量放大器由三个运算放大器组成，其中，A_1、A_2 两个同相放大器组成前级，为对称结构。输入信号加在 A_1、A_2 的同相输入端，从而具有高抑制共模干扰的能力和高输入阻抗。差动放大器 A_3 为后级，它不仅切断共模干扰的传输，还将双端输入方式变换成单端输出方式，适应对地负载的需要。该测量放大器的放大倍数为

$$G=\frac{U_o}{U_i}=\frac{R_3}{R_2}\left(1+\frac{R_1}{R_G}+\frac{R_1'}{R_G}\right) \tag{6-24}$$

式中　R_G——调节放大倍数的外接电阻。

通常 R_G 采用多圈电位器，并应靠近组件，若距离较远，应将连线绞合在一起，调节 R_G 可使放大倍数在 1～1000 范围内。

2．测量放大器集成电路

目前，国内外已有不少厂家生产了多种型号的单片测量放大器芯片，供用户选用，如美国 Analog Devices 公司生产的 AD612、AD614、AD521 和 AD522 等，国内生产的 ZF603、ZF604、ZF605、ZF606 等。AD612 型和 AD614 型测量放大器是根据测量放大器原理设计的典型三运算放大器结构单片集成电路。其他型号的测量放大器虽然电路有所区别，但基本性能是一致的。

AD612 型和 AD614 型测量放大器都是高精度、高速度的测量放大器，能在恶劣环境下工作，具有很好的交直流特性，其内部电路如图 6.6 所示。电路中所有电阻都是采用激光自动修刻工艺制作的高精度薄膜电阻，用这些电阻构成的放大器增益精度高，最大增益误差不超过±1.0×10⁻⁶℃，用户可以很方便地连接这些网络的引脚，获得 1～1024 倍二进制关系的增益，这种测量放大器在数据采集系统中应用广泛。

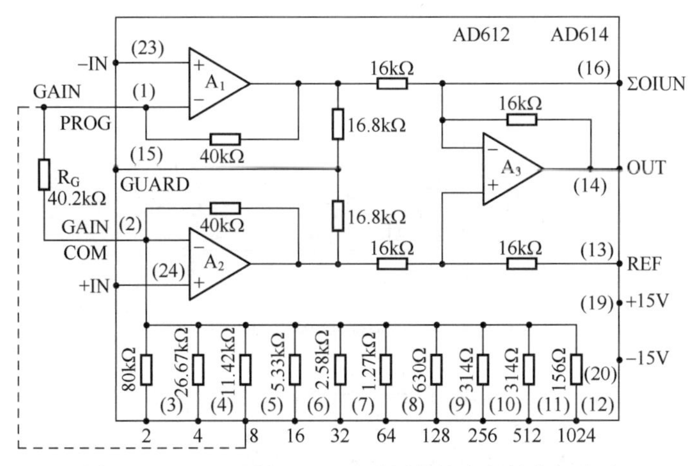

图 6.6　AD612 型和 AD614 型测量放大器的内部电路

当 A_1 的反相端（1）和精密电阻网络的引出端（3）～（12）不相连时，$R_G \to \infty$，增益 $A_f=1$。当精密电阻网络的引出端（3）～（10）分别和（1）端相连时，按二进制关系建立增益，其范围为 $2^1 \sim 2^8$。当要求增益为 2^9 时，需将引出端（10）、（11）均与（1）端相连。若要求增益为 2^{10}，需将（10）、（11）、（12）端均与（1）端相连。所以，只要在（1）端和（2）～（12）端之间加一个多路转换开关，用数码控制开关的通与断，就可方便地进行增益控制。

另一种非二进制增益关系的测量放大器与一般三运放测量放大器一样，只要在（1）端和（2）端之间外接一个电阻 R_G，则其增益为

$$A_f = 1 + \frac{80\text{k}\Omega}{R_G} \tag{6-25}$$

3. 测量放大器的使用

不管是采用哪一种测量放大器，在使用时都应注意以下几点。

（1）差动输入端的连接。测量放大器不论是三运放结构还是单片结构，它的两个输入端都是有偏置电流的，使用时要特别注意为偏置电流提供回路。如果没有回路，那么这些电流将对分布电容充电，造成输出电压不可控制地漂移或处于饱和状态。因此，对于浮置的，如变压器耦合、热电偶及交流电容耦合的信号源，必须对测量放大器的每个输入端构成到电源地的直流通路，其正确连接如图 6.7 所示。

（2）护卫端的连接。当测量放大器通过电缆与信号源连接时，电缆的屏蔽层应连接测量放大器的护卫端。如果电缆的屏蔽层不接测量放大器的护卫端而接地，如图 6.8 所示，就不能有效地抑制交流共模干扰 V_{cm}。因为电缆的信号传输线与屏蔽层之间存在分布电容，分布电容 C_1、C_2 和传输线电阻 R_{i1}、R_{i2} 分别构成两个 RC 分压器。由于这两个分压器并不完全对称相等，这就使交流共模干扰电压 V_{cm} 在测量放大器的两个输入端以差模形式呈现出来，从

而被差模放大并形成干扰。

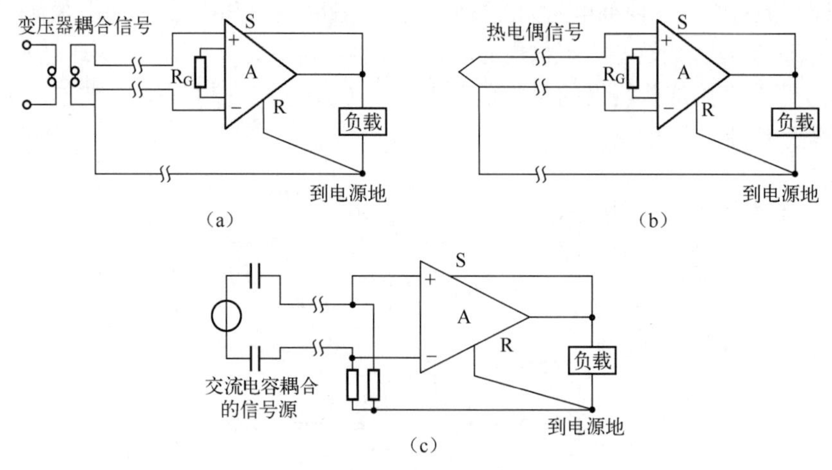

图 6.7　测量放大器输入端的正确连接

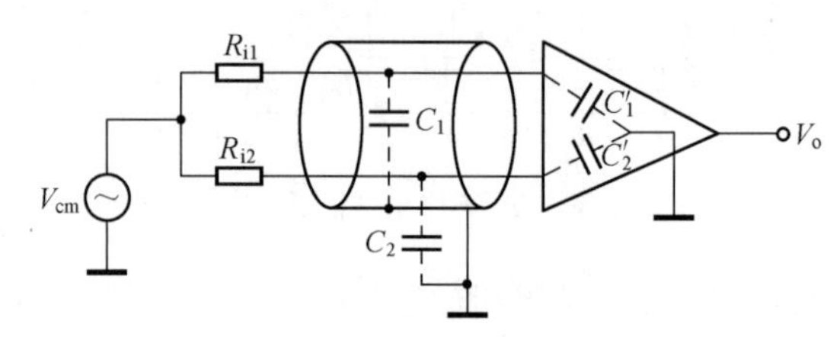

图 6.8　电缆屏蔽层接地

由图 6.6 可知，护卫端（15）引脚引自测量放大器前级两运算放大器输出的中点，其电位为共模输入电压 V_{cm}。屏蔽层接护卫端就使 RC 分压器两端电位都是 V_{cm}，电位差为零，分压值也必为零，这样就有效地消除了共模干扰。

（3）S 端、R 端的连接。测量放大器通常设有 S 端和 R 端，如图 6.9（a）所示。其中，S 端称为敏感端，R 端称为复位端。一般情况下，R 端接电源地，S 端接输出。

当测量放大器的输出信号要远距离传输时，可按图 6.9（b）所示加接跟随器，并将 S 端与负载端相连，将跟随器包括在反馈环内，以减小跟随器漂移的影响。R 端可用于对输出电平进行偏移，产生偏移的参考电压 V_r 应经跟随器接到 R 端，以隔离参考源内阻，防止其破坏测量放大器末级电阻的上下对称性而导致共模抑制比降低。

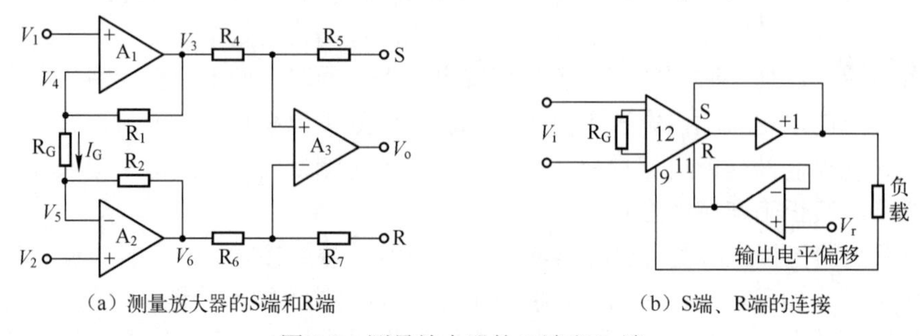

图 6.9　测量放大器的 S 端和 R 端

AD612 型测量放大器的测量电桥接线图如图 6.10 所示，信号地和电源地相连，使放大器

偏置电流形成通路；护卫端经缓冲器 A 与屏蔽层相连。该电路的输出电压为

$$V_o=\left(1+\frac{180\text{k}\Omega}{R_G}\right)\left[(V_1-V_2)+\frac{V_1+V_2}{2}\frac{1}{\text{CMRR}}\right] \tag{6-26}$$

式中　V_1-V_2——差模输入信号；

$(V_1+V_2)/2$——共模输入信号；

CMRR——共模干扰抑制比。

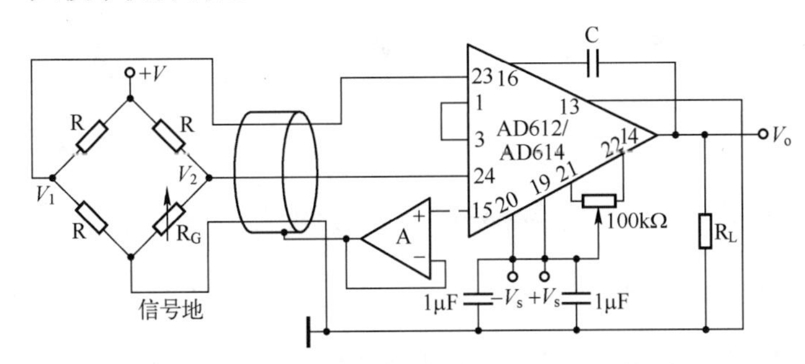

图 6.10　AD612 型测量放大器的测量电桥接线图

6.2.3　可编程增益放大器

当传感器的输出与自动测试装置或系统相连时，特别是在多路信号检测时，各检测点因所采用的传感器不同，即使同一类型的传感器，根据使用条件的不同，输出的信号电平也有较大的差异，通常从微伏到伏，变化范围很宽。由于 A/D 转换器的输入电压通常规定为 0～10V 或者±5V，若将上述传感器的输出电压直接作为 A/D 转换器的输入电压，则不能充分利用 A/D 转换器的有效位，影响测量范围和测量精度。因此，必须根据输入信号电平的大小，改变测量放大器的增益，使各输入通道均用最佳增益进行放大。为满足此需要，在含有微机的检测系统中，通常采用一种新型的可编程增益放大器。它是通用性很强的放大器，其特点是硬件设备少，放大倍数可根据需要通过编程进行控制，使 A/D 转换器满量程信号达到统一化。例如，工业中使用的各种类型的热电偶，它们的输出信号范围大致在 0～60mV，而每一个热电偶都有其最佳测温范围，通常可划分为-10～+10mV、-20～+20mV、-40～+40mV、-80～+80mV 四种量程。针对这四种量程，只需相应地把放大器设置为 500、250、125、62.5 四种增益，就可把各种热电偶输出信号都放大到-5～+5V。

目前，检测系统中使用的可编程增益放大器主要有浮点放大器、增益电阻切换型放大器和 D/A 转换型放大器。下面简单介绍浮点放大器型和增益电阻切换型。

1．浮点放大器

浮点放大器通过数控开关来增加或减少串接放大器的节数，以此改变放大器的总增益，如图 6.11 所示。

图 6.11（a）中所示的每节放大器的增益均为 2^2。开关 K_0～K_7 称为增益开关，受增益逻辑电路控制，任何时刻只有一个开关接通，因此 K_0～K_7 单独接通时，浮点放大器的增益分别为 $4^0,4^1,\cdots,4^7$。如图 6.11（b）所示，增益逻辑电路通过 5 节放大器中的一节或几节用开关旁路或接入的办法来改变整个放大器的增益。5 节放大器全被旁路时的总增益为 2^0，5 节放大器全被接入时的总增益为 2^5。

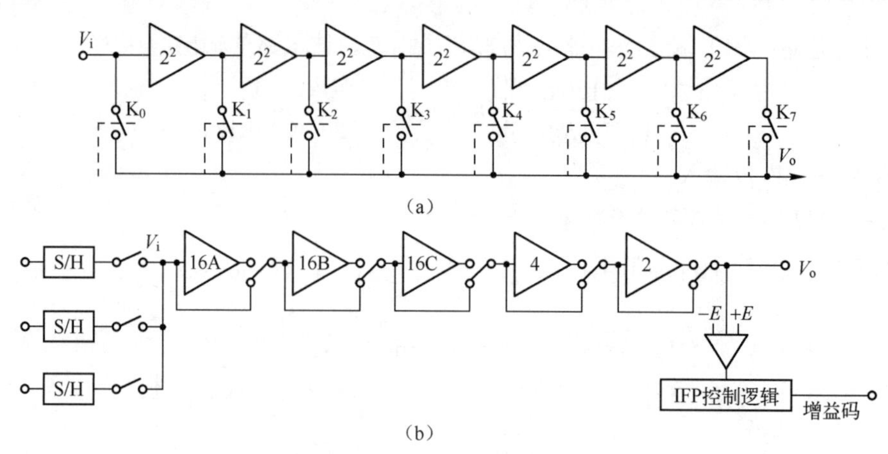

图 6.11　浮点放大器

2．增益电阻切换型放大器

这种放大器采用可编程控制的多路开关来切换放大器中决定增益的电阻，以此改变放大器的增益。图 6.12 所示为由比例运算放大器和多路开关组合而成的数控增益放大器。

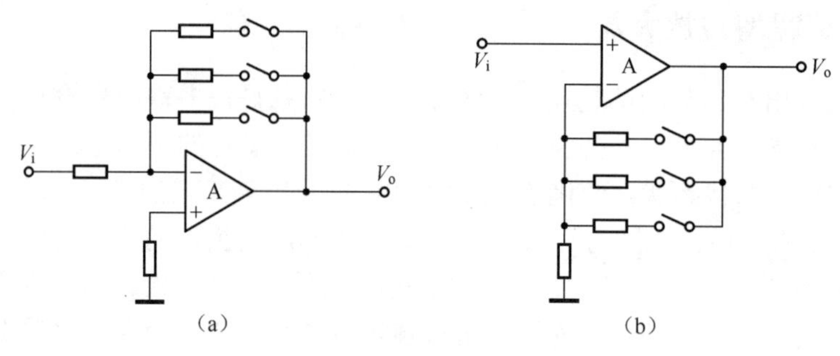

图 6.12　数控增益放大器

同样，测量放大器配接可编程多路开关，也可以组成可编程增益放大器。某些测量放大器将设定增益所需的电阻、多路开关及其控制电路与运算放大器都集成在同一组件中，构成集成程控增益测量放大器，如美国 Analog Devices 公司生产的 LH0084 和 AM542。

6.2.4　隔离放大器

在自动检测系统中，人们希望在输入通道中把工业现场传感器输出的模拟信号与检测系统的后续电路隔离开来，即无电的联系，这样可以避免工业现场送出的模拟信号带来的共模电压及各种干扰对系统的影响。解决模拟信号的隔离问题要比解决数字信号的隔离问题困难得多。目前，对于模拟信号的隔离广泛采用隔离放大器。

普通的差动放大器和测量放大器，虽然也能抑制共模干扰，但不允许共模电压高于放大器的电源电压。而隔离放大器不仅有很强的共模抑制能力，而且能承受上千伏的高共模电压，因此隔离放大器一般用于信号回路具有很高（数百伏甚至数千伏）共模电压的场合。

隔离放大器的符号如图 6.13 所示。它按原理分为两种：一种是变压器耦合的方式，另一种是利用线性光电耦合器再加相应补偿的方式。由于光电耦合线性度较差，现多采用变压器耦合的方式。

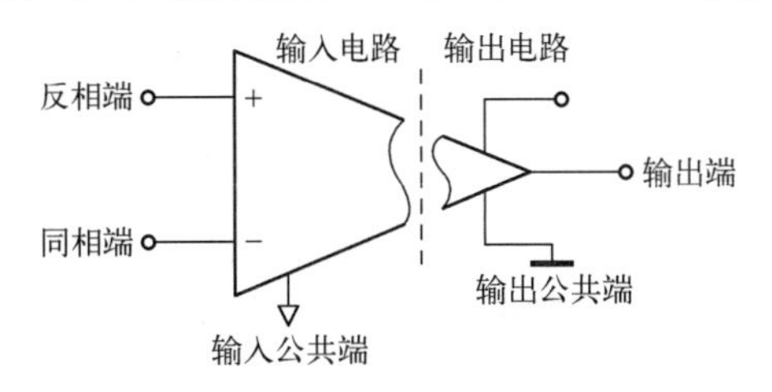

图 6.13　隔离放大器的符号

变压器耦合隔离放大器先将现场模拟信号调制成交流信号，通过变压器耦合给解调器，输出的信号再送给后续电路，如送给微机的 A/D 转换器。它有两种结构：一种为双隔离式结构，如 AD277 型、AD284 型和 AD202/204 型等；另一种为三隔离式结构，如 AD210 型、AD290 型、AD295 型、GF289 型和 AD3656 型等。下面各举一例说明其工作原理与应用。

1. AD277 型双隔离式放大器

美国 Analog Devices 公司生产的 AD277 型双隔离式放大器的内部结构和引脚如图 6.14 所示。图 6.14 的上半部分自左至右为信号传输通路，下半部分为电源能量传送通道。OFFSET TRIM（6、7、8 引脚）为调零端，14、15 引脚（V_s=±15V）为外部供电电源端，16 引脚为电源公共端或称电源地，由 14、15、16 引脚为变送器提供能量。变送器是一个振荡器，将直流电压变为高频交流电压，为放大器提供电源。

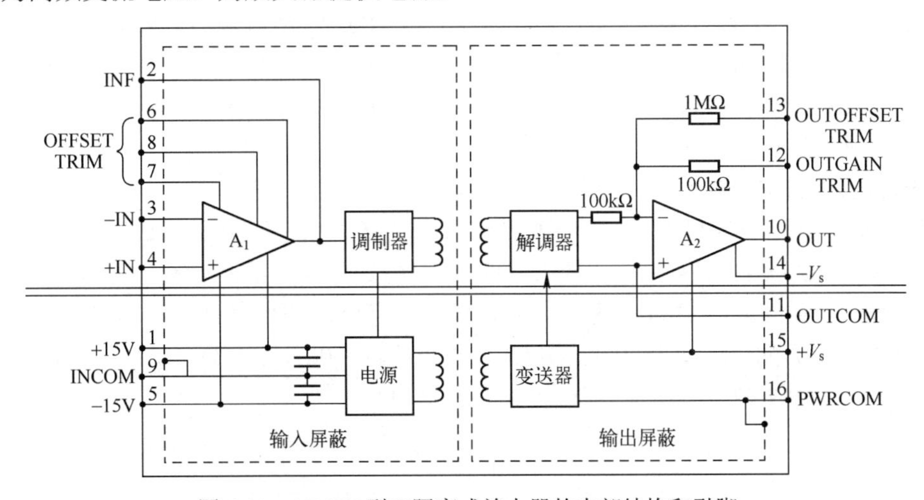

图 6.14　AD277 型双隔离式放大器的内部结构和引脚

输入信号先经 A_1 放大后在调制器内对高频载波信号进行幅度调制，调幅信号经过高绝缘性能的耦合变压器传送到解调器进行解调，还原成低频信号，再由 A_2 放大后输出。由于输入放大器与输出放大器相互隔离，所以负反馈一般也各自构成回路，不能像普通运算放大器那样从最后的输出端反馈到最前的输入端。

图 6.15 所示为由 AD277 型双隔离式放大器构成的同相比例放大器。在图 6.15 中，12 引脚与 10 引脚相接，A_2 的增益为 1，整个放大器的增益由 A_1 决定，故该隔离放大器的放大倍数 A_f 为

$$A_f = 1 + \frac{R_f}{R_1} \tag{6-27}$$

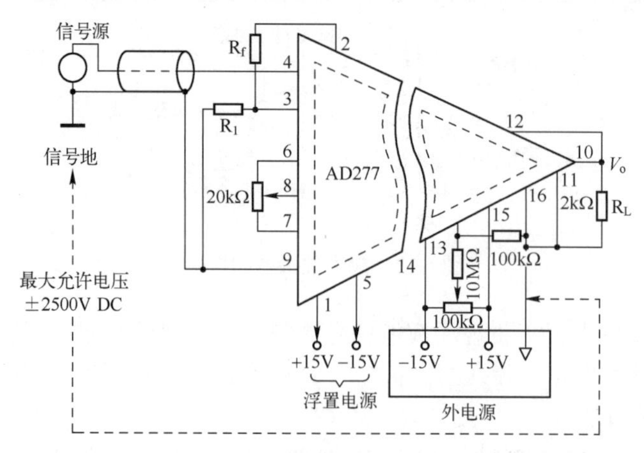

图 6.15 由 AD277 型双隔离式放大器构成的同相比例放大器

从图 6.14 和图 6.15 中可以看出，除了输入放大器和输出放大器采用变压器隔离，输入公共端（9 引脚）与电源公共端（16 引脚）也是用变压器隔离的，但输出公共端（11 引脚）与电源公共端（16 引脚）相连而没有隔离，因此 AD277 型双隔离式放大器为双隔离结构。

2．AD210 型三隔离式放大器

AD210 型三隔离式放大器内部有三个变压器，这三个变压器将放大器的输入、输出和电源隔离成三个独立部分，它由单一的+15V 供电，与 AD277 型双隔离式放大器相比，增加了一个输出供电电源（也是隔离电源）。AD210 型三隔离式放大器能抗高共模电压 2500V_{rms}，共模抑制比达 120dB，非线性率低至±0.012%，频宽可达 20kHz，低增益漂移且最大为±2.5×10^{-5}℃。

图 6.16 所示为热电偶信号放大隔离电路。图 6.16 中的 AD590 为集成电流型温度传感器，它产生与温度成正比的电流，该电流在 62.3Ω电阻上的电压作为热电偶冷端补偿电压；左侧电路所用电源±V_{ISS} 由 AD210 的 14、15 引脚提供，左侧输入电路的所有“地”端均应与 AD210 的 18 引脚相连。AD210 型三隔离式放大器的 29 引脚是外部“系统电源”+15V 的“地”端，它不能与 18 引脚（输入公共端）相连，也不能与 2 引脚（输出公共端）相连，因为这三个“地”端是相互隔离的。图 6.16 中的 OP07 的增益为(1+100)kΩ/1kΩ=101。AD210 的增益为(1+100)kΩ/13.7kΩ≈7.37，电路总增益为 101×7.37≈744。

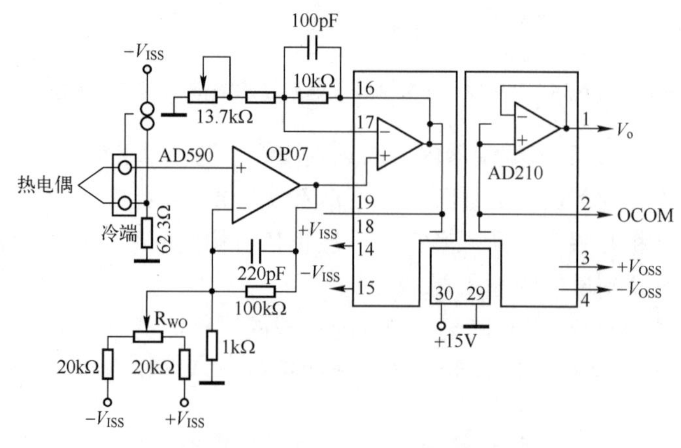

图 6.16 热电偶信号放大隔离电路

6.3　信号的转换

各种各样的传感器都是把非电量转换成电量，但电量的形式不统一，有电阻、电感、电容、电压、频率和相位等形式。而在成套仪表系统及微机自动检测装置中，都希望传感器和仪表之间、仪表和仪表之间的信号传送均采用统一的标准信号。这样不仅便于使用微机进行检测，同时可以使指示、记录仪表通用化。另外，通过各转换器，如气-电转换器、电-气转换器等，还可将电动仪表和气动仪表联系起来混合使用，从而扩大仪表的使用范围。

直流信号与交流信号相比有以下优点。

（1）在信号传输线中，直流不受交流感应的影响，干扰问题易于解决。

（2）直流不受传输线的电感、电容等的影响，不存在相位移问题，使接线简单。

（3）直流信号便于 A/D 转换。

因此，巡回检测系统都以直流信号作为输入信号。国际电工委员会将 4～20mA（DC）的电流信号和 1～20V（DC）的电压信号确定为过程控制系统电模拟信号的统一标准。凡能输出标准信号的传感器称为变送器。有了统一的标准后，无论何种仪表或装置，只要有同样标准的输入电路或接口，就可以从各种变送器中获得被测变量的信号。这样兼容性和互换性大为提高，仪表的配套也变得极为方便。

输出为非标准信号的传感器，必须和特定的仪表或装置相配套，才能实现检测或调节功能。为了加强通用性和灵活性，某些传感器的输出可以靠相应的转换器把非标准信号转换成标准信号，使之与带有标准信号输入电路或接口的显示仪表配套。不同的标准信号也可借助相应的转换器相互转换，如 4～20mA 与 0～10mA、0～5V 与 0～10mA 等的相互转换。常用的信号转换主要有电压与电流的相互转换、电压与频率的相互转换。

6.3.1　电压与电流的相互转换

电压与电流的相互转换实质上是恒压源与恒流源的相互转换。一般来说，恒压源的内阻远小于负载电阻，恒流源的内阻远大于负载电阻。因此，从原则上讲，将电压转换为电流必须采用输出阻抗高的电流负反馈电路，将电流转换为电压则必须采用输出阻抗低的电压负反馈电路。

1．电压转换为电流（V/I 转换）

随着微电子技术及加工技术的发展，在实现 0～5V、0～10V 及 1～5V 电压与 0～10mA、4～20mA 电流的转换时，可直接采用集成电压/电流转换电路来完成，如 AD693、AD694、XTR110、ZF2B20 等。

AD693 由信号放大器、基准电压源、V/I 转换器及辅助放大器四部分组成，如图 6.17 所示，10 引脚是反馈的电流输入端，接远程的电源正端，7 引脚是电流输出端。远程传输信号的双绞线既是供给信号变送器电路工作电压的电源线，又是信号输出线，传感器信号电压由 17、18 引脚输入。当 14、15、16 引脚互不连接时，输入量程为 0～30mV；当 15、16 引脚短接时，输入量程为 0～60mV。

若要求 $V_{\mathrm{imax}}<30\mathrm{mV}$，可在 14、15 引脚间跨接以下电阻：

$$R_1'=\frac{400\Omega}{30/V_{\mathrm{imax}}-1} \tag{6-28}$$

若要求 30mV＜V_{imax}＜60mV，可在 15、16 引脚间跨接以下电阻：

$$R_2' = \frac{400\Omega(60 - V_{\text{imax}})}{V_{\text{imax}} - 30} \tag{6-29}$$

AD693 具有 4～20mA、0～20mA、12±8mA 三种输出范围，其零点电流分别为 4mA、0mA、12mA，对应的连接方式是把 12 引脚（Zero）分别接 13 引脚、14 引脚和 11 引脚。

在无负载时，AD693 可在 12V 直流电源下工作。其最大电源电压为 36V，相应的最大允许负载为 1200Ω。AD693 通常工作在+24V 直流电源下，当 R=250Ω时，输出 4～20mA 直流标准信号。

图 6.17 所示为微机皮带秤的信号变送与转换电路图，图中左下角 R_{01}～R_{04} 为电阻应变式称重传感器连接成的电桥，电桥电源电压 U_{24} 由基准电压源和辅助放大器提供，U_{24} 为

$$U_{24} = \frac{R_2}{R_2 + R_3} \times 6.2 \tag{6-30}$$

基准电源的 V_{IN} 端（9 引脚）与 BOOST 端（8 引脚）相连，因此基准电源的能量取自外部+24V 直流电源，外接旁路晶体管 T_1（可选用 3DK3D、3DK10C 和 2N1711 等）用于降低 AD693 自身热耗，以提高稳定性和可靠性。

在图 6.17 中，12 引脚与 13 引脚相连，输出为 4～20mA 的直流信号，图中 P_1 用于输出范围的零点调整，P_2 用于 AD693 输入量程的调整，当电桥输出电压 V_{13}=0～2.1mV 时，AD693 的输出电流为 4～20mA。图 6.17 中的±SIG 端所加电容用于滤除干扰。

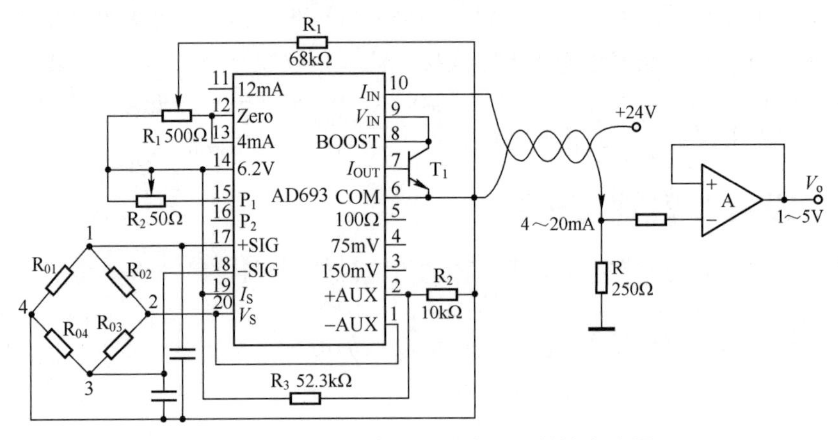

图 6.17　微机皮带秤的信号变送与转换电路图

2．电流转换为电压（I/V 转换）

当变送器的输出信号为电流信号时，要转化成电压信号，需经 I/V 转换。最简单的 I/V 转换可以利用一个 500Ω的精密电阻，将 0～10mA 的电流信号转换为 0～5V 的电压信号。

对于不存在共模干扰的 0～10mA 直流信号，如 DDZ-Ⅱ型仪表的输出信号等，可进行图 6.18 所示的电阻式 I/V 转换，其中，R、C 构成低通滤波网络，R_W 用于调整输出电压值。

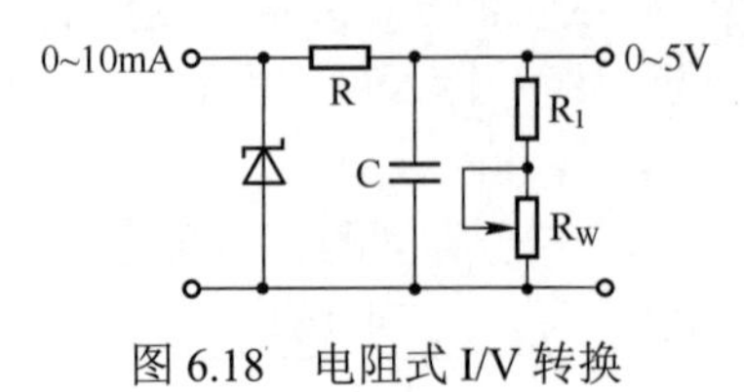

图 6.18　电阻式 I/V 转换

6.3.2　电压与频率的相互转换

有些传感器敏感元件输出的信号为频率信号，如涡轮流量计，有时为了考虑和其他带有标准信号输入电路或接口的显示仪表配套，需要把频率信号转换为电压或电流信号。频率信号抗干扰性好，便于远距离传输，可以调制在射频信号上进行无线传输，也可调制成光脉冲用光纤传送，不受电磁场影响。由于这些优点，在一些非快速又远距离的测量中，如果传感器输出的是电压或电流信号，就越来越趋向于使用电压/频率（V/F）转换器，把传感器输出的信号转换成频率信号。

目前，实现 V/F 转换的方法有很多，主要有积分复原型和电荷平衡型，这两种方法的工作原理可查看相关资料。积分复原型 V/F 转换器主要用于精度要求不高的场合。电荷平衡型 V/F 转换器的精度较高，频率输出可较严格地与输入电流成比例，目前大多数的集成 V/F 转换器均为这种类型。V/F 转换器常用的集成芯片主要有 VFC32 和 LM31 系列。下面以 LM31 系列为例说明集成 V/F 转换器的应用。

LM31（LMX31）系列包括 LM131、LM231、LM331，是美国国家半导体公司生产的，适用于 V/F 转换、F/V 转换、A/D 转换，也可用于长时间积分器、线性频率调制与解调器等功能电路。

LM31 系列用作 V/F 转换时的简化功能图如图 6.19 所示。当 2 引脚接 R_s 后，内部电流源产生的电流 I_s 为 50～500μA，I_s 的计算公式为

$$I_s = \frac{1.9\text{V}}{R_s} \tag{6-31}$$

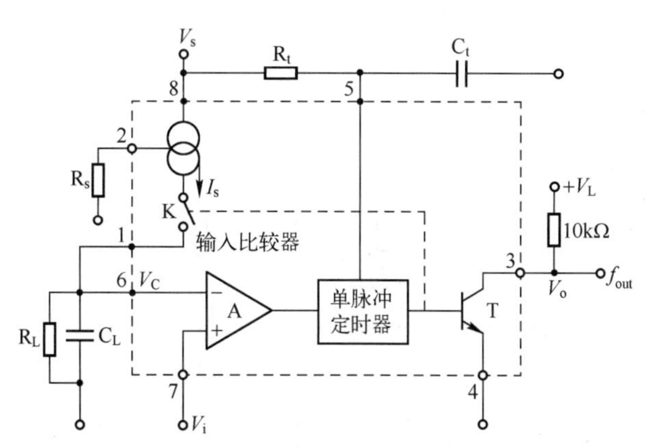

图 6.19　LM31 系列用作 V/F 转换时的简化功能图

当输入比较器 $V_+ > V_-$ 时，即 $V_i > V_C$，启动单脉冲定时器产生脉冲宽度为 t_{os} 的脉冲，t_{os} 由外接 R_t 和 C_t 决定：$t_{os}=1.1R_tC_t$。

在 t_{os} 期间，开关 K 闭合，电流 I_s 对 C_L 充电，使 V_C 上升，在 t_{os} 结束时，开关 K 断开，此时 V_C 为

$$V_C = V_i + \Delta V\text{，}\quad \Delta V = \frac{I_s t_{os}}{C_L} \tag{6-32}$$

当开关 K 断开后，C_L 通过 R_L 放电，使 V_C 下降。当放电过程持续 T_1 时间，V_C 下降到小于 V_i 时，输入比较器再次启动单脉冲定时器，又产生一个宽度为 t_{os} 的脉冲，开关 K 再次闭合，C_L 再次充电，如此循环，3 引脚输入脉冲宽度为 t_{os}、周期为 T 的方波。频率 f_{out} 的大小为

$$f_{\text{out}}=\frac{1}{T}=\frac{R_{\text{s}}V_{\text{i}}}{2.09R_{\text{L}}R_{\text{t}}R_{\text{s}}} \tag{6-33}$$

LM31 系列的 LM331 用作 V/F 转换时的外部接线如图 6.20 所示。同图 6.19 相比，电压 V_{i} 输入端增加了由 R_1、C_1 组成的低通滤波器，在 R_L、C_L 原接地端增加了偏移调节电路，R_1 的阻值为 100kΩ，也是为了使 7 引脚偏流抵消 6 引脚偏流的影响。在 2 引脚增加了一个可调电阻 R_{w2}，用以调整 LM331 的增益偏差和由 R_L、R_t、C_t 引起的偏差。在输出端 3 引脚上接有一个上拉电阻，因为该输出端是集电极开路输出端。

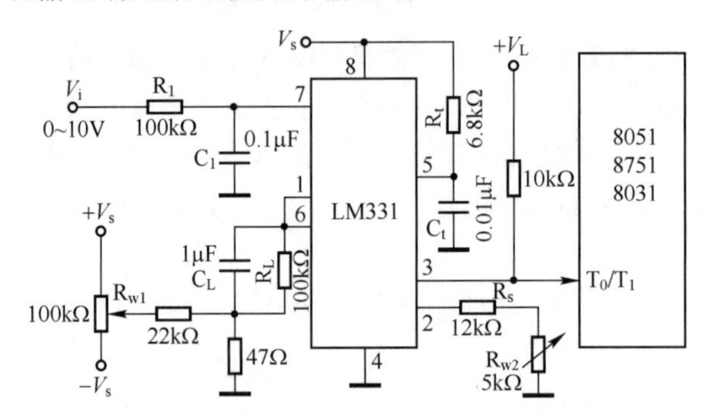

图 6.20　LM331 用作 V/F 转换时的外部接线

图 6.21 所示为由 LM331 构成的 F/V 转换电路。输入频率 f_{IN} 脉冲的每个下降沿引起输入比较器触发单脉冲定时电路，产生一个固定宽度为 t_{os} 的脉冲。在 t_{os} 期间，电流源 I_{s} 在 R_L 上产生电压，在无 C_L 的情况下，R_L 输出电压幅度为 IR_{L}、宽度为 t_{os}、周期为 T 的方波，C_L 滤去此方波的高频分量，保留其直流分量（方波的平均值）输送出来，输出电压为

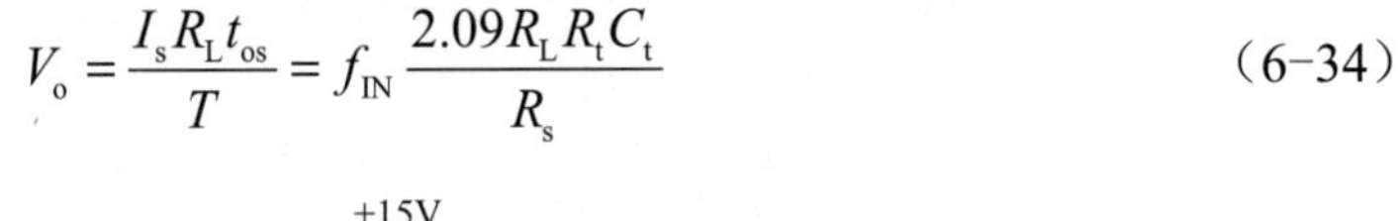

$$V_{\text{o}}=\frac{I_{\text{s}}R_{\text{L}}t_{\text{os}}}{T}=f_{\text{IN}}\frac{2.09R_{\text{L}}R_{\text{t}}C_{\text{t}}}{R_{\text{s}}} \tag{6-34}$$

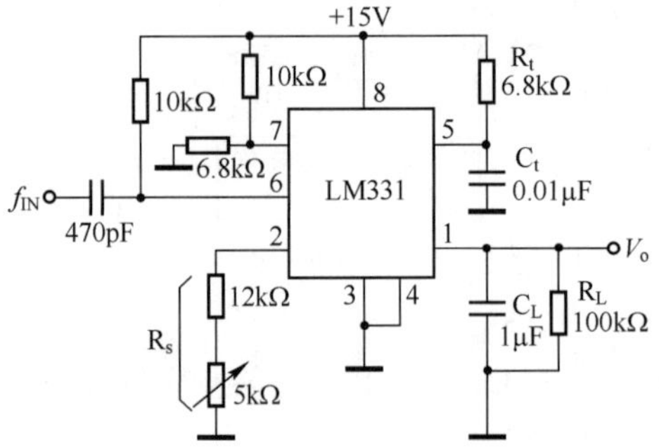

图 6.21　由 LM331 构成的 F/V 转换电路

6.4　多传感器信息融合技术

多传感器信息融合（Multi-Sensor Information Fusion）是指把分布在不同位置、处于不同状态的多个同类或不同类的传感器所提供的局部不完整的信息加以综合处理，消除多传感器信息之间可能存在的冗余或矛盾，利用信息互补，降低不确定性，以形成被测对象相对完整、一致的信息，从而提高智能系统决策规划的科学性、反映的快速性与正确性，降低决策风险。

例如，Ubtech 公司生产的智能云平台商用服务机器人 Cruzr，巧妙利用多传感器信息融合技术实现机器人的感知、交互和运控，该机器人已经应用于多种场景，如医疗、酒店、展览等非结构化环境。

简言之，多传感器信息融合技术就是指对多种信息的获取、表示、综合处理和优化的技术。多传感器系统是信息融合的硬件基础，多源信息是信息融合的加工对象，综合处理和协调优化是信息融合的技术核心。多传感器信息融合过程如图 6.22 所示，主要包含 A/D 转换、数据预处理、特征提取、融合计算和结果输出等环节。通常情况下，被测对象具有不同特征的非电信号，如色彩、压力等，因此首先需要将它们转换成电信号，然后经过 A/D 转换器转换。数字化后的电信号先通过数据预处理过滤掉数据采集中的干扰和噪声，然后经过特征提取，对某一特征进行数据融合计算，最后输出融合结果。

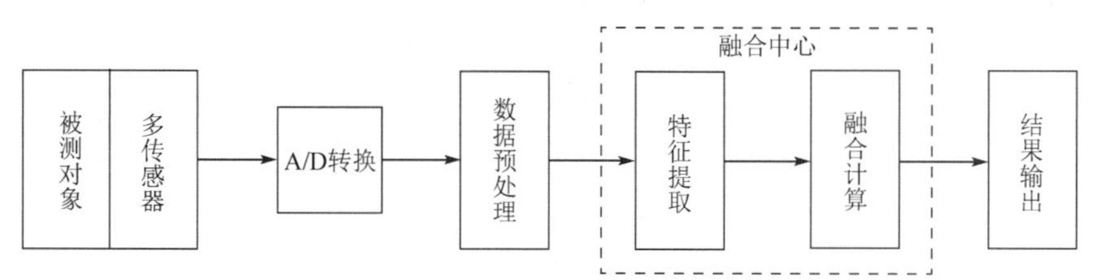

图 6.22　多传感器信息融合过程

根据信息传递方式的不同，多传感器信息融合技术分为串联型多传感器信息融合技术、并联型多传感器信息融合技术和串并联混合型多传感器信息融合技术；根据处理对象层次的不同，分为像素层融合技术、特征层融合技术和决策层融合技术。

6.4.1　串联、并联、串并联信息融合

1．串联型多传感器信息融合

串联型多传感器信息融合是指先将两个传感器获得的信息进行一次融合，然后将融合结果与下一个传感器获得的信息进行融合，按此进行下去，直至所有传感器信息融合完毕，且由最后一个传感器输出结果，如图 6.23 所示。从图 6.23 中可以看出，串联融合的后级传感器的信息输出非常依赖前级传感器的输出结果，且每个传感器都具有接收信息、处理信息的功能，也具备信息融合的功能。例如，服务机器人 Cruzr 利用惯性测量单元的部分数据替换里程计中由编码器得到的数据，这种简单的串联型多传感器信息融合技术在地面凹凸不平、里程计数据容易出错的情况下实用且有效。

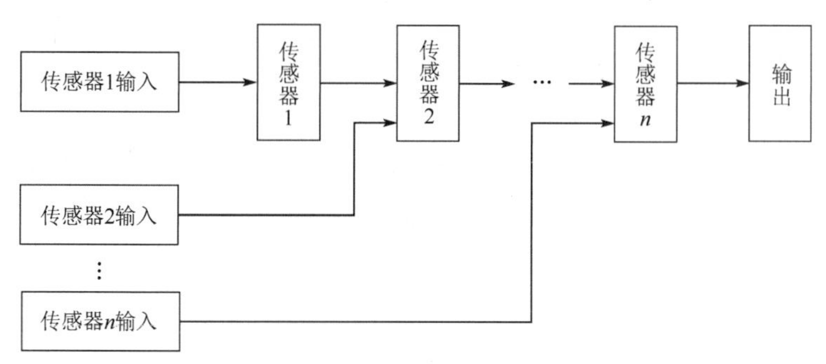

图 6.23　串联型多传感器信息融合

2. 并联型多传感器信息融合

并联型多传感器信息融合是指所有传感器将其输出的结果同时输入数据融合中心进行统一的融合，每个传感器之间没有直接关联，如图6.24所示。数据融合中心会对各种类型的信息按照适当的方式进行综合处理，最后输出结果。各传感器之间不会相互影响。例如，服务机器人 Cruzr 利用安装在其底座上的红外传感器和超声波传感器进行障碍物检测避障时，就采用了并联型多传感器信息融合技术：传感器将检测到的不同障碍物数据添加到各自的代价地图（导航中常用的用于储存障碍物信息的地图）中，并合并叠加成一个总代价地图，输出给下层驱动，达到避障的目的。

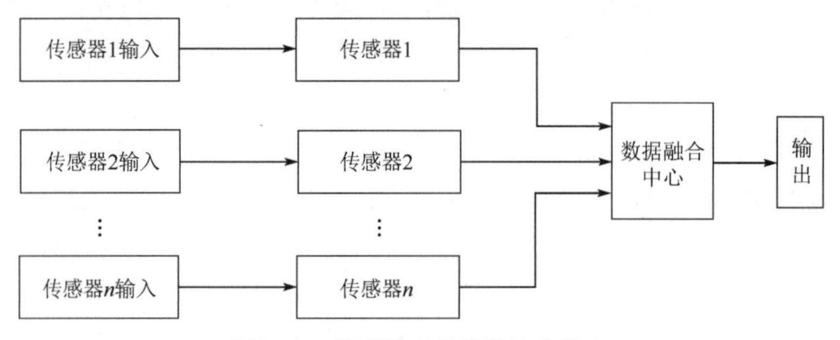

图6.24　并联型多传感器信息融合

3. 串并联混合型多传感器信息融合

串并联混合型多传感器信息融合综合利用串联和并联结构，可以先串联后并联，也可以先并联后串联，结构更为灵活，但更复杂。

6.4.2　像素层、特征层和决策层融合

1. 像素层融合

像素层融合是指在传感器采集的原始数据层面上直接进行融合，如图6.25所示，即在对原始信息进行预处理前就进行综合分析和处理，然后从融合的信息中进行特征向量的提取，并进行目标识别。其融合的基本条件是传感器必须是同质的，即传感器检测的对象是同一物理量或现象。例如，在图像传感器中，对包含若干像素的模糊图片进行处理，进而确认目标属性的过程就属于像素层融合。像素层融合接收的数据为原始数据，在信息融合中所处的层次较低，故也称为低级融合或数据层融合，常用于多源图像复合及图像分析、同类雷达波形的合成等。

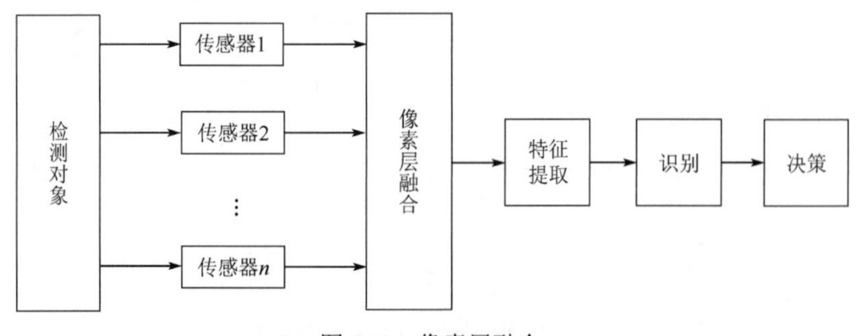

图6.25　像素层融合

像素层融合能尽可能多地保存现场数据，提供其他融合层无法提供的细微信息，由于没有信息损失，它具有较高的融合性能。但由于此类融合是在底层进行的，信息的稳定性差，且信息量大，所需的处理时间长，实时性差。

2. 特征层融合

特征层融合如图 6.26 所示，首先从每个传感器提供的观测数据中提取特征信息，再将这些特征融合成单一的特征向量，然后运用模式识别的方式进行描述、辨认、分类和解释等。它属于中间层次的融合，也被称为中级融合。

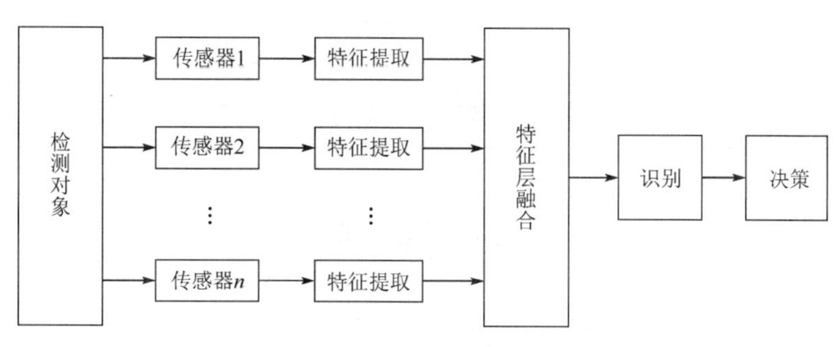

图 6.26　特征层融合

特征层融合中的特征提取过程是对信息充分统计的过程，对传感器进行特征分类与汇集，所以特征层融合实现了一定程度上的信息压缩，便于实时处理，计算量及对通信带宽的要求相对较低。由于提取的特征一般与决策分析有直接关系，因而融合结果能最大限度地辅助决策分析。不过，由于部分数据的舍弃，特征整合的准确性可能有所下降。

3. 决策层融合

决策层融合如图 6.27 所示，首先对每个传感器获得的原始数据进行预处理、特征提取、识别或判决，建立对所观测对象的初步结论，然后对各关联传感器进行局部决策层的融合处理，获得最终融合结果作为控制决策的依据。它是一种高层次融合，也被称为高层融合。

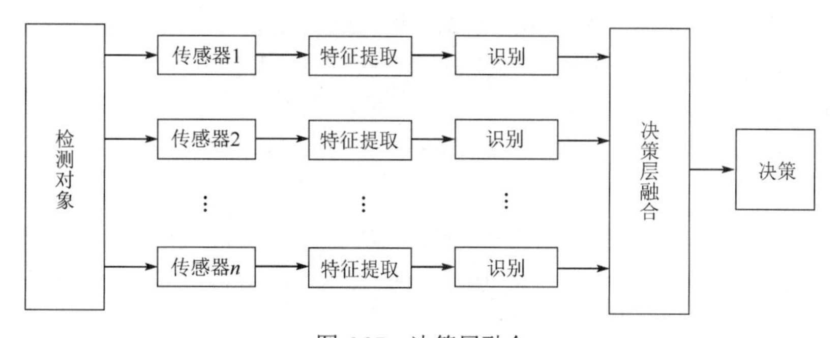

图 6.27　决策层融合

决策层融合容错性强，即当某个或某些传感器出现错误时，系统经过适当融合处理，仍能得到正确的结果，将传感器出错的影响降到最低。例如，服务机器人 Cruzr 在导航时使用了激光雷达、RGB-D 相机和超声波传感器等多传感器信息的决策层融合，如果某时刻超声波传感器出现故障，导致其传感器数据错误或丢失，Cruzr 同样能够依靠激光雷达与 RGB-D 相机的融合数据来进行避障，导航系统仍能正常运行。另外，由于这种融合对传感器的数据进行了浓缩，数据计算量小，实时性强，同时信息损失量大，在对原始数据保留度要求较高的场合下性能相对较差。像素层、特征层和决策层融合的特点比较如表 6.1 所示。

表 6.1　像素层、特征层和决策层融合的特点比较

融 合 层 次	像素层融合	特征层融合	决策层融合
信息处理量	大	中	小
信息损失量	小	中	大
抗干扰性	差	中	优
容错性	差	中	优
实时性	差	中	优
融合水平	低	中	高

习　题　6

6.1　在等截面的悬臂梁上粘贴 4 个完全相同的电阻应变片组成差动全桥电路。试问：

（1）4 个应变片应怎样粘贴？

（2）画出相应的电桥电路图。

6.2　图 6.22 所示为一直流应变电桥，图中 $E=4\text{V}$，$R_1=R_2=R_3=R_4=120\Omega$，试求：

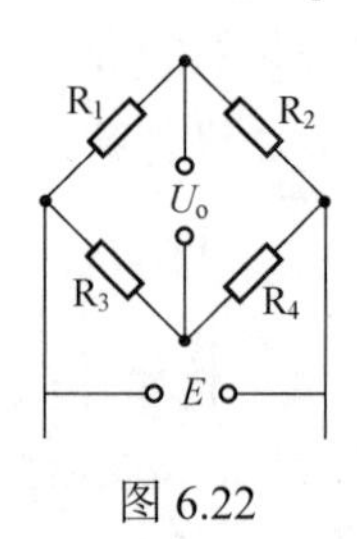

图 6.22

（1）R_1 为金属应变片，其余为外接电阻，当 R_1 的增量 $\Delta R_1=1.2\Omega$ 时，电桥的输出电压 U_o 是多少？

（2）R_1 和 R_2 都是金属应变片，且批号相同，感受应变的极性和大小都相同，$\Delta R_1=\Delta R_2=1.2\Omega$，其余为外接电阻，电桥的输出电压 U_o 是多少？

（3）在题（2）中，如果 R_1 和 R_2 感受应变的极性相反，且 $|\Delta R_1|=|\Delta R_2|=1.2\Omega$，电桥的输出电压 U_o 是多少？

6.3　图 6.23 所示为差动电感式传感器的桥式测量电路，L_1、L_2 为传感器的两差动电感线圈的电感，其初始值均为 L_0。R_1、R_2 为标准电阻，u 为电源电压。试写出输出电压 u_o 与传感器电感变化量ΔL 间的关系式。

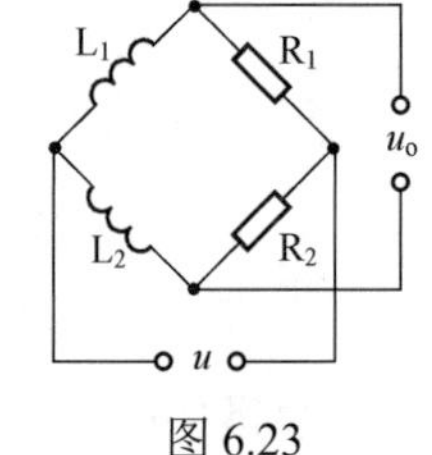

图 6.23

6.4　在检测系统中为什么要用隔离放大器？试说明隔离放大器的工作原理。

6.5　为什么要对一些传感器的输出信号进行转换？转换的目的是什么？

6.6　试设计一种电容式测力传感器，要求其电压输出范围为 0～10V。

第7章

传感器与检测系统的干扰抑制技术

内容提要

由传感器等组成的检测系统主要应用于实际的工业生产过程中，由于工业现场的环境往往都比较恶劣，噪声干扰严重，这些干扰的存在严重地影响了检测系统的正常工作，所以有效地排除和抑制各种干扰，保证传感器等能在实际应用中可靠地工作，已成为必须探讨和解决的重要问题。

所谓噪声就是检测系统及仪表电路中混进去的无用信号，噪声对电路或系统产生的不良影响称为干扰。在检测系统中，噪声干扰会使测量结果产生误差；在控制系统中，噪声干扰可能导致误操作，所以必须抑制噪声。下面详细介绍噪声干扰的形成及其抑制措施。

7.1 噪声干扰的形成

形成噪声干扰必须具备三个要素：噪声源、对噪声敏感的接收电路及噪声源与接收电路间的耦合通道。因此，抑制噪声干扰的方法也相应有三种：降低噪声源的强度、使接收电路对噪声不敏感、抑制或切断噪声源与接收电路间的耦合通道。多数情况下，需要同时使用这三种方法。

7.1.1 噪声源

在检测系统中，存在着影响结果的各种干扰因素，这些干扰因素来自干扰源。根据干扰的来源，可把干扰源分为内部噪声源和外部噪声源。

1. 内部噪声源

内部噪声源是由检测系统内部和各种元器件引起的，主要包括以下几种。

（1）电路元器件产生的固有噪声。电路或系统内部一般都含有电阻、晶体管、运算放大器等元器件，这些元器件都会产生噪声，如电阻的热噪声、晶体管的闪烁噪声和电子管内载流子随机运动引起的散粒噪声等。

（2）感性负载切换时产生的噪声干扰。在检测和控制系统中常常包含许多感性负载，如交直流继电器、接触器、电磁铁和电动机等，它们都具有较大的自感。当切换这些设备时，由于电磁感应的作用，线圈两端会出现很高的瞬态电压，由此会带来一系列的干扰问题。感性负载切换时产生的噪声干扰十分强烈，单从接收电路的耦合介质方面采取被动的防护措施难以取得切实有效的作用，必须在感性负载上或开关触点上安装适当的抑制网络，使产生的瞬态干扰尽可能地减小。

常用的感性负载的干扰抑制网络如图 7.1 所示，这些抑制电路不仅可用在有触点开关控制的感性负载上，还可用在无触点开关（如晶体管、晶闸管等）控制的感性负载上。

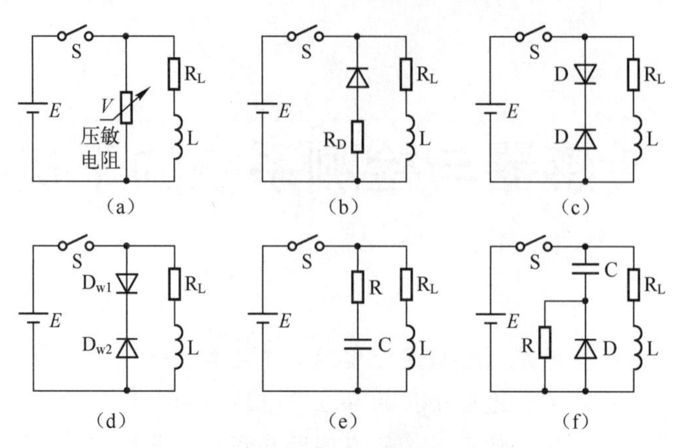

图 7.1　常用的感性负载的干扰抑制网络

（3）接触噪声。接触噪声是由于两种材料之间的不完全接触而引起电导率起伏所产生的噪声。例如，晶体管焊接处接触不良（如虚焊或漏焊），继电器触点之间、插头与插座之间、电位器滑臂与电阻丝之间的不良接触等都会产生接触噪声。

上述三种噪声引起的干扰通常叫作固定干扰。另外，内部噪声干扰中还有一种过渡干扰，它是电路在动态工作时引起的干扰。固定干扰是引起测量随机误差的主要原因，一般很难消除，主要靠改进工艺和元器件质量来抑制。

2．外部噪声源

外部噪声源主要来自自然界及检测系统周围的电气设备，是由使用条件和外界环境决定的，与系统本身的结构无关，主要有以下几种。

（1）天体和天电干扰。天体干扰是指由太阳或其他恒星辐射电磁波产生的干扰。天电干扰是指由雷电、大气的电离作用、火山爆发及地震等自然现象所产生的电磁波和空间电位变化所引起的干扰。

（2）放电干扰。放电干扰是指电动机的电刷和整流子间的周期性瞬间放电，电焊、电火花加工机床、电气开关设备中的开关通断，电气机车和电车导电线与电刷间的放电等对邻近检测系统的干扰。

（3）射频干扰。电视广播、雷达及无线电收发机等对邻近检测系统的干扰，称为射频干扰。

（4）工频干扰。大功率输、配电线与邻近测试系统的传输通过耦合产生的干扰，称为工频干扰。

7.1.2　噪声的耦合方式

噪声要引起干扰必须通过一定的耦合通道或传输途径才能对检测装置的正常工作造成不良影响。常见的噪声耦合方式主要有静电耦合、电磁耦合、共阻抗耦合和漏电流耦合。

1．静电耦合（电容性耦合）

静电耦合产生的干扰主要是指由于两个电路之间存在寄生电容，产生静电效应而引起的干扰，如图 7.2 所示。在图 7.2 中，导线 1 是干扰源，导线 2 为检测系统传输线，C_1、C_2 为导线 1、2 的寄生电容，C_{12} 是导线 1 和 2 之间的寄生电容，R 为导线 2 被干扰电路的等效输入

阻抗。根据电路理论，此时干扰源$\dot{U}_1$在导线 2 上产生的干扰电压$\dot{U}_N$为

$$\dot{U}_N = \frac{j\omega C_{12} R}{1 + j\omega(C_{12} + C_2)R}\dot{U}_1 \tag{7-1}$$

通常

$$\omega(C_{12} + C_2)R \ll 1$$

则

$$\dot{U}_N = j\omega C_{12} R \dot{U}_1 \tag{7-2}$$

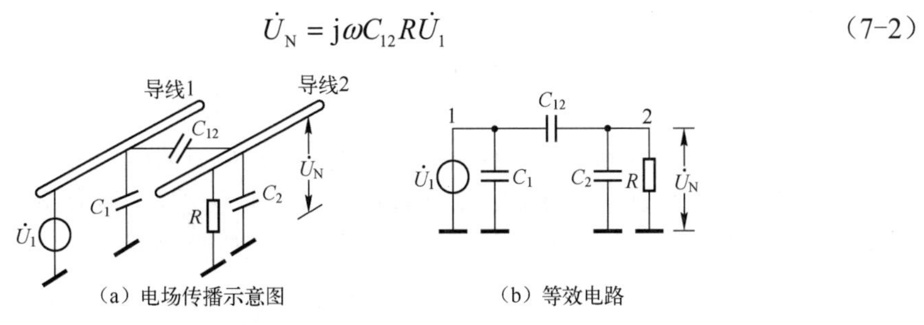

（a）电场传播示意图　　（b）等效电路

图 7.2　静电耦合示意图

从式（7-2）可以看出，当干扰源的电压$\dot{U}_1$和角频率ω一定时，要降低静电耦合效应必须减小电路的等效输入阻抗R和寄生电容C_{12}。另外，干扰源的频率越高，静电耦合引起的干扰也越严重，因此应尽量降低干扰源的频率。小电流、高电压噪声源对测试进行干扰主要通过这种静电耦合方式。

2．电磁耦合（电感性耦合）

电磁耦合又称互感耦合，是由于两个电路间存在互感，如图 7.3 所示。在图 7.3 中，导线 1 为干扰源，导线 2 为检测系统的一段电路，设导线 1、2 间的互感为M。当导线 1 中有电流$\dot{I}_1$变化时，根据电路理论，通过电磁耦合产生的互感干扰电压$\dot{U}_N$为

$$\dot{U}_N = j\omega M \dot{I}_1 \tag{7-3}$$

从上式可以看出：干扰电压$\dot{U}_N$正比于干扰源角频率ω、互感M和干扰源电流$\dot{I}_1$。大电流低电压干扰源，干扰耦合方式主要为电磁耦合。

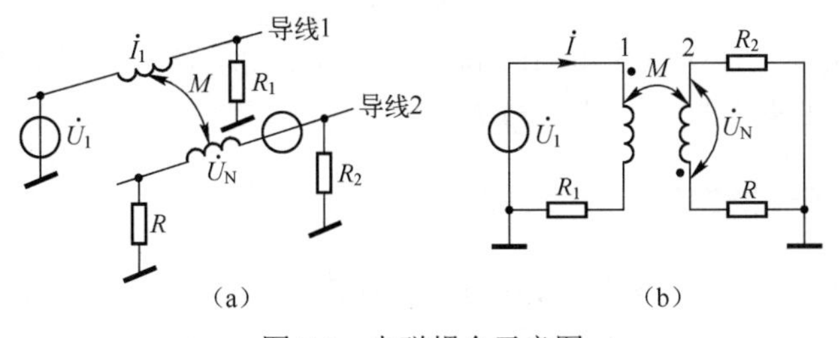

（a）　　（b）

图 7.3　电磁耦合示意图

3．共阻抗耦合

共阻抗耦合干扰是指由于两个或两个以上电路有公共阻抗，当一个电路中的电流流经公共阻抗产生压降时，就形成对其他电路的干扰电压，如图 7.4 所示，图中Z_c表示两个电路之间的共有阻抗，I_n表示干扰源的电流，U_{nc}表示被干扰电路的干扰电压，根据电路理论则有

$$U_{nc} = I_n Z_c \tag{7-4}$$

可见，共阻抗耦合干扰电压 U_{nc} 正比于共有阻抗 Z_c 和干扰源电流 I_n。若要消除共阻抗耦合干扰，首先要消除两个或几个电路之间的共有阻抗。

共阻抗耦合干扰主要有电源内阻抗耦合干扰、公共地线耦合干扰和输出阻抗耦合干扰三种方式。共阻抗耦合干扰在测量装置的放大器中是很常见的干扰，由于它的影响，使放大器工作不稳定，很容易产生自激振荡，破坏正常工作。下面以电源内阻的共阻抗耦合为例来分析其影响。如图 7.5 所示，两个三级电子放大器电路由同一直流电源 E 供电，由于电源具有内阻抗 Z_e，当上面的放大器输出电流 I_1 流过 Z_e 时，就在 Z_e 上产生干扰电压 $U_1 = I_1 Z_e$，此电压通过电源线传导到下面的放大器，对下面的放大器产生干扰。另外，对于每个三级放大器，末级的动态电流比前级大得多，因此末级动态电流流经电源内阻抗时，所产生的压降对前两级电路来说，相当于电源波动干扰；对多级放大器来说，这种电源波动是一种寄生反馈，当它符合正反馈条件时，轻则造成工作不稳定，重则引起自激振荡。

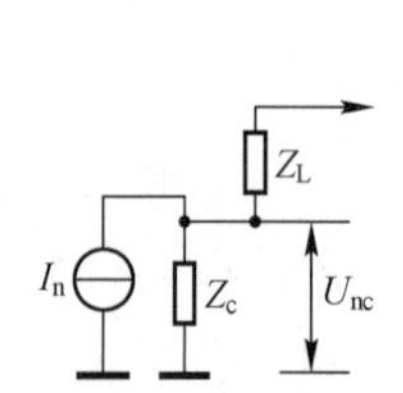

图 7.4　共阻抗耦合等效电路

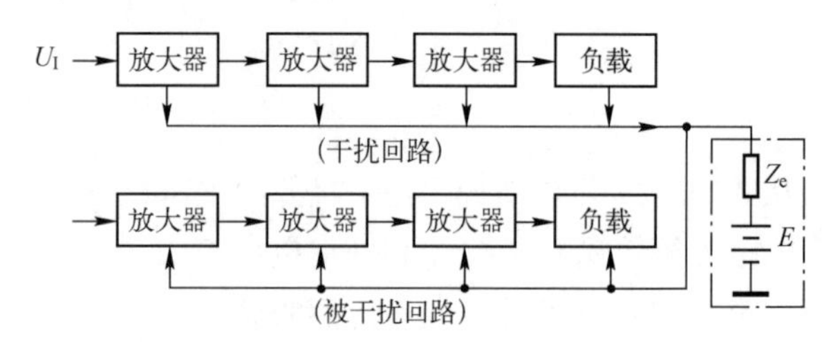

图 7.5　电源内阻产生的共阻抗耦合干扰

4．漏电流耦合

由于绝缘不良，流经绝缘电阻 R 的漏电流对检测装置引起的干扰叫作漏电流耦合。图 7.6 所示为漏电流引起干扰的等效电路，E_n 表示噪声电动势，R_n 为漏电阻，Z_i 为漏电流流入电路的输入阻抗，U_{nc} 为干扰电压。从图 7.6 的等效电路中可知，

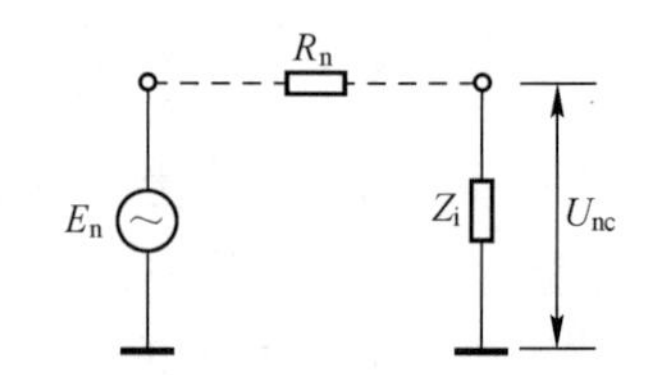

图 7.6　漏电流引起干扰的等效电路

$$U_{nc} = \frac{Z_i}{R_n + Z_i} E_n \tag{7-5}$$

漏电流耦合经常发生在用仪表测量较高的直流电压的场合，或在检测装置附近有较高的直流电压源时，或在高输入阻抗的直流放大器中。

7.1.3　噪声的干扰模式

噪声源产生的噪声通过各种耦合方式进入系统内部造成干扰，根据噪声进入系统电路的方式及与有用信号的关系，可将噪声干扰分为差模干扰和共模干扰。

1．差模干扰

差模干扰是指干扰电压与有效信号串联叠加后作用到检测装置的输入端，又称串模干扰、正态干扰、常态干扰或横向干扰等。差模干扰的等效电路如图 7.7 所示。差模干扰通常来自高压输电线、与信号线平行铺设的电源线及大电流控制线所产生的空间电

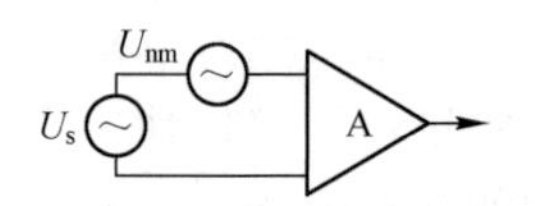

图 7.7　差模干扰的等效电路

磁场。例如，在热电偶温度测量回路的一个臂上串联一个由交流电源激励的微型继电器时，在电路中就会引入交流与直流的差模干扰。

2．共模干扰

共模干扰是指检测装置两个输入端对地共有的干扰电压，又称纵向干扰、对地干扰、同相干扰、共态干扰等。造成共模干扰的主要原因是被测信号的参考接地点和检测装置输入信号的参考接地点不同，因此就会产生一定的电压差值。这个电压差值虽然不直接影响测量结果，但当信号输入电路不对称时，就会转化为差模干扰，对测量产生影响。如图 7.8 所示，r_1、r_2 是长电缆导线电阻，Z_1、Z_2 是共模电压通道中放大器输入端的对地等效阻抗，它与放大器本身的输入阻抗、传输线对地的漏电抗及分布电容有关，共模电压 U_{cm} 对两个输入端形成两个电流回路，每个输入端 A、B 的共模电压为

$$U_A = \frac{r_1}{r_1 + Z_1} U_{cm}$$

$$U_B = \frac{r_2}{r_2 + Z_2} U_{cm}$$

因此在两个输入端之间呈现的共模电压为

$$U_{AB} = \left(\frac{r_1}{r_1 + Z_1} - \frac{r_2}{r_2 + Z_2} \right) U_{cm} \tag{7-6}$$

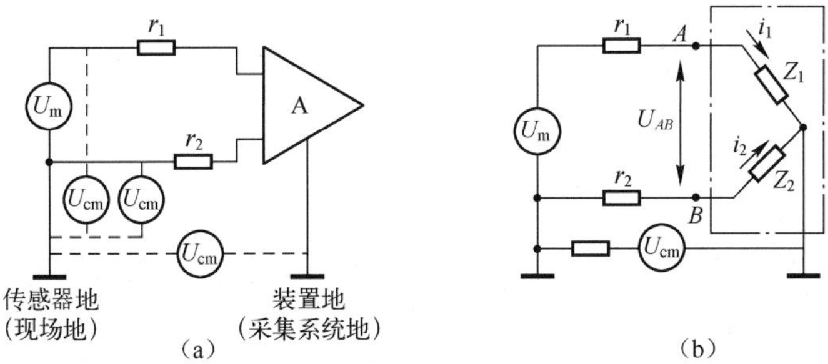

图 7.8　共模干扰的形成

由式（7-6）可以看出：由于 U_{cm} 的存在，在放大器输入端产生一个等效电压 U_{AB}，如果此时 r_1=r_2，Z_1=Z_2，则 U_{AB}=0，表示不会引入共模干扰，但实际上无法满足上述条件，一般情况下，共模干扰电压总是转化成一定的差模干扰出现在两个输入端之间。共模干扰的作用与电路对称程度有关，r_1、r_2 的数值越接近，Z_1、Z_2 越平衡，则 U_{AB} 越小。

由于共模干扰只有转换成差模干扰才能对检测装置产生干扰作用，所以其对检测装置的影响的大小直接取决于共模干扰转换成差模干扰的大小。为了衡量检测系统对共模干扰的抑制能力，引入共模干扰抑制比这一概念。共模干扰抑制比是指作用于检测系统的共模干扰信号与使该系统产生同样输出所需的差模信号之比，用 CMRR 表示，通常以对数形式表示，即

$$\text{CMRR} = 20\lg \frac{U_{cm}}{U_{nm}} \tag{7-7}$$

式中　U_{cm}——作用于此检测系统的实际共模干扰信号；

　　　U_{nm}——检测系统产生同样输出所需的差模干扰信号。

共模干扰抑制比也可以定义为检测系统的差模增益与共模增益之比，用数学式表示为

$$\mathrm{CMRR} = 20\lg\frac{K_{\mathrm{cm}}}{K_{\mathrm{nm}}} \tag{7-8}$$

以上两种定义都说明了，CMRR 越高，检测装置对共模干扰的抑制能力越强。

7.2 硬件抗干扰技术

根据噪声干扰必须具备的三个要素，检测装置的干扰控制方法主要是消除或抑制干扰源；阻断或减弱干扰的耦合通道或传输途径；削弱接收电路对干扰的灵敏度。三种方法比较起来，消除干扰源是最有效、最彻底的方法，但在实际中干扰源是很难完全消除的。削弱接收电路对干扰的灵敏度可通过电子电路板的合理布局，如输入电路采用对称结构、信号的数字传输、信号传输线采用双绞线等措施来实现。干扰噪声的控制就是阻断干扰的传输途径和耦合通道。检测装置的干扰噪声控制方法常采用的有屏蔽技术、接地技术、隔离技术、滤波器等硬件抗干扰措施，以及冗余技术、陷阱技术等微机软件抗干扰措施。在此只介绍接地技术、屏蔽技术和滤波技术三种硬件抗干扰技术。

7.2.1 接地技术

“地”是电路或系统中为各个信号提供参考电位的一个等电位点或等电位面。所谓“接地”就是将某点与一个等电位点或等电位面之间用低电阻导体连接起来，构成一个基准电位。接地技术的基本目的就是消除各电路电流流经公共地线时产生的噪声电压，以及免受电磁场和地电位差的影响，即不使其形成环路。

检测系统中的地线有以下几种。

（1）信号地。在测试系统中，原始信号是用传感器从被测对象获取的，信号（源）地是指传感器本身的零电位基准线。

（2）模拟地。模拟地是模拟信号的参考点，所有组件或电路的模拟地最终都归结到供给模拟电路电流的直流电源的参考点上。

（3）数字地。数字地是数字信号的参考点，所有组件或电路的数字地最终都与供给数字电路电流的直流电源的参考点相连。

（4）负载地。负载地是指大功率负载或感生负载的地线。当这类负载被切换时，它的地电流中会出现很大的瞬态分量，对电平的模拟电路乃至数字电路都会产生严重干扰，通常把这类负载的地线称为噪声地。

（5）系统地。为避免地线公共阻抗的有害耦合，模拟地、数字地、负载地应严格分开，并且要最后汇合在一点，以建立整个系统的统一参考电位，该点称为系统地。系统或设备的机壳上的某一点通常与系统地相连接，供给系统各个环节的直流稳压或非稳压电源的参考点也都接在系统地上。

以上五种类型的地线，其接地方式有两种：单点接地与多点接地。单点接地又分串联接地和并联接地两种，主要用于低频系统。

两个或两个以上的电路共用一段地线的接地方法称为串联单点接地，其等效电路如图 7.9 所示。图 7.9 中的 R_1、R_2 和 R_3 分别是各段地线的等效电阻，I_1、I_2 和 I_3 分别是电路 1、2 和 3

的入地电流，因此电流在地线等电阻上会产生压降，所以三个电极与地线的连接点的对地电位具有不同的数值，分别为

$$\begin{cases} V_A = (I_1 + I_2 + I_3)R_1 \\ V_B = V_A + (I_2 + I_3)R_2 \\ V_C = V_A + V_B + I_3 R_3 \end{cases} \tag{7-9}$$

由此可以看出，在串联接地方式中，任一电路的地电位都受到别的电路地电流变化的调制，使电路的输出信号受到干扰，这种干扰是由地线公共阻抗耦合作用产生的。离接地点越远，电路中出现的噪声干扰越大，但与其他接地方式相比较，它布线最简单，费用最低。所以，当连接地电流较小且相差不太大的电路时，通常采用串联接地，并且把电平最低的电路安置在离接地点（系统地）最近的地方与地线相接，以使干扰最小。

各个电路的地线只在一点（系统地）汇合的接地方式为并联单点接地，其等效电路如图 7.10 所示。各电路的对地电位只与本电路的地电流和地线阻抗有关，因而没有公共阻抗耦合噪声。但是所用地线太多，不能用于高频信号系统。因为这种接地系统中的地线一般都比较长，在高频情况下，地线的等效电感和各个地线之间杂散电容耦合的影响是不容忽视的。

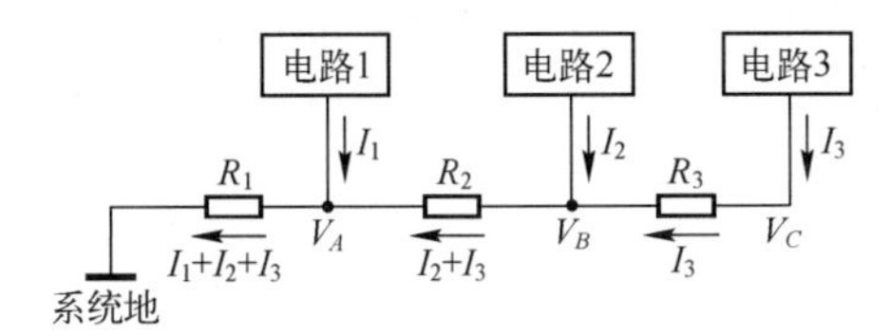

图 7.9　串联单点接地的等效电路

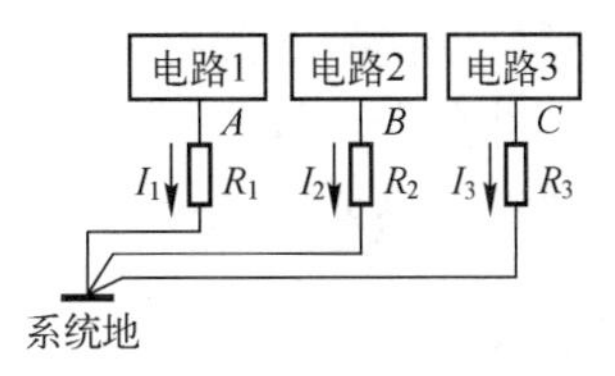

图 7.10　并联单点接地的等效电路

在高频系统中，通常采用多点接地方式，各个电路或元件的地线以最短的距离就近连到地线汇流排通常是金属底板上，其等效电路如图 7.11 所示。因地线很短，底板表面镀银，所以它们的阻抗很小。多点接地不能用在低频系统中，因为各个电路的地电流流过地线汇流排的电阻会产生阻抗耦合噪声。

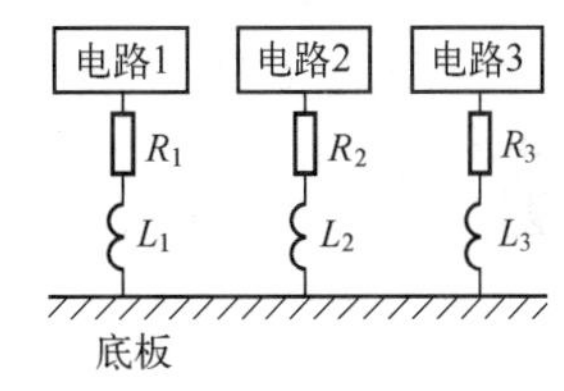

图 7.11　多点接地的等效电路

一般的选择标准是，当信号频率低于 1MHz 时，选用单点接地方式，而当频率高于 10MHz 时，选用多点接地方式。对于频率处于 1～10MHz 之间的系统，可选用单点接地方式，但地线长度应小于信号波长的 1/20，如果不能满足这一要求，那么应选用多点接地方式。

另外，具体在进行系统接地设计时，还应注意两个基本要求：一是消除各电路电流流经一个公共地线阻抗时所产生的噪声电压；二是避免形成接地环路，引起共模干扰。一个系统中包含多种地线，每一个环节都与其中一种或几种地线发生联系。系统接地设计通常包含很多方面，如输入信号传输线屏蔽接地点的选择、电源变压器静电屏蔽层的接地、直流电源接地点的选择、印制电路板的地线布局等，具体内容请参看相关书籍，在这就不详细介绍了。

7.2.2　屏蔽技术

屏蔽技术主要是指抑制电磁感应对检测装置的干扰的技术，通常利用铜或铝等低阻材料或磁性材料把元件、电路、组合件或传输线等包围起来以隔离内外电磁的相互干扰。屏蔽包括静电屏蔽、电磁屏蔽、低频屏蔽和驱动屏蔽等。

1．静电屏蔽

在静电场作用下，导体内部无电力线，即各点等电位，因此采用导电性能良好的金属做屏蔽盒，并将它接地，可使其内部的电力线不外传，同时使外部的电力线不影响其内部。

静电屏蔽能防止静电场的影响，用它可以消除或削弱两电路之间由于寄生电容和分布电容耦合而产生的干扰。

2．电磁屏蔽

电磁屏蔽采用导电性能良好的金属材料做成屏蔽层，利用高频干扰电磁场在屏蔽体内产生涡流，再利用涡流消耗高频干扰磁场的能量，从而削弱高频电磁场的影响。

若将电磁屏蔽层接地，则同时兼有静电屏蔽的作用。也就是说，用导电良好的金属材料做成的接地电磁屏蔽层，可同时起到电磁屏蔽和静电屏蔽的作用。

3．低频屏蔽

电磁屏蔽的措施对低频磁场干扰的屏蔽效果是很差的，因此对低频磁场的屏蔽要用导磁材料做屏蔽层，以便将干扰磁通限制在磁阻很小的磁屏蔽体的内部，防止其干扰。

通常采用坡莫合金等对低频磁通有高磁导率的材料，同时要有一定厚度，以减少磁阻，并且加工后要进行热处理。

4．驱动屏蔽

驱动屏蔽就是使被屏蔽导体的电位与屏蔽导体的电位相等，其原理图如图 7.12 所示。如果 1∶1 电压跟随器是理想的，即在工作中导体 B 与屏蔽层 D 之间的绝缘电阻为无穷大，并且等电位，那么在导体 B 与屏蔽层 D 之间的空间无电力线，各点等电位，这说明导体 A 噪声源的电场 E_n 影响不到导体 B。这时尽管导体 B 与屏蔽层 D 之间有寄生电容 C_{S2} 存在，但是由于 B 与 D 等电位，故此寄生电容也不起作用。因此，驱动屏蔽能有效地抑制通过寄生电容的耦合干扰。

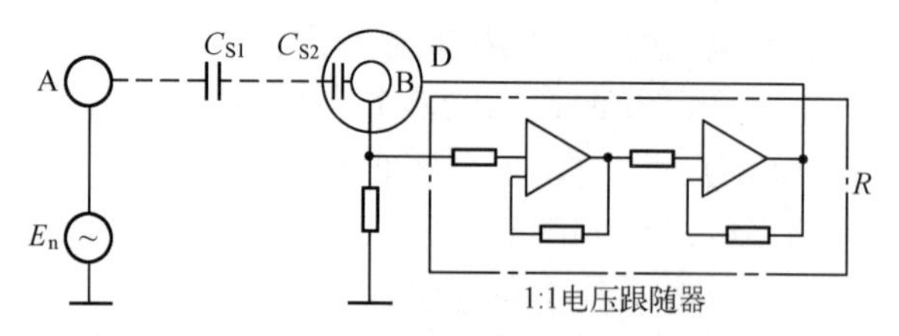

图 7.12　驱动屏蔽原理图

7.2.3　滤波技术

有时尽管采用了良好的屏蔽技术和接地技术，但在传感器输出到下一环节的过程中仍不可避免地含有各种噪声，这时就必须用滤波器有效地抑制无用信号的影响。滤波器是一种允许某一频带信号通过，而阻止另一些频带通过的电子电路。滤波就是保持需要的频率成分的振幅不变，尽量减小不必要频率成分振幅的一种信号处理方法。

在模拟电路中，有代表性的滤波器是低通滤波器。在热电偶等响应速度慢的传感器中，仅低频成分有效，高频成分全是噪声，可由低通滤波器去除噪声干扰。图 7.13（a）所示为由电阻 R 和电容 C 构成的简单低通滤波器电路，这种电路具有图 7.13（b）所示的幅频特性。

若要加速衰减，应采用图 7.13（c）所示的多级低通滤波器电路或采用 R、C 和运算放大器构成的有源滤波器。

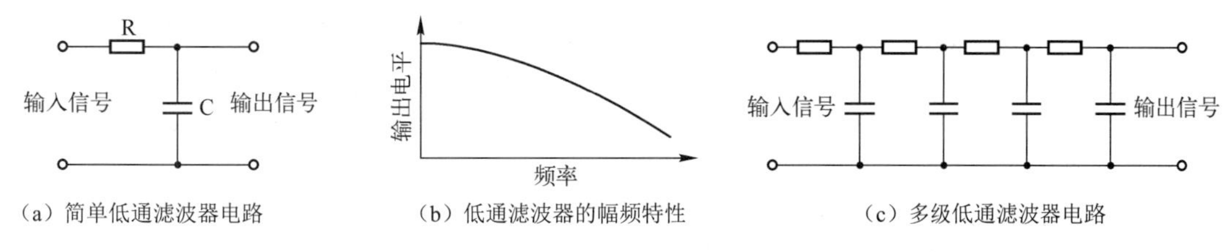

（a）简单低通滤波器电路　（b）低通滤波器的幅频特性　（c）多级低通滤波器电路

图 7.13　低通滤波器及其特性

高通滤波器是保存高频信号，使低频成分衰减的滤波器，用于信号成分是高频，想去除低频噪声或者直流成分的场合。图 7.14 所示为简单高通滤波器电路。

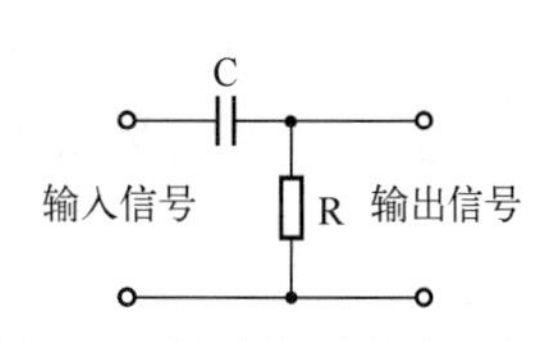

图 7.14　简单高通滤波器电路

带通滤波器是让一定频率范围的成分通过的滤波器，带阻滤波器则与之相反，其衰减一定范围内的频率成分。用户可根据要求选用已集成好的各种滤波器。

7.3　软件抗干扰技术

为了提高检测系统的可靠性，仅靠硬件抗干扰措施是不够的，需要进一步借助软件来克服某些干扰。特别是随着微机技术的发展，越来越多的检测系统采用微机，这时软件抗干扰技术显得尤其重要。常用的软件抗干扰技术主要有两类：一是通过软件抑制叠加在模拟输入信号上的噪声对检测结果的影响，如数字滤波技术等；二是由于干扰而使运行程序发生混乱，导致程序“跑飞”或陷入“死循环”时，采取使程序纳入正轨的措施，如软件冗余、软件陷阱、“看门狗”技术等。这些方法可以用软件实现，也可以采用软、硬件相结合的方法实现。

7.3.1　数字滤波

数字滤波是由软件算法实现的，不需要增加硬件设备，只要在程序进入控制算法之前，附加一段数字滤波程序即可。各个通道可以共用一个数字滤波器（即滤波程序），而不用像使用硬件滤波器那样去考虑阻抗匹配问题。另外，它使用灵活，只要改变滤波程序或运算参数，就可实现不同的滤波效果，很容易解决较低频信号的滤波问题。常用的数字滤波方法有中位值法滤波、平均值法滤波、限幅滤波等。

1. 中位值法滤波

中位值法滤波是指对某一被测参数连续采样 N 次（N 一般取奇数），然后把 N 次采样值按大小排列，取中间值为本次采样值。中位值法滤波能有效地克服偶然因素引起的波动或采样器不稳定引起的误码等脉冲干扰。液位等缓慢变化的被测参数采用此法能收到良好的滤波效果，但对于流量、压力等快速变化的参数一般不宜采用中位值法滤波。

2．平均值法滤波

常用的平均值法滤波主要有算术平均值法滤波和去极值平均值法滤波等。

（1）算术平均值法滤波。算术平均值法滤波是指对采样点连续采样 N 次，然后取其平均值，其算式为

$$y=\frac{1}{N}\sum_{i=1}^{N}x_i \tag{7-10}$$

式中　y——N 次测量的平均值；

　　　x_i——第 i 次测量值。

算术平均值法滤波是用得最多和最简单的方法，适用于对一般具有随机干扰的信号进行滤波。这种信号的特点是有一个平均值，信号在某一数值范围附近做上、下波动，在这种情况下仅取一个采样值做依据显然是不准确的，所以常对同一采样点采样多次，用平均值法求得被测量的值。算术平均值法滤波对信号的平滑程度完全取决于 N。当 N 较大时，平滑度高，但灵敏度低；当 N 较小时，平滑度低，但灵敏度高。因此，应按具体情况选取 N，如对于一般流量测量，可取 N=8～16；对于压力测量，可取 N=4。

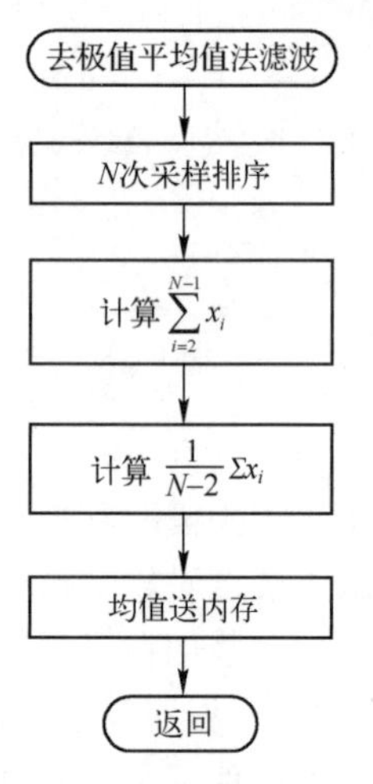

图 7.15　去极值平均值法滤波程序框图

（2）去极值平均值法滤波。算术平均值法滤波对抑制随机干扰效果较好，但对脉冲干扰的抑制能力较弱，明显的脉冲干扰会使平均值远离实际值。而中位值法滤波对脉冲干扰的抑制却非常有效，因此可以将两者结合起来形成去极值平均值法滤波。去极值平均值法滤波的算法如下：连续采样 N 次，先去掉一个最大值，再去掉一个最小值，最后求余下 N−2 个采样值的平均值。其滤波程序框图如图 7.15 所示。

由于这种滤波方法兼容了算术平均值法滤波和中位值法滤波的优点，所以无论是对缓慢变化的过程信号还是对快速变化的过程信号，都能起到很好的滤波效果。

3．限幅滤波

由于检测系统中存在随机脉冲干扰，或由于变送器不可靠而将尖脉冲干扰引入输入端，从而造成测量信号的严重失真，对于这种随机干扰，限幅滤波是一种有效的方法。其基本方法是比较相邻（n 和 n−1 时刻）的两个采样值 y_n 和 y_{n-1}，根据经验确定两次采样允许的最大偏差。如果两次采样值 y_n 和 y_{n-1} 的差值超过了允许的最大偏差 Δy，那么认为发生了随机干扰，并认为后一次采样值 y_n 为非法值，应予剔除。剔除 y_n 后，可用 y_{n-1} 代替 y_n。若未超过允许的最大偏差范围，则认为本次采样值有效。

设当前采样值存于 30H，上次采样值存于 31H，结果存于 32H，最大允许偏差设为 01H，则限幅滤波程序如下：

```
PUSH  ACC
PUSH  PSW          ；保护现场
MOV   A ,30H       ；yn→A
CLR   C            ；清进位
```

```
        SUBB   A,31H          ; 求yn-yn-1
        JNC    LP0            ; yn<yn-1，求补
        ADD    A,#01H
LP0:    CLR    C
CJNE    A,#01H,LP2            ; yn-yn-1>Δy?
LP1:    MOV    32H,30H        ; 等于Δy，本次采样值有效
        SJMP   LP3
LP2:    JC     LP1            ; 小于Δy，本次采样值有效
        MOV    32H,31H        ; 大于Δy，yn=yn-1
LP3:    POP    PSW
        POP    ACC
        RET
```

在应用这种方法时，关键在于最大允许偏差 Δy 的选择。过程的动态特性决定其输出参数的变化速度，因此通常按照输出参数可能的最大变化速度 $V_{\max}$ 及采样周期 T 来决定 Δy 的值，即

$$\Delta y = V_{\max} T \tag{7-11}$$

7.3.2　软件冗余技术

当干扰信号通过某种途径作用到 CPU 上时，CPU 不能按正常状态执行程序，从而引起混乱，这就是所说的程序“跑飞”。在程序“跑飞”后，使其恢复正常的一个最简单的方法是通过人工复位，使 CPU 重新执行程序。采用这种方法虽然简单，但需要人的参与，而且复位不及时。人工复位一般是在整个系统已经瘫痪且无计可施的情况下才不得已而为之的，因此进行软件设计时就要考虑到万一程序“跑飞”，应让其自动恢复到正常状态下运行，冗余技术是解决该种情况经常用到的方法。常用的冗余技术主要有指令冗余技术、数据和程序冗余技术。

MCS-51 所有指令均不超过三字节，且多为单字节指令。指令由操作码和操作数两部分组成，操作码指明 CPU 完成什么样的操作（如传送、算术运算等），操作数是操作码的操作对象（如立即数、寄存器等）。单字节指令仅有操作码，隐含操作数；双字节指令的第一个字节是操作码，第二个字节是操作数；三字节指令的第一个字节为操作码，后两个字节为操作数。CPU 取指令的过程是先取操作码，后取操作数。如何区别某个数据是操作码还是操作数，完全由取指令的顺序决定。CPU 复位后，首先取指令的操作码，然后按顺序取出操作数。当一条完整指令执行后，紧接着取下一条指令的操作码、操作数。这些操作时序完全由程序计数器控制，因此一旦计算机因干扰而出现错误，程序便脱离正常运行轨道“跑飞”，出现操作数数值改变及将操作数当作操作码的错误。当程序“跑飞”到某个单字节指令上时，便自己纳入正轨；当程序“跑飞”到某个双字节指令上时，若恰恰在取指令时刻落到其操作数上，从而将操作数当作操作码，程序仍将出错；当程序“跑飞”到某个三字节指令上时，因为它有两个操作数，误将其操作数当作操作码的出错概率更大。

为了使“跑飞”程序在程序区迅速纳入正轨，应该多用单字节指令，并在关键地方人为地插入一些单字节指令，如 NOP 指令，或将有效单字节指令重写，称之为指令冗余。

在双字节指令和三字节指令之后插入两个 NOP 指令，可保证其后的指令不被拆散。因为

“跑飞”程序即使落到操作数上，由于两个 NOP 指令的存在，也不会将其后的指令当操作数执行，从而使程序纳入正轨。

对程序流向起决定作用的指令（如 RET、RETI、ACALL、LCALL、LJMP、JZ、JNZ、JC、JNC 指令等）和某些对系统工作状态起重要作用的指令（如 SETB、EA 指令等）可以在这些指令之前插入两个 NOP 指令，或在这些指令的后面重复写上这些指令，都可确保这些指令的正确执行。

由以上可看出，采用指令冗余技术使程序纳入正轨的条件是，“跑飞”程序必须指向程序运行区，并且必须执行到冗余指令，而且程序中冗余指令不能使用太多，否则会降低程序的执行效率。

数据和程序的冗余设计的基本方法是，在 EPROM 的空白区域写入一些重要的数据表和程序作为备份，以便当系统程序被破坏时，仍有备份参数和程序维持系统的正常运行。

7.3.3 软件陷阱技术

当“跑飞”程序进入非程序区（如 EPROM 未使用的空间）或表格区时，采用冗余指令便不能使程序纳入正轨，此时可以设定软件陷阱，拦截“跑飞”程序，将其迅速引向一个指令位置，在那里有一段专门对程序运行出错进行处理的程序。

软件陷阱，就是用引导指令强行将捕获到的“跑飞”程序引向复位入口地址 0000H，在此处将程序转向专门对程序出错进行处理的程序，使程序纳入正轨。软件陷阱可采用两种形式，如表 7.1 所示。

表 7.1 软件陷阱形式

形　式	执 行 操 作	对应入口形式
形式一	NOP NOP LJMP 0000H	0000H：LJMP　MAIN；运行主程序 ⋮
形式二	LJMP 0202H LJMP 0000H	0000H：LJMP　MAIN；运行主程序 ⋮ 0202H：LJMP 0000H ⋮

根据“跑飞”程序落入陷阱区的位置不同，可选择执行 NOP 指令、转到 0000H 和直转 0202H 单元的形式之一，使程序纳入正轨，运行到预定位置。

7.3.4 “看门狗”技术

计算机受到干扰而失控，引起程序“跑飞”，也可能使程序陷入“死循环”。当指令冗余技术、软件陷阱技术不能使失控的程序摆脱“死循环”的困境时，通常采用程序监视技术，又称“看门狗”技术，使程序脱离“死循环”。“看门狗”技术可以不断监视程序循环运行时间，若发现时间超过已知的循环时间，则认定系统陷入了“死循环”，然后强迫返回 0000H 入口，在 0000H 处安排一段出错处理程序，使程序纳入正轨。

“看门狗”技术既可由硬件实现，又可由软件实现，还可由两者结合实现。

软、硬件“看门狗”技术及软件陷阱的具体设计方法可参考相关书籍，在此不做介绍。

习　题　7

7.1　论述检测系统的干扰来源。

7.2　接地方式有哪几种？各适用于什么情况？

7.3　屏蔽有哪几种类型？

7.4　软件抗干扰的方法有哪些？

第8章

典型非电参量的测量方法

内容提要

在工程实践中，经常需要测量力、位移、加速度和温度等多种物理量，本章主要介绍常见的机械工程量（如应力、压力、扭矩、振动、位移、流量等）的常用测量方法和常用测量仪器。

8.1 应力、应变的测量

应力、应变的测量是机电工程测试技术中应用最广泛的一种测量，其目的是掌握被测件的实际应力大小及分布情况，进而分析设备构件的破坏原因、寿命长短和强度储备等。其可用于验证相应的理论公式、合理安排工艺和提供生产过程的数学模型，同时是设计和制造多种应变式传感器的理论基础。

应力、应变的测量可分为单向应力、应变测量和平面应力、应变测量，不管是哪一种测量都是先对被测件进行应力、应变分析，然后确定贴片方式和组桥方式，最后根据测得的数据结果进行分析。

8.1.1 简单受力状态的应变测量

简单受力状态主要是指只受单向拉伸（压缩）、弯矩或扭矩时的状态。

1. 只受单向拉伸（压缩）时的应变测量

单向受拉件在轴向力 F 的作用下，其横截面上是均匀分布的正应力，外表面是沿轴向的单向应力状态，只要测得外表面上的轴向应变 ε_F ，便可由下式求得拉力 F：

$$F = \sigma A = E\varepsilon_F A \tag{8-1}$$

式中 A——截面积（m^2）；

σ——正应力（Pa）；

E——弹性模量（Pa）。

具体测量应变 ε_F 时，可沿正应力方向粘贴电阻应变片，电阻应变片的贴片位置及组桥方式可按电桥的加减特性或电桥的平衡条件来确定。测量前，要求电桥处于平衡状态，无输出；测量时，电桥越不平衡越好，这样可以获得最大的输出信号。单向拉伸时的贴片位置如图 8.1（a）所示，四片电阻应变片均粘贴在被测件表面，其中 R_1、R_3 沿受拉方向粘贴；R_2、R_4 垂直于受力方向粘贴，并且 R_3、R_4 设置在 R_1、R_2 的圆周方向的 180°。当被测件受到拉伸时，R_1、R_3 受到拉伸产生应变 $\varepsilon_1 = \varepsilon_3 = \varepsilon$ ；而 R_2、R_4 受压产生应变 $\varepsilon_2 = \varepsilon_4 = -\mu\varepsilon$ （ μ 为泊松比）。若将这四片应变片组成全桥电路，如图 8.1（b）所示，则电桥的输出电压为

$$U_o = \frac{U}{4R}(\Delta R_1 - \Delta R_2 + \Delta R_3 - \Delta R_4) = \frac{KU}{4}(\varepsilon_1 - \varepsilon_2 + \varepsilon_3 - \varepsilon_4)$$
$$= \frac{KU}{4}[\varepsilon - (-\mu\varepsilon) + \varepsilon - (-\mu\varepsilon)] = \frac{2(1+\mu)\varepsilon}{4}KU \qquad (8\text{-}2)$$

由式（8-2）可知，全桥测量单向拉伸应变时，应变仪读数为实际应变的$2(1+\mu)\varepsilon$倍，即被测件的实际应变$\varepsilon = \varepsilon_{测}/[2(1+\mu)\varepsilon]$，采用此全桥电路还可消除环境温度对测量的影响。

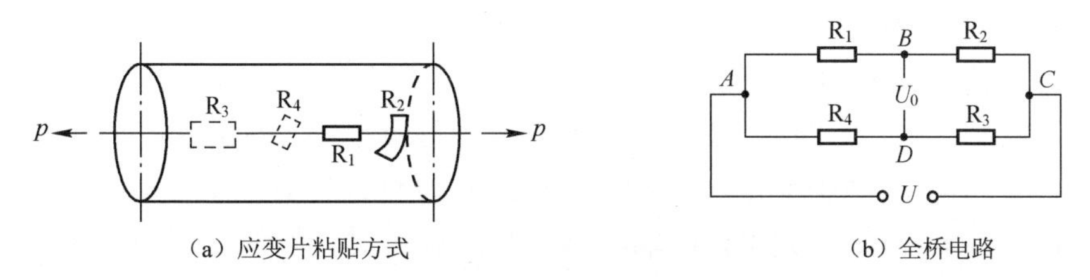

（a）应变片粘贴方式　（b）全桥电路

图 8.1　单向拉压应变测量分析图

2．只受弯矩时的应变测量

当被测件只受弯矩 M 作用时，如图 8.2 所示，则在被测件的上、下表面沿轴向方向的应力最大（一边受拉，另一边受压），并且最大拉应力和压应力相等，其值为$\sigma = \pm M/W$，表面应变为$\varepsilon_M = \sigma/E$，只要测得实际应变ε_M，被测件所受弯矩可由下式求得：

$$M = \sigma W = EW\varepsilon_M \qquad (8\text{-}3)$$

式中　W——抗弯截面模量（m^4）。

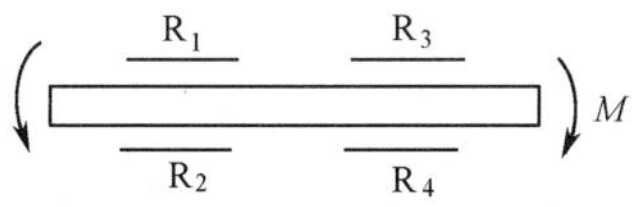

图 8.2　只受弯矩应变测量分析图

具体测量应变ε_M时，四个电阻应变片粘贴在零件上、下两个侧面，其中R_1、R_3沿主应力方向粘贴在被测件的上表面；R_2、R_4沿主应力方向粘贴在被测件的下表面，并组成全桥电路，如图 8.1（b）所示。

当被测件只受弯矩时，R_1、R_3受到拉应力，且$\varepsilon_1 = \varepsilon_3 = \varepsilon$；而$R_2$、$R_4$受到压应力，且$\varepsilon_2 = \varepsilon_4 = -\varepsilon$，则电桥的输出电压为

$$U_o = \frac{KU}{4}(\varepsilon_1 - \varepsilon_2 + \varepsilon_3 - \varepsilon_4) = \frac{KU}{4}[\varepsilon - (-\varepsilon) + \varepsilon - (-\varepsilon)] = KU\varepsilon \qquad (8\text{-}4)$$

由式（8-4）可知，全桥测量弯曲应力时，桥路输出信号较大，实际应变$\varepsilon_M = \varepsilon_{测}/4$。

3．只受扭矩时的应变测量

由材料力学可知，当圆轴只受到扭矩作用时，轴表面有最大剪应力τ。在轴表面取一单元体 E，如图 8.3（a）所示，为只受扭矩时的应力状态。在与轴线成±45°方向上，有最大正应力σ_1、σ_2，且$\sigma_1 = -\sigma_2 = \tau$，有相应应变$\varepsilon_1$、$\varepsilon_2$，且$\varepsilon_1 = -\varepsilon_2 = \varepsilon_\tau$。由于轴表面为平面应力状态，应力、应变的关系为

$$\varepsilon_\tau = \frac{\sigma_1}{E} - \mu\frac{\sigma_2}{E} = \frac{\sigma_1}{E}(1+\mu) = \frac{\tau}{E}(1+\mu) \qquad (8\text{-}5)$$

所以，若测出与轴线成45° 方向上的实际应变ε_τ，则最大剪应力τ为

$$\tau = \frac{E\varepsilon_\tau}{1+\mu} \tag{8-6}$$

扭矩为

$$M_\mathrm{N} = \tau W_\mathrm{N} = \frac{E\varepsilon_\tau}{1+\mu} W_\mathrm{N} \tag{8-7}$$

式中　M_N——扭矩（N·m）；

　　　W_N——抗扭截面模量（m^3）。

具体测量应变ε_τ时，将四片电阻应变片均粘贴在被测轴上，粘贴方式如图8.3（b）所示，组桥如图8.1（b）所示。当轴受扭矩作用时，R_1、R_3受到拉应力，且$\varepsilon_1 = \varepsilon_3 = \varepsilon$，而$\mathrm{R}_2$、$\mathrm{R}_4$受到压应力，且$\varepsilon_2 = \varepsilon_4 = \varepsilon$，则电桥的输出电压为

$$U_\mathrm{o} = \frac{KU}{4}(\varepsilon_1 - \varepsilon_2 + \varepsilon_3 - \varepsilon_4) = KU\varepsilon_\tau \tag{8-8}$$

通过测量U_o就可测量出ε_τ，通过式（8-7）就可计算出扭矩。

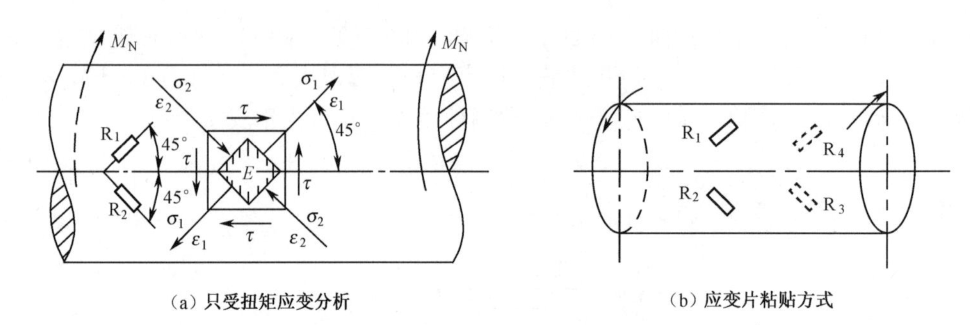

（a）只受扭矩应变分析　　（b）应变片粘贴方式

图8.3　只受扭矩应变测量分析图

8.1.2　复杂受力状态的单向应力、应变测量

在实际测量中，被测件往往处于复杂的受力状态，如转轴同时承受扭矩、弯矩和拉伸（压缩）等的组合作用，我们可以利用不同的贴片和组桥方式，测量一种载荷而消除其他载荷的影响。

1．受弯矩与拉伸（压缩）时的组合应变测量

当被测件同时受拉伸和弯矩的联合作用时，如图8.4所示，由拉力F引起的应力$\sigma_F = F/A$，在截面均匀分布，其应力应变关系为$\sigma_F = E\varepsilon_F$；由弯矩$M$在上、下表面引起的应力$\sigma_M = \pm M/W$，其应力应变关系为$\sigma_M = E\varepsilon_M$。当拉伸、弯矩同时作用时，被测件上、下表面的应力、应变分别为

$$\sigma_{1,2} = \sigma_F \pm \sigma_M = \frac{F}{A} \pm \frac{M}{W}$$

$$\varepsilon_{1,2} = \varepsilon_F \pm \varepsilon_M$$

所以，只要分别测得ε_F、ε_M的实际应变值，便可分别求得拉力F和弯矩M。具体测量时，在上、下表面粘贴四片相同的应变片，如图8.4（a）所示，$\mathrm{R_a}$、$\mathrm{R_b}$沿轴线方向，$\mathrm{R_c}$、$\mathrm{R_d}$沿轴线垂直方向。各应变片所感受的应变分别是

$$\varepsilon_\mathrm{a} = \varepsilon_F + \varepsilon_M$$

$$\varepsilon_b = \varepsilon_F - \varepsilon_M$$
$$\varepsilon_c = -\mu(\varepsilon_F + \varepsilon_M)$$
$$\varepsilon_d = -\mu(\varepsilon_F - \varepsilon_M)$$

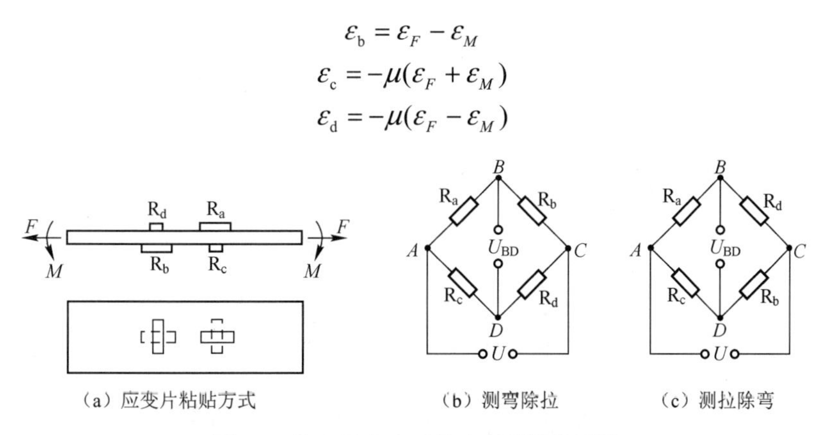

（a）应变片粘贴方式　（b）测弯除拉　（c）测拉除弯

图 8.4　拉弯组合变形的应变测量分析图

（1）测弯除拉。当只测弯矩引起的应变而消除拉伸应变时，可如图 8.4（b）所示组桥，电桥的输出电压为

$$U_{BD} = \frac{KU}{4}(\varepsilon_a - \varepsilon_b - \varepsilon_c + \varepsilon_d) = \frac{2(1+\mu)\varepsilon_M}{4}KU \tag{8-9}$$

静态应变仪读数 $\varepsilon_{测} = 2(1+\mu)\varepsilon_M$，实际弯曲应变 $\varepsilon_M = \varepsilon_{测}/[2(1+\mu)]$，拉伸应变已由电桥自动消除。

（2）测拉除弯。当只测拉伸应变而消除弯曲影响时，可如图 8.4（c）所示组桥，电桥的输出电压为

$$U_{BD} = \frac{KU}{4}(\varepsilon_a - \varepsilon_d - \varepsilon_c + \varepsilon_b) = \frac{2(1+\mu)\varepsilon_F}{4}KU \tag{8-10}$$

静态应变仪读数 $\varepsilon_{测} = 2(1+\mu)\varepsilon_F$，实际拉伸应变 $\varepsilon_F = \varepsilon_{测}/[2(1+\mu)]$，弯曲应变已由电桥自动消除。

2．受扭矩、拉伸（压缩）和弯矩时的组合应变的测量

当被测件受一扭矩 M_n、弯矩 M（由横向力 q 引起）和轴向力 F 同时作用时，为了测得扭矩，一般要把应变片粘贴在与轴线成±45°的方向上，如图 8.5（a）所示，所以我们先分析各种载荷在与轴线成±45°的方向上的应力应变。在被测件的前面和后面各取一单元体 E、F，并将其分解，如图 8.6 所示。

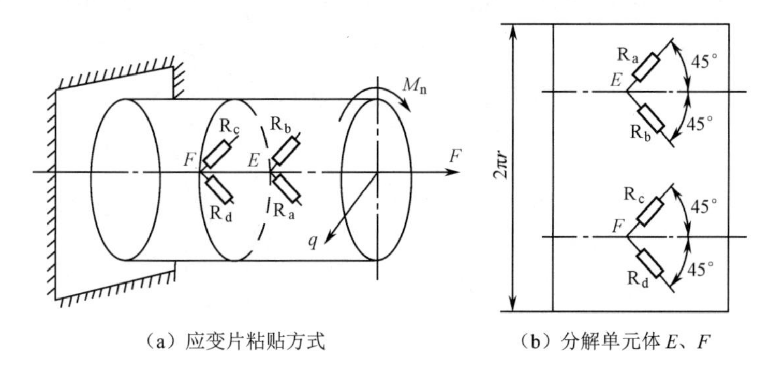

（a）应变片粘贴方式　（b）分解单元体 E、F

图 8.5　扭拉弯组合变形的贴片方式

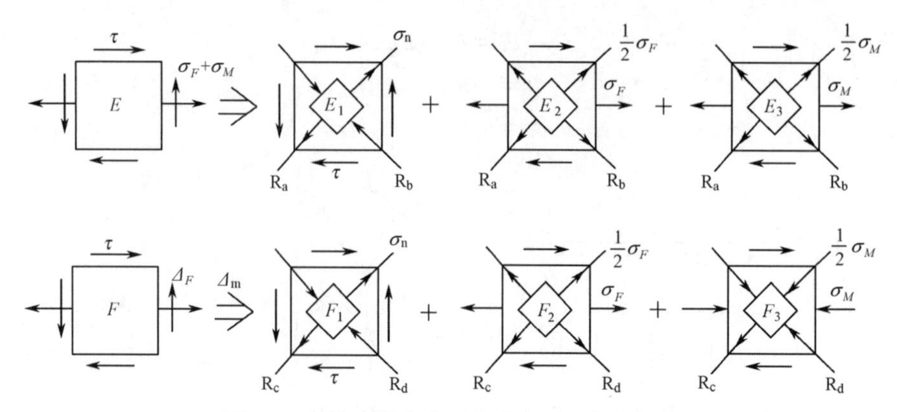

图 8.6　扭拉弯组合变形的应力、应变分析图

E_1、F_1 为扭矩 M_n 作用时的纯剪应力状态，与前面纯扭转变形分析相同。在与轴线成±45°的方向上，由扭矩 M_n 作用产生的实际应变为 $\pm\varepsilon_\tau$。

E_2、F_2 为拉力 F 作用时的单向应力状态，其横截面上的正应力为 σ_F。在与轴线成±45°的截面上正应力为 $\sigma'_F=\sigma_F/2$，相应的实际应变为 ε_F。

E_3、F_3 为弯矩 M 作用时的单向应力状态，两单元横截面上的正应力为 σ_M，但符号相反。在与轴线成±45°的截面上，应力为 $\sigma'_M=\sigma_M/2$，相应的实际应变为 $\pm\varepsilon_M$，两个单元应变符号相反。

在具体测量应变时，一般在 E、F 与轴线成±45°的方向粘贴四片相同的应变片，如图 8.5 所示，各应变片所感受的实际应变为

$$\varepsilon_a=\varepsilon_\tau+\varepsilon_F+\varepsilon_M$$
$$\varepsilon_b=-\varepsilon_\tau+\varepsilon_F+\varepsilon_M$$
$$\varepsilon_c=\varepsilon_\tau+\varepsilon_F-\varepsilon_M$$
$$\varepsilon_d=-\varepsilon_\tau+\varepsilon_F-\varepsilon_M$$

（1）测扭除拉弯。当只测扭转应变而消除拉弯应变时，可如图 8.7（a）所示组桥，电桥的输出电压为

$$U_{BD}=\frac{KU}{4}(\varepsilon_a-\varepsilon_b-\varepsilon_d+\varepsilon_c)=\frac{4\varepsilon_\tau}{4}KU \tag{8-11}$$

静态应变仪读数 $\varepsilon_{测}=4\varepsilon_\tau$，由扭矩 M_τ 作用产生在与轴线成 45°方向上的实际应变为 $\varepsilon_\tau=\varepsilon_{测}/4$，拉伸和弯曲应变已由电桥自动消除。

（2）测弯除扭拉。当只测弯曲引起的应变而消除扭拉应变时，可如图 8.7（b）所示组桥，电桥的输出电压为

$$U_{BD}=\frac{KU}{4}(\varepsilon_a-\varepsilon_c-\varepsilon_d+\varepsilon_b)=\frac{4\varepsilon_M}{4}KU \tag{8-12}$$

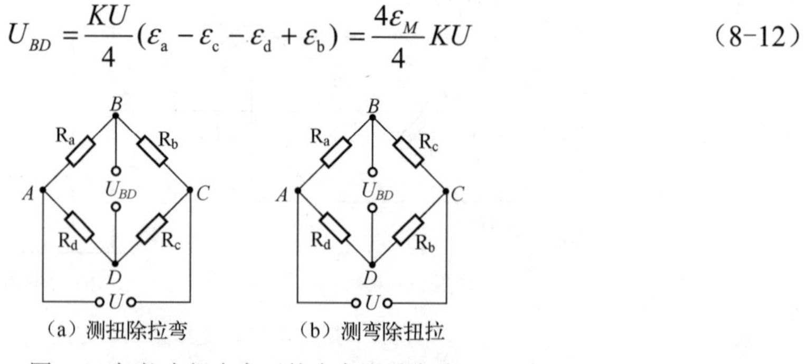

图 8.7　扭拉弯组合变形的应变测量电路

静态应变仪读数 $\varepsilon_{测} = 4\varepsilon_M$，由弯矩 M 作用引起的在与轴线成 45° 方向上的实际应变为 $\varepsilon_M = \varepsilon_{测}/4$，拉伸和扭矩应变已由电桥自动消除。由 M 作用产生在与轴线成±45° 的截面上的应力为 σ'_M，可由平面胡克定律算得 $\sigma'_M = E\varepsilon_M/(1-\mu)$，由于沿轴线方向上的弯曲应力 $\sigma_M = 2\sigma'_M$，所以可计算得到弯矩

$$M = \frac{2EW}{1-\mu}\varepsilon_M \tag{8-13}$$

以上仅为组合变形中测单一应变的例子，实际上可以采取其他不同的贴片组桥方式来测量，具体方法可参阅有关书籍。

8.1.3　平面应力状态的应力测量

在实际测量中，所遇到的许多结构、零件都处在平面应力状态下，一般平面应力测量问题可分为以下两种情况。

1. 主应力方向已知的平面应力测量

在平面应力状态中，若主应力方向已知，只需沿相互垂直的主应力方向粘贴两片应变片，另外采取温度补偿措施，组成如图 8.8 所示的电桥，分别直接测得主应变 ε_1、ε_2，再由平面胡克定律，求得主应力。例如，应变式荷重传感器，其外形如图 8.9（a）所示。应变片粘贴在钢制圆柱［可以是实心的，也可以是空心的，见图 8.9（b）］的表面，如图 8.9（c）所示，在力的作用下，R_1、R_3 受压，R_2、R_4 受拉。图 8.10 所示为荷重传感器用于测量汽车质量的汽车衡示意图。这种汽车衡便于在称重现场和控制室让驾驶员和计重员同时了解测量结果，并打印数据。

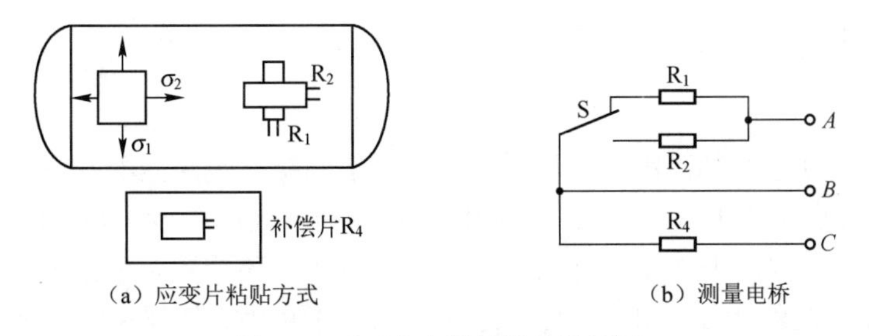

（a）应变片粘贴方式　　（b）测量电桥

图 8.8　平面应力测量贴片组桥图

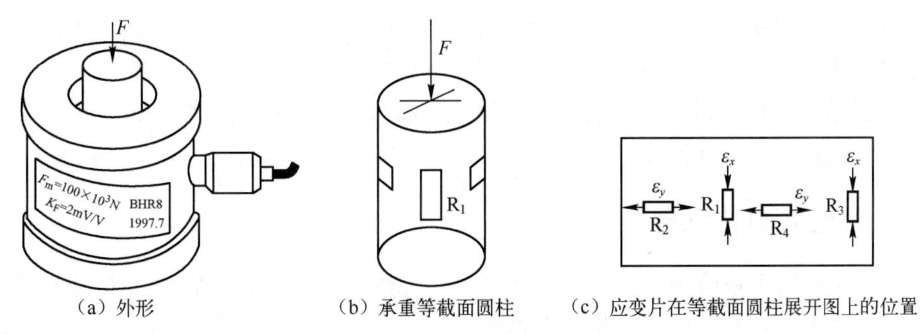

（a）外形　　（b）承重等截面圆柱　　（c）应变片在等截面圆柱展开图上的位置

图 8.9　平面应力测量贴片组桥图

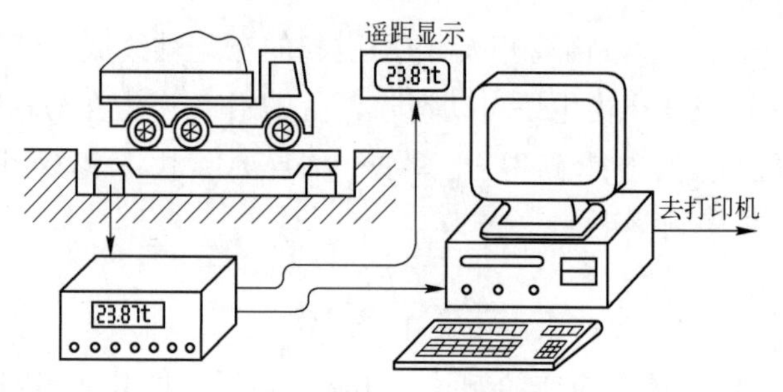

图 8.10　汽车衡示意图

2．主应力方向未知的主应力测量

在平面应力中，在主应力方向未知的情况下，若要测取某一点的主应力大小和方向，可在该点粘贴三片相互有一定角度的应变片构成应变花，测取这三个方向的应变 ε_a 、 ε_b 、 ε_c ，就可利用材料力学中应力理论和平面胡克定律求出主应力的大小和方向，如图 8.11 所示。读者若要进一步了解具体测量方法，可以参阅有关文献。

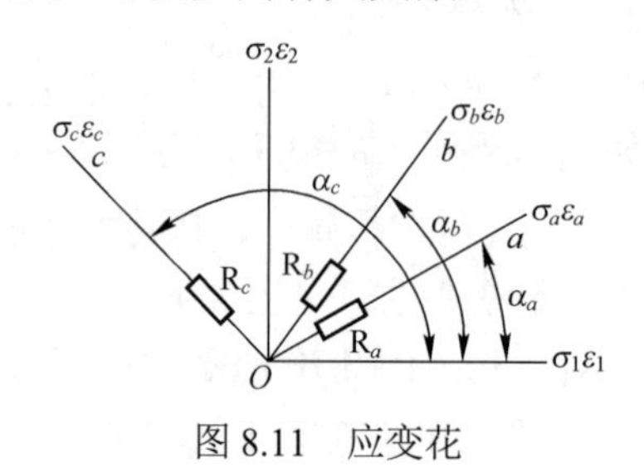

图 8.11　应变花

8.2　力及压力的测量

力的测量方法可分为直接比较法和采用传感器的间接比较法两类。在直接比较法中常采用梁式天平，其优点是简单易行，在一定条件下可获得很高的精度（如分析天平），但它是逐级加载的，测量精度取决于砝码分级的密度和砝码等级，还受到测量系统中杠杆、刀口支承等连接件间的摩擦和磨损的影响。另外，这种方法基于重力力矩平衡，因此仅适用于静态测量。间接比较法采用测力传感器，先将被测力转换为其他物理量，再与标准值比较，从而求得被测力的大小，可用来做动态测量，测量精度主要受传感器及其标定的精度所影响。本节主要介绍间接比较法。

根据传感器的工作原理，常用的力传感器主要有弹性式、电阻应变式、电容式和电感式。另外，还有电磁感应式、压阻效应式、压电效应式和光电效应式等。

8.2.1　弹性式力传感器

弹性式力传感器主要用于压力测量。常用的测力弹性元件主要有布尔登管、膜片和波纹管三类，如图 8.12 所示。被测的压力作用在弹性元件上，在其弹性极限范围内，产生与压力成正比的弹性变形，该变形可带动指针或刻度盘指示出被测压力的大小，或被接收并转变为电信号，通过测量电信号的大小计算出被测压力的大小。

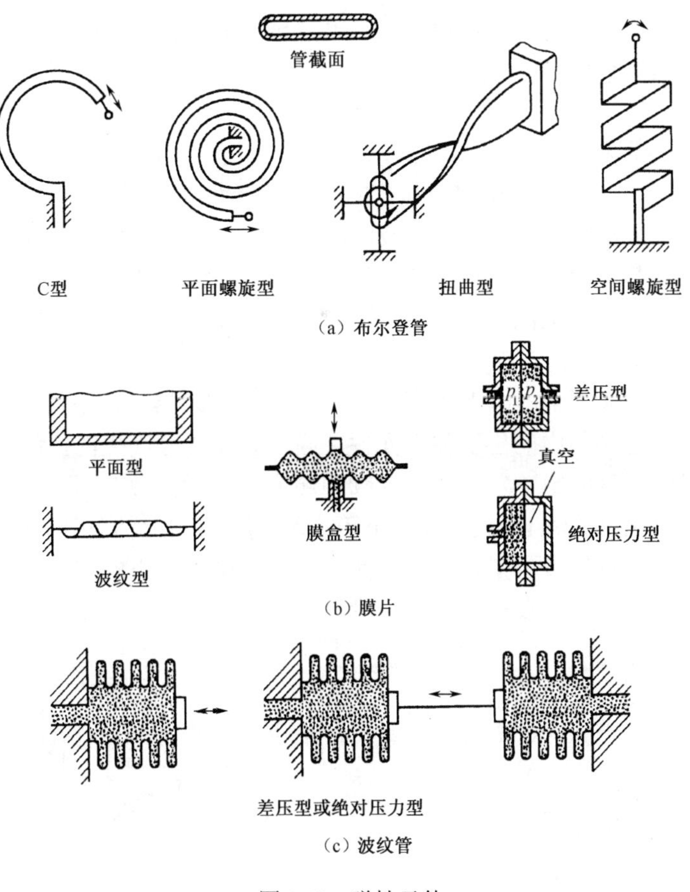

图 8.12 弹性元件

1．布尔登管

布尔登管（弹簧管）的横截面是非圆形的，如图 8.12（a）所示。当它的内腔接入被测压力，且管内压力大于管外压力时，因为管子短轴方向的内表面积比长轴方向的大，所以受力也大，短轴要变长些，长轴要变短些，迫使管子向圆形截面变化，产生弹性变形。由于短轴方向与弹簧管圆弧的径向方向一致，因此变形使自由端向管子伸直的方向移动，管端产生向外的位移量。自由端的位移量与压力在一定范围内呈线性关系。弹簧管压力表的结构示意图如图 8.13 所示。弹簧管自由端位移通过拉杆带动齿轮传动机构放大，转换成指针的转动，在刻度盘上指示出被测压力值。单圈弹簧管的测压范围从真空到几百兆帕。

单圈弹簧管自由端的位移量较小，为了增加自由端的位移量，提高灵敏度，可采用 S 型弹簧管或螺旋型弹簧管，但是它们的测压上限比单圈弹簧管低。

2．膜片

膜片是用弹性材料制成的圆形薄片，主要有平面型、波纹型等，如图 8.12（b）所示。膜片的周边刚性固定，把两片膜片的周边焊接起来，可构成膜盒，几个膜盒串接在一起，形成膜盒组。

在压力作用下，膜片的中心位移和膜片的应变在小变位时均与压力近似成正比。平膜片具有较高的抗振、抗冲击能力，应用得较多。波纹膜片和膜盒的灵敏度较高。以膜片为敏感元件的膜片式压力计适用于真空或 0～6MPa 的压力测量，膜盒式压力计的测量范围是 -4×10^4～$+4\times10^4$Pa。

3．波纹管

波纹管是一种外周沿轴向有许多环状波纹的薄壁圆筒，如图 8.12（c）所示。使用时，应将开口端焊接于固定基座上，并将被测流体通入管内。在流体压力的作用下，密封的自由端产生位移。在波纹管的弹性范围内，自由端的位移量与压力呈线性关系。波纹管一般用于低压测量。

图 8.14 所示为使用膜片作为弹性元件的光电式压力传感器，它采用一个红外发光二极管和两个光敏二极管来检测其中的压敏弹性元件（膜片）受压时产生的位移量。这种传感器的精度很高。为了降低温度的影响，参考二极管和测量二极管被做在同一芯片上。在测量电路中采用了一个测信号比值的 A/D 转换器。由于两个光敏二极管受到相同的光照，红外发光二极管因温度或老化而导致的输出变化不会对两个光敏二极管输出的差值产生影响，从而使由 A/D 转换器得到的输出仅对二极管受光照面积敏感。

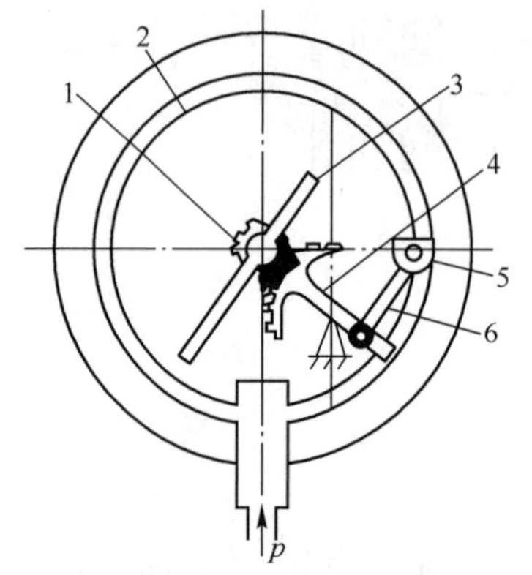

1—小齿轮；2—弹簧管；3—指针；4—扇形齿轮；5—自由端；6—拉杆

图 8.13　弹簧管压力表的结构示意图

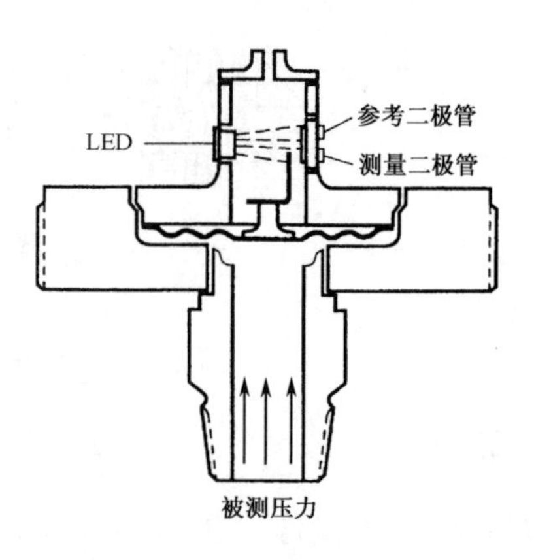

图 8.14　光电式压力传感器

8.2.2　电阻应变式力传感器

电阻应变式力传感器是根据应变效应设计制作的力传感器。应变式压力传感器的测量范围大，可以从几帕到几兆帕，且能获得很高的测量精度。其常见的结构形式有筒式、膜片式和组合式等。

1．筒式压力传感器

筒式压力传感器如图 8.15 所示，通常用于测量较大的压力，它的一端为盲孔，另一端为法兰与被测系统相连接，应变片粘贴于筒的外表面，工作片 1 贴于空心部分，补偿片 2 贴在实心部分。

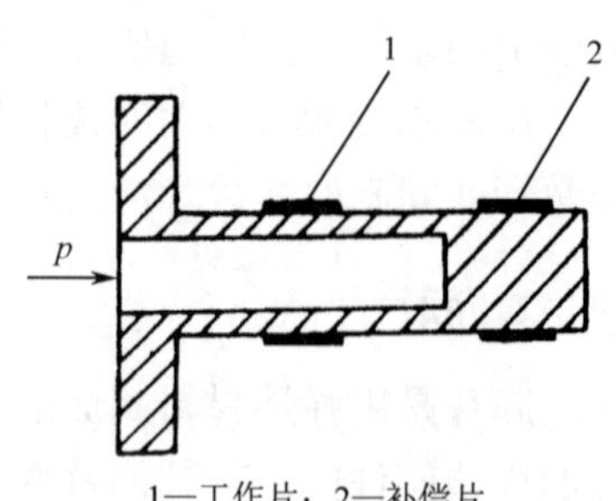

1—工作片；2—补偿片

图 8.15　筒式压力传感器

2. 膜片式压力传感器

膜片式压力传感器如图 8.16 所示。它的敏感元件为圆形箔式应变片。

3. 组合式压力传感器

组合式压力传感器的压力敏感元件为波纹膜片、膜盒或波纹管等，而应变片粘贴在悬臂梁上，如图 8.17 所示，这种传感器多用于测量小压力。AK-2 型应变式压力传感器采用组合式结构，即在感应膜片前面加一段引压管，使传感器的测量不受安装力矩的影响，其测量范围广，性能稳定，结构简单、紧凑，密封可靠，主要适用于各种静态（准静态）气体、液体介质压力的测量。

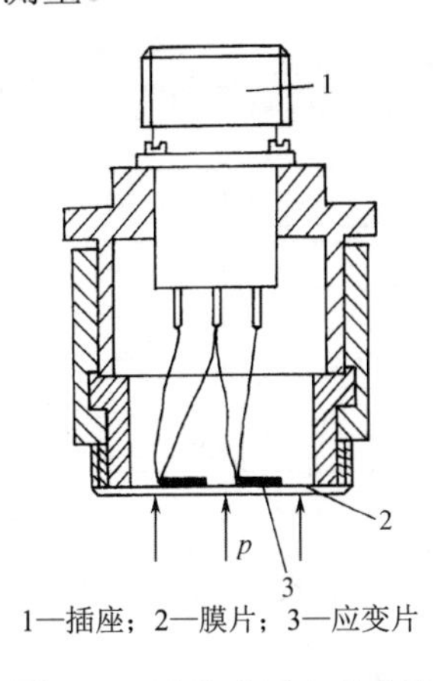

1—插座；2—膜片；3—应变片

图 8.16　膜片式压力传感器

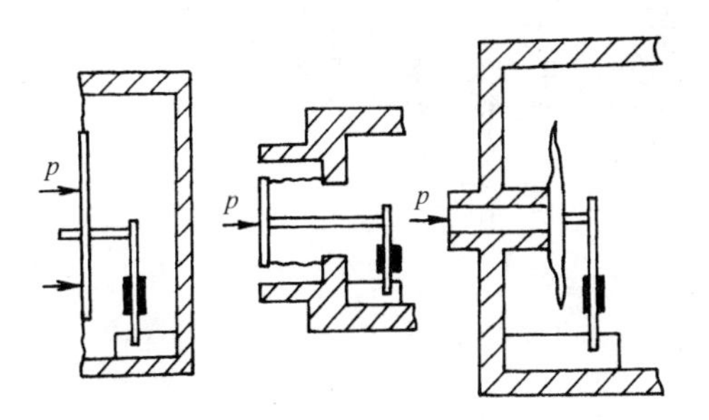

图 8.17　组合式压力传感器

采用金属电阻应变片的压力传感器能测量的形变一般很小（0.1～0.5mm），如果要求测量的位移过大，可采用较大量程的传感器，但是会降低灵敏度。所以，应变式压力传感器应用较广的是半导体应变片。根据制造工艺不同，半导体应变片有体型半导体应变片与薄膜型半导体应变片等，但随着半导体器件平面工艺的发展，出现了一种用扩散法制成的半导体应变片，这种应变片的特点是稳定性高、机械滞后和蠕变小，电阻温度系数比一般体型的小一个数量级。

应变式压力传感器既可用于静态测量，又可用于动态测量。由于变形体刚度大，因而这种传感器具有很高的固有频率。应变片测量法非常适用于较高频率和持续交变载荷的情况。另外，应变片法测量的重复性很高。

8.2.3　其他力传感器

1. 电容式力传感器

电容式力传感器把力转换成微小位移量的变化，通过测量由于位移量变化引起的电容量变化大小，从而计算出被测力的大小。图 8.18 所示为电容式压力传感器的结构示意图。弹性膜片与中心杆端面构成可变电容器的两极，在压力作用下，膜片沿轴向产生位移，从而改变了电容的间隙。这种传感器的特点是利用了膜片本身的弹性，具有较高的灵敏度。其测量精度取决于测量电路，一般也采用调频或调相电路来驱动，适用于液压系统的动态测量。

在实际应用中常采用差动电容式压力传感器。图 8.19 所示为差动电容式压力传感器的结构示意图，它可用来检测 0 到 0.1 个标准大气压（或10^4 Pa）的压力，响应速度为 100ms。这种传感器的敏感元件是一个很薄的金属弹性膜片，安装在两个凹形的玻璃片之间，玻璃片凹形处电镀有金属膜，金属弹性膜片与玻璃结合处的电镀金属膜构成两个差动电容。当膜片承受两面输入的压力后，膜片就向压力小的方向产生变形，因此膜片与玻璃片内侧的金属膜层构成的电容量一个增加，另一个减少，电容量变化的大小反映了压力变化的大小。由于这个敏感元件对工作范围没有加以限制，一旦产生压力差，金属膜片就会贴到玻璃表面上，因此玻璃片的金属表面要绝缘。

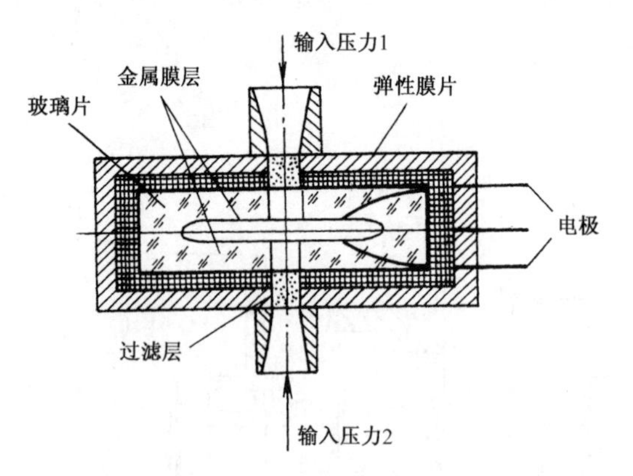

图 8.18　电容式压力传感器的结构示意图

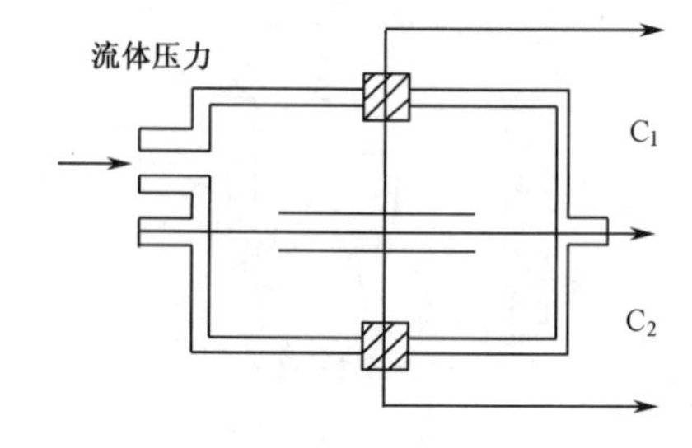

图 8.19　差动电容式压力传感器的结构示意图

图 8.20 所示为一种采用差动电容器的力天平称量系统。其中，差动电容器组成电桥电路的两臂，当称量时，差动电容器中间板向上移动，使电桥失衡。该失衡量经整流、放大并积分，在磁力线圈中产生一增加的电流。当电流增加时，线圈中产生的磁感应反作用力最终将与所加的质量相平衡，并将差动电容器中间极板拉回至零位置。这种天平的优点是机械系统的非线性不会造成测量误差。差动电容器仅用来检测零位置变化，且磁力线圈总是平衡到相同位置上。整个系统中仅要求电路系统具有线性特性。

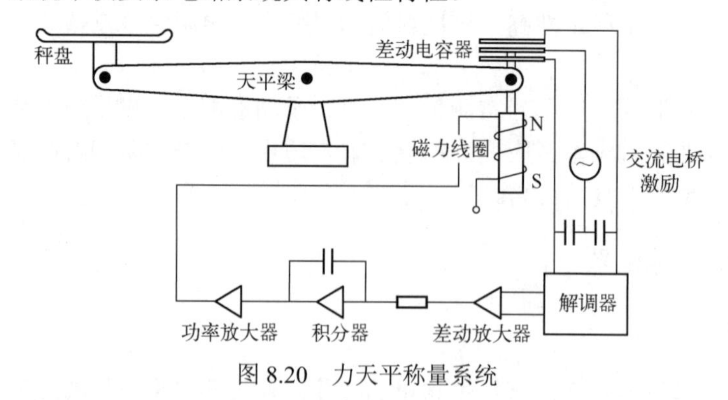

图 8.20　力天平称量系统

2．电感式力传感器

电感式力传感器利用的是磁性材料和空气磁导率不同的特性，当压力作用在膜片上时，先靠膜片改变空气气隙大小，从而改变固定线圈的电感，然后通过测量电路把电感的变化转变为相应的电压或电流输出，最后通过测量电流或电压计算出测量力的大小。

电感式力传感器按磁路特性主要分为变磁阻式和变磁导式两种，变磁阻式属于自感式传感器，变磁导式可以是自感式的，也可以是互感式的。它们的特点是灵敏度高，输出较大，结构牢靠，对动态加速度干扰不敏感，但不适于高频动态测量，测量仪器也较笨重。

变磁阻式力传感器常采用变间隙型电感传感器，在实际使用中，总是将两个电感式传感器组合在一起，组成差动式压力传感器。变磁阻式传感器由于穿过线圈的磁通密度很高，因此铁磁材料常常发生磁导率不恒定的情况，为此可采用变磁导式传感器。变磁导式压力传感器是根据差动式螺管型电感传感器或差动变压器式电感传感器设计制作的。

变磁导式压力传感器把被测压力的大小转换为螺管的移动，其原理图如图 8.21 所示，它没有铁芯，只有一个小的可沿轴向移动的磁性元件，由于元件位置变化，有效磁导率发生变化，从而在指示仪表中显示读数。由图 8.21 可知，这种传感器实质上是一个普通的调感线圈。

图 8.22 所示为差动变压器式力传感器的结构示意图，当所示膜片两侧有压力差时，膜片沿轴向发生位移，从而使变压器输出电压。

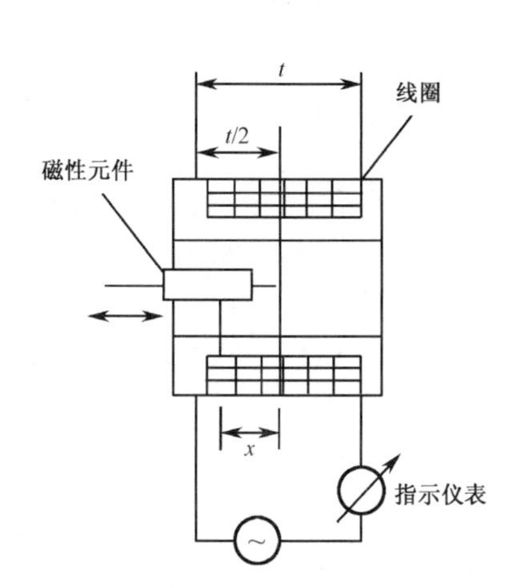

图 8.21　变磁导式压力传感器原理图

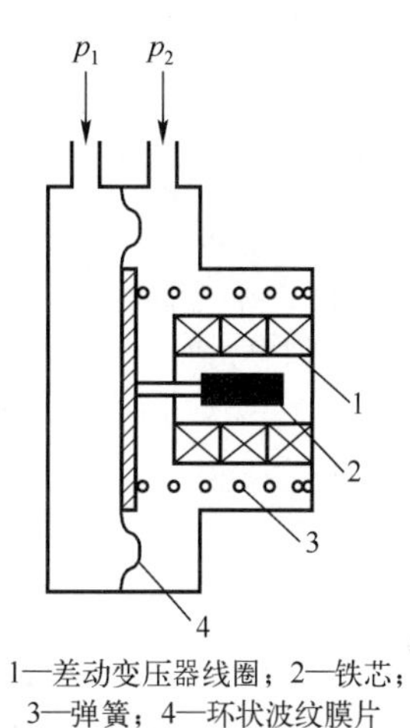

1—差动变压器线圈；2—铁芯；
3—弹簧；4—环状波纹膜片

图 8.22　差动变压器式力传感器的结构示意图

现在，随着集成技术的发展，常把通用的力传感器和信号处理电路集成在一起，并把被测压力以数字的形式输出或显示，构成数字式力传感器。

8.3　位移的测量

按照位移的特征，其可分为线位移和角位移。线位移是指沿着某一条直线移动的距离，角位移是指机构沿着某一定点转动的角度。表 8.1 所示为位移测量常用的传感器及其主要性能。电容式位移传感器、差动电感式位移传感器和电阻应变式传感器一般用于小位移的测量（几微米到几毫米）。差动变压器式传感器用于中等位移的测量（几毫米到 100 毫米），这种传感器在工业测量中应用得最多。电位器式传感器适用于较大范围位移的测量，但精度不高。光栅、磁栅、感应同步器和激光位移传感器用于位移的精密测量，测量精度高（可达 ±1 μm），量程也可达到几米。

表 8.1　位移测量常用的传感器及其主要性能

类　型	测量范围	精确度	线性度	特　点
电阻式				
滑线式　线位移	1～300mm	±0.1%	±0.1%	分辨率较高，可用于静、动态测量，机械结构不牢
角位移	0°～360°	±0.1%	±0.1%	
变阻器　线位移	1～1000mm	±0.5%	±0.5%	分辨率低、电噪声大，机械结构牢固
角位移	0～60 周	±0.5%	±0.5%	
应变片式				
非粘贴式	±0.15%	0.1%	±0.1%	不牢固
粘贴式	±0.3%	2%～3%		牢固、需要温度补偿和高绝缘电阻
半导体式	±0.25%	2%～3%	满刻度±20%	输出大、对温度敏感
电容式				
变面积	10^{-3}～100mm	0.005%	±1%	易受温度、湿度变化的影响，测量范围小，线性范围也小，分辨率很高
变极距	10^{-3}～10mm	0.1%		
电感式				
自感式变间隙型	±0.2mm		±3%	限于微小位移测量
螺管型	1.5～2mm	1%		方便可靠、动态特性差
特大型	200～300mm		0.15%～1%	
差动变压器式	±(0.08～75)mm		±0.5%	分辨率很高，有干扰磁声时需屏蔽
电涡流式	0～100mm	±0.5%	<3%	分辨率很高，受被测物体材质、形状、加工质量影响
		±(1%～3%)		
同步机	360°		±0.05%	对温度、湿度不敏感，可在 120r/min 转速下工作
微动同步器	±10°	±(0.1°～0.7°)	±0.05%	
旋转变压器	±60°		±0.1%	非线性误差与电压比及测量范围有关
感应同步器				
直线式	10^{-3}～10^{4}mm	2.5μm/250mm		模拟和数字混合测量系统数显，直线式分辨率可达 1μm
旋转式	0～360°	0.5″		
光栅				
长光栅	10^{-3}～10^{4}mm	3μm/m		工作方式与感应同步器相同，直线式分辨率可达 0.1～1μm
圆光栅	0～360°	0.5″		
磁栅				
长磁栅	10^{-3}～10^{3}mm	5μm/m		测量工作速度可达 12m/min
圆磁栅	0～360°	1″		
轴角编码器				
绝对式	0～360°	10^{-6}/r		分辨率高，可靠性好
增量式	0～360°	10^{-3}/r		
霍尔元件				
线性型	±5mm	0.5%	1%	结构简单、动态特性好，分辨率可达 1μm，对温度敏感、量程大
开关型	>2m		1%	
激光	2m			分辨率 0.2μm
光纤	0.5～5mm	1%～3%	0.5%～1%	体积小、灵敏度高，抗干扰；量程有限，制造工艺要求高
光电	±1mm			高精度、高可靠、非接触测量，分辨率可达 1μm；安装不便

8.3.1　电阻式位移传感器

电阻式位移传感器是一种把被测位移转换成电阻变化，通过测量电阻值来达到测量位移的目的的传感器。常用的有应变片式位移传感器和电位器式位移传感器两种，前者适用于电阻值变化较小的场合，灵敏度高；后者适用于位移变化较大的场合。

1．应变片式位移传感器

目前，国内外生产的应变片式位移传感器大多采用悬臂梁-弹簧组合式位移传感器，这种传感器的结构示意图如图 8.23 所示。使用时，把传感器的外壳固定在不动的支架上，成为空间固定的参考点，把测量杆与被测物体相接，被测物体的振动通过测量杆传到悬臂梁，导致贴在悬臂梁根部附近上、下两表面的应变片产生应变，应变大小与位移成正比。通过电桥测量电路测出应变，就可得出位移量。在整个测量过程中，为了保证测量杆与悬臂梁始终紧密接触，使用时应使悬臂梁有足够的预弯曲，如日本生产的 CDP 系列弹簧传力型位移传感器就是这种类型的位移传感器，它可用于测量结构机械变形，机床自动限位、定位及移动状态显示等，其精度可达 0.1%，测量范围为 0～100mm。

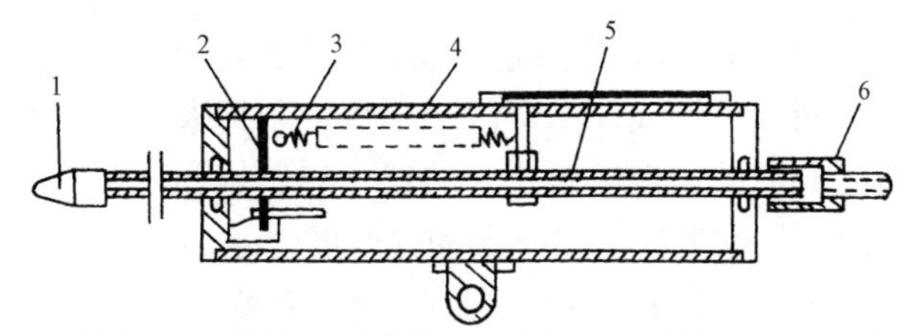

1—测量头；2—弹性头；3—弹簧；4—外壳；5—测量杆；6—调整螺母

图 8.23　应变片式位移传感器结构示意图

2．电位器式位移传感器

电位器式位移传感器种类较多，按结构形式可分为直线位移型和角位移型，按工艺特点可分为线绕式和非线绕式。这种类型的传感器的特点是结构简单，价格低廉，输入信号大，一般不需要放大。但它的分辨率不高，精度也不高，所以不适合精度要求较高的场合。另外，它的动态响应较差，不适合用于动态快速测量。

线绕电位器式位移传感器一般由电阻骨架和电刷组成，它的分辨率受到电阻元件构造的影响，其结构示意图如图 8.24 所示。由于其存在摩擦和磨损，有阶梯误差、分辨率低、寿命短等缺点，所以近年来，逐渐被非线绕电位器式位移传感器代替。非线绕式电位器目前常见的有合成膜式、金属膜式、导电塑料式和光电式等。它们的共同特点是在绝缘基座上制成各种薄膜敏感元件，因此比线绕式电位器具有高得多的分辨率，并且耐磨性好，寿命长。

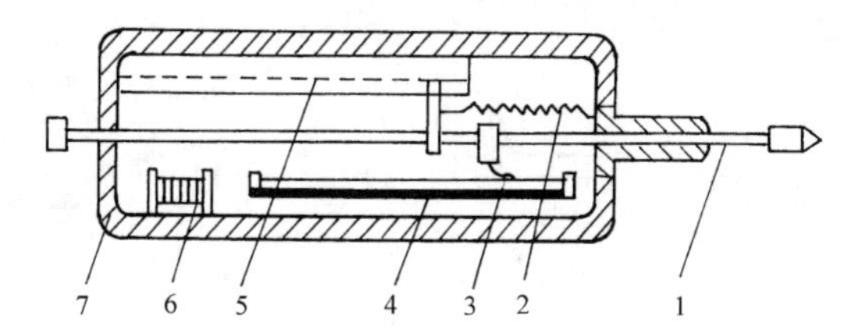

1—测量轴；2—弹簧；3—电刷；4—滑线电阻；5—导轨；6—精密无感电阻；7—壳体

图 8.24　线绕电位器式位移传感器结构示意图

8.3.2 电涡流式位移传感器

电涡流式位移传感器利用电涡流效应，将非电量转换为阻抗变化，电涡流作用原理如图 8.25 所示。被测金属导体放置在一个扁平线圈附近，两者并不接触，当线圈中通以高频正弦交变电流 i_1 时，在线圈周围就产生一个交变磁场 H_1。若被测金属导体置于该磁场范围之内，则在被测金属导体内产生电涡流 i_2，而此电涡流将产生一个新的磁场 H_2，H_2 与 H_1 方向相反，抵消部分原磁场，从而导致线圈的有效阻抗发生变化。

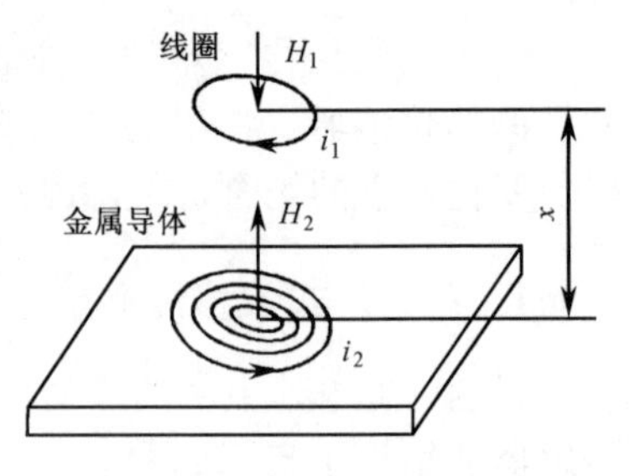

图 8.25　电涡流作用原理

一般来说，线圈的阻抗变化与金属导体的电导率、磁导率、几何形状、线圈的几何参数、激励电流频率及线圈到被测金属导体间的距离有关。如果改变上述参数中的一个参数，而其余参数恒定不变，那么阻抗就成为这个变化参数的单值函数。电涡流式位移传感器就是保证其他参数不变，使阻抗 Z 仅是距离 x 的函数，这样，阻抗的变化就可以反映线圈到被测金属导体间距离的大小。

电涡流式位移传感器的线圈与被测金属导体间是磁性耦合，这种传感器可以看成由一个载流线圈和被测金属导体两部分组成，二者缺一不可。购买来的传感器仅为电涡流式位移传感器的一部分，被测金属导体的物理性质及它的尺寸和形状都与总的测量装置特性有关。一般来说，被测金属导体的电导率越高，传感器的灵敏度也越高。

为了充分有效地利用电涡流效应，要求平板型被测金属导体的半径应大于线圈半径的 1.8 倍，否则灵敏度会降低。当被测金属导体是圆柱体时，被测金属导体直径必须为线圈直径的 3.5 倍以上，灵敏度才不受影响。用于测量位移的电涡流式传感器有变间隙型、变面积型和螺管型三种形式。

变间隙型电涡流式位移传感器是基于传感器线圈与被测金属导体平面之间间隙的变化引起涡流效应的变化，从而导致线圈电感和阻抗的变化。图 8.26 所示为变间隙型电涡流式位移传感器的内部结构。它由一个固定在框架上的扁平线圈组成，线圈用多股漆包线和银线绕制而成，一般放在传感器的端部，可绕在框架的槽内，也可用黏结剂黏结在端部。这种基于电涡流的位移传感器又称为高频反射式电涡流位移传感器。该位移传感器无滑动触点，工作时不受灰尘等非金属因素的影响，并且功耗低，寿命长，可使用在各种恶劣条件下。变间隙型电涡流式位移传感器的外形如图 8.27 所示。

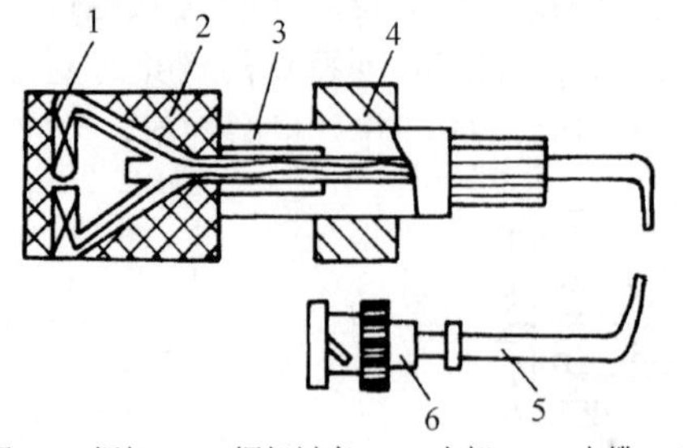

1—线圈；2—框架；3—框架衬套；4—支架；5—电缆；6—插头

图 8.26　变间隙型电涡流式位移传感器的内部结构

图 8.27　变间隙型电涡流式位移传感器的外形

变面积型电涡流式位移传感器是利用被测金属导体与传感器线圈之间相对面积的变化引起电涡流效应的变化进行位移测量的，这种形式的电涡流式位移传感器，测量线性范围比变间隙型的大，而且线性度也较高，适用于轴向位移的测量。

螺管型电涡流式位移传感器一般由短路套筒和螺管线圈组成，如图 8.28 所示。短路套筒能够沿着螺管线圈轴向移动，引起螺管线圈电感和阻抗的变化，从而测量位移。这种类型的传感器在其长度的较宽范围内有较好的线性度，但其灵敏度低。

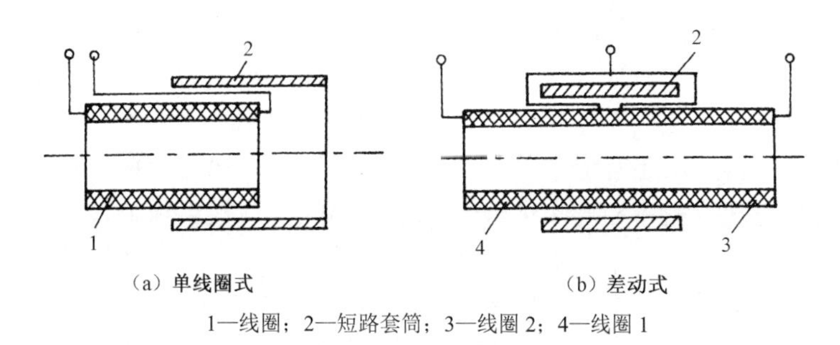

（a）单线圈式　　（b）差动式

1—线圈；2—短路套筒；3—线圈 2；4—线圈 1

图 8.28　螺管型电涡流式位移传感器

德国米铱公司生产的 EDS 系列直线位移传感器就是螺管型电涡流式位移传感器，其外形如图 8.29 所示，一个铝管套筒与被测金属导体相连，作为被测件，与传感器棒做同心非接触相对运动。传感器线圈安装在传感器棒里，防止由于环境对其产生的影响。由于在铝管里感应出的电涡流能量来自线圈，线圈的阻抗将发生变化，集成的微电子电路将套筒位置转换成 4～20mA 的电流输出。

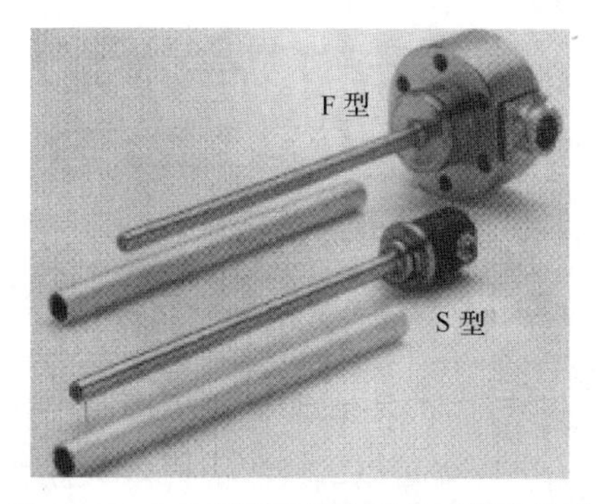

图 8.29　EDS 系列直线位移传感器的外形

它的连接方式有 S 型和 F 型两种。S 型传感器插座可选轴向和径向安装，F 型传感器插座是卡口压紧式的。由于不存在机器磨损，能承受较高的环境压强，所以这种传感器主要安装在液压和汽缸筒中，测量活塞或阀门的移动、位移、位置等，其线性度为±0.03%，分辨率为±0.05%，最大测量距离可达 630mm。

上面介绍的电涡流式位移传感器可用于测量各种形状金属零件的动态、静态位移。采用此种传感器可以做成测量范围为 0～15μm、分辨率为 0.05μm 的位移计，也可以做成测量范围为 0～500mm、分辨率为 0.1%的位移计。凡是可以变换成位移量的参数，都可用电涡流式位移传感器来测量。这种传感器常用于测量轴的轴向窜动、金属件的热膨胀系数、钢水液位、纱线张力、流体压力等。与其他传感器相比，它具有结构简单，体积小，抗干扰能力强，不受油污等介质的影响，可进行非接触测量，灵敏度高等特点。

8.3.3 其他位移传感器

除了上面介绍的位移传感器，还有电容式位移传感器、电感式位移传感器、感应同步器、光栅传感器、磁栅传感器和激光干涉仪等，它们主要用于大量程、精密位移的检测，可实现动态测量、自动测量和数字显示。例如，德国米铱公司生产的一体化小型激光CCD位移传感器，它适用于非接触测量大多数被测材料的位移。根据三角原理工作，一束激光经聚焦在被测体表面形成一个光点，这个光点通过物镜在一个位置敏感的CCD元件上成像，测量值经数字处理后模拟输出。另外，还有恒力收绳式位移传感器等。恒力收绳式位移传感器是通过一根高柔性不锈钢芯线同被测体相连实现线性测量位移的，这根钢绳通过一个长寿命的弹簧轮绕在轮毂上，绕线轮毂轴与一个多圈模拟或数字编码器连接，这样把直线运动转变成旋转运动，再通过编码器把位移转换成电阻变化或数字增量变化，测量出变化值，就可计算出被测位移。

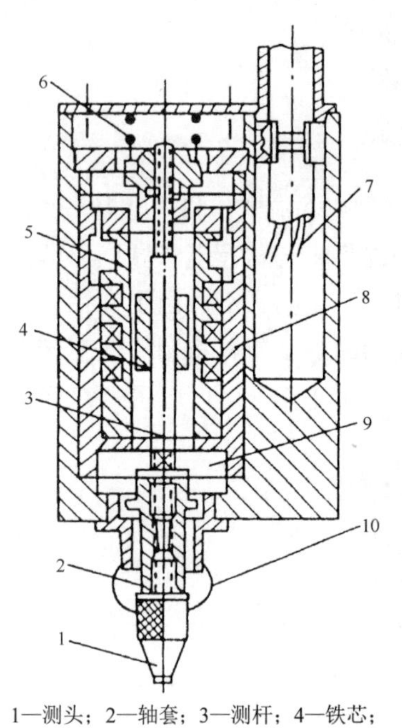

1—测头；2—轴套；3—测杆；4—铁芯；
5—线圈架；6—弹簧；7—导线；
8—屏蔽筒；9—圆片弹簧；10—防尘罩

图8.30 差动变压器式位移传感器的结构示意图

差动变压器式位移传感器是目前位移测量中应用最广的一种互感式传感器，它的工作原理类似变压器的作用原理，主要包括铁芯、初级线圈和次级线圈等。图8.30所示为差动变压器式位移传感器的结构示意图。

测头1通过轴套2和测杆3相连，铁芯4固定在测杆上。线圈架5上绕有3组线圈，中间是初级线圈，两端是次级线圈，它们都通过导线7与测量电路相连。8为屏蔽筒，作用是增加灵敏度和防止磁场的干扰。测杆用圆片弹簧9作为导轨，并获得恢复力。10是防尘罩，作用是防止灰尘进入测杆。

差动变压器式位移传感器具有良好的环境适应性、使用寿命长、灵敏度高和分辨率高的特点。使用时只要将其的壳体夹固在参照物上，其测杆顶（或夹固）在被测点上，就可以直接测量物体间的相对变化及物体的长度变化；其可测量各种金属或非金属材料构件在力的作用下或温度变化时随时间变化所产生的变形（位移）；其可作为检测机械零部件尺寸的限位报警开关；其也可以在伺服阀和轧机等各种位移闭环检测系统中作为反馈元件等。总之，差动变压器式位移传感器除了用于测量位移，凡是能转换成位移量变化的参数，如压力、压差、加速度、振动、应变、流量、厚度、液位等都可以用电感式传感器来进行测量。例如，德国米铱公司生产的差动变压器式位移传感器与MSC710变送器配套，可测量0～50mm的位移量，线性度可达±0.15%。差动变压器式位移传感器的外形图及结构示意图如图8.31所示。

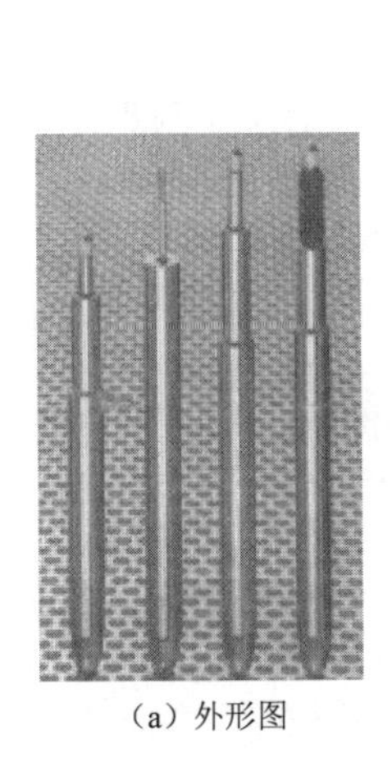

（a）外形图

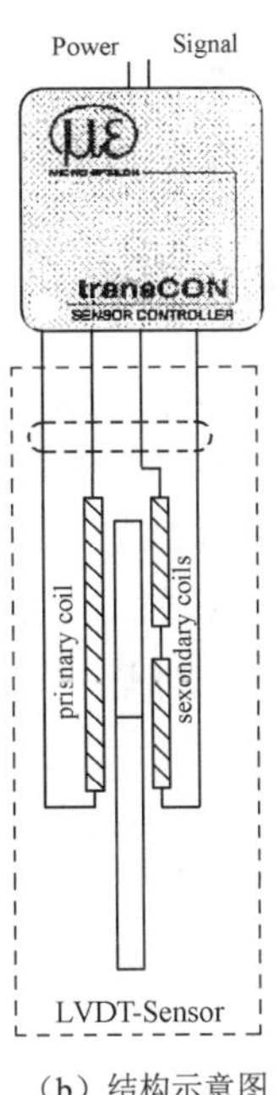

（b）结构示意图

图 8.31　差动变压器式位移传感器

8.4　振动的测量

机械振动是自然界、工程技术和日常生活中普遍存在的物理现象，任何一台运行着的仪器和设备都存在着振动现象。通常情况下，振动是有害的。随着现代工业技术的发展，振动的测量在生产和科研的许多方面占有重要地位，其作为一种现代技术手段，广泛应用于机械制造、建筑工程、生物医疗等领域。

振动的测量一般分为两类：一类是测量机器和设备运行过程中存在的振动，另一类是对设备施加某种激励，使其产生受迫振动，然后对它的振动状况做检测。振动测量的方法按振动信号转换方式的不同，可分为电测法、机械法和光学法。振动测量方法的比较如表 8.2 所示。目前广泛使用的是电测法，所以本节着重介绍振动的电测法。以电测法为基础的振动测量系统的结构框图如图 8.32 所示，该系统由被测对象、测振传感器、测量电路、振动分析仪、显示和记录仪器等组成。

表 8.2　振动测量方法的比较

名　　称	原　　理	优缺点及用途
电测法	将被测试件的振动量转换成电量，然后用电量测试仪器进行测量	灵敏度高，频率范围及动态、线性范围大，便于分析和遥测，但易受电磁声干扰。这是目前广泛采用的方法
机械法	利用杠杆原理将振动量放大后直接记录下来	抗干扰能力强，频率范围和动态线性范围小，测试时会给工件加上一定的负荷，影响测试结果。主要用于低频大振幅振动及扭振的测量
光学法	利用光杠杆原理、读数显微镜、光波干涉原理、激光多普勒效应等进行测量	不受电磁声干扰，测量精度高。适用于对质量小及不易安装传感器的试件做非接触测量，在精密测量和传感器、测振仪标定中用得较多

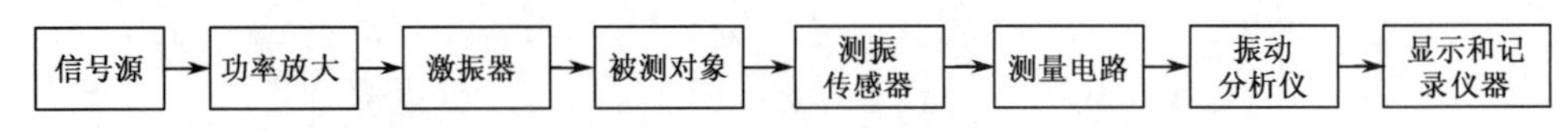

图 8.32　以电测法为基础的振动测量系统的结构框图

8.4.1　测振传感器

测振传感器又称拾振器，是感受物体振动并将其转换成电信号的一种传感器，根据被测振动参数的不同，可分为位移传感器、速度传感器和加速度传感器；根据参数变换原理的不同，可分为磁电式传感器、压电式传感器、电感式传感器和电容式传感器等；根据与被测物体的关系还可分为接触式测振传感器和非接触式测振传感器。例如，第 3 章介绍的应变式加速度传感器、电容式加速度传感器和压电式加速度传感器等都可以用作测振传感器。下面介绍其他测振传感器。

1．磁电式速度传感器

磁电式速度传感器是根据电磁感应定律制成的，所以通常又称为感应式传感器。

图 8.33 所示为磁电式惯性速度传感器的结构示意图。磁钢 2 用铝架 4 固定在壳体 6 内，利用外壳形成一个磁回路，永久磁铁与外壳之间形成两个环形气隙。为了扩展被测频率的下限，应尽量降低惯性式速度传感器的固有频率，即加大惯性质量、减小弹簧的轴向刚度。因此，装在芯杆 5 上的线圈 7 和阻尼环 3 共同组成了惯性系统的质量元件；弹簧片径向刚度很大，轴向刚度很小，使惯性系统既可以得到可靠的径向支承，又能保证有很低的轴向固有频率；阻尼环 3 一方面可加大惯性质量，降低固有频率，另一方面可利用闭合铜环在磁场中运动产生的磁阻力使振动系统具有合理的阻尼。

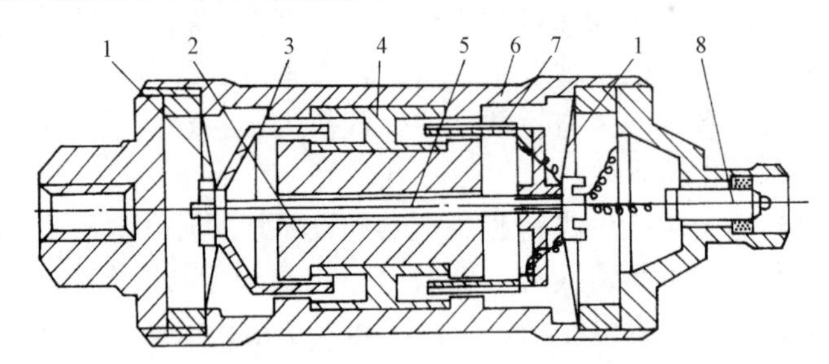

1—弹簧；2—磁钢；3—阻尼环；4—铝架；5—芯杆；6—壳体；7—线圈；8—输出端

图 8.33　磁电式惯性速度传感器的结构示意图

测振时，传感器固定在被测物体上，随同物体一起振动，驱动质量元件相对于壳体运动，处在磁场中的线圈 7 以被测速度切割磁力线，使线圈产生与其振动速度成正比的感应电动势输出。

2．电感式振动传感器

差动变压器原理还可用来构成测量振动加速度的传感器，图 8.34 所示为两种差动变压器式振动加速度传感器的结构示意图。图 8.34（a）所示为变气隙式结构，活动衔铁 2 由两片弹簧 1 支撑，对水平方向的振动加速度敏感。图 8.34（b）所示为螺管式结构，活动衔铁与图 8.34（a）一样也兼作系统的质量块，它被上、下两弹簧支撑，对垂直方向的振动加速度敏感。由于是加速度传感器，因此被测频率 ω 低于系统的固有频率 ω_n。

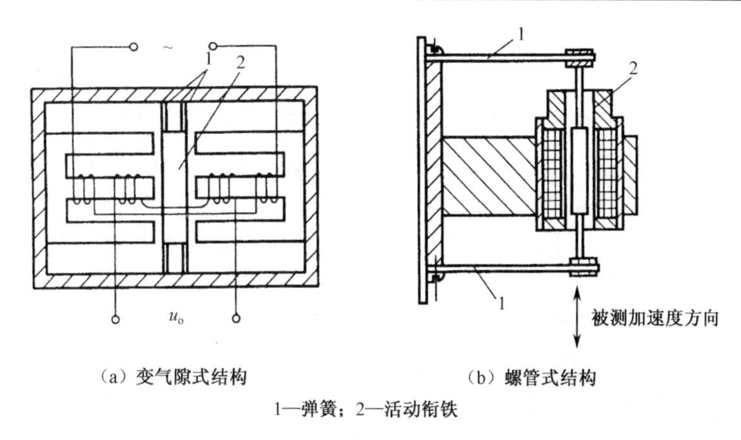

（a）变气隙式结构　　（b）螺管式结构

1—弹簧；2—活动衔铁

图 8.34　两种差动变压器式振动加速度传感器的结构示意图

3. 激光速度传感器

激光干涉法可用于测量振动，图 8.35 所示为麦克尔逊干涉仪的装置原理图。由图 8.35 可见，激光光束经一面分光镜后被分成两束各为 50%光能的光束，分别导到两面反射镜上。两束光被反射后返回分光镜，每束光的一部分穿过光阑到达光电检测器。由于光程差的关系，两束光在检测器中发生干涉，从而产生明暗交替的干涉条纹。当图 8.35 中的可移动反射镜移动一定距离 δ 时，光束的光程则增加 2δ，那么在光电检测器中所产生的暗条纹数等于在该路程中改变的波长数 N，于是有

$$2\delta = N\lambda \tag{8-14}$$

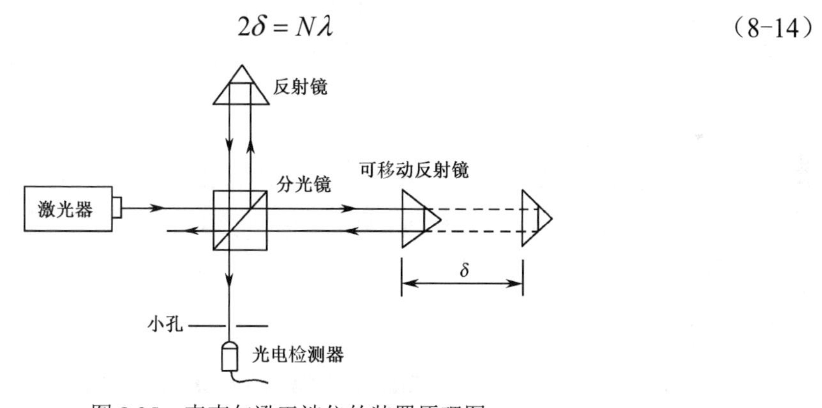

图 8.35　麦克尔逊干涉仪的装置原理图

由式（8-14）可确定移动的距离 δ。这种方法的分辨率可达一个条纹的 1%，因此干涉法一般用于测量量级很小（约为10^{-5} mm）的位移，如果将该可移动反射镜连接到一个振动表面：$\delta = \delta(t)$，反射回来的光束与起始的分光光束结合，在光电检测器中便可看到明暗交替的干涉条纹，单位时间里的条纹数便代表了振动表面的振动速度。由传感器所接收到的速度则是可移动反射镜沿激光束方向的速度分量。这种装置的工作距离一般为 1m。由于这是一种非接触式速度传感器，因此它不影响被测结构的质量。这种传感器常用于振动膜片的速度监测、旋转机械轴的轨道分析等。

8.4.2 激振方式

振动激励的方式主要有三类：稳态正弦激振、随机激振和瞬态激振。

1. 稳态正弦激振

稳态正弦激振是普遍采用的激振方法。它的工作原理是用激振器对被测对象施加一个稳定的单一频率的稳态正弦激振力。它的激振功率大，信噪比高，能保证响应对象的测试精度，但它需要很长的测试周期才能得到足够精度的测试数据，尤其是对于小阻尼，为了达到稳态，要有足够长的时间。由于稳态正弦激振使用的激振器及仪器设备比较通用，测试的可靠性也较高，故成为一种常用的激振方法。

随着电子技术的迅猛发展，以微机和 FFT 为核心的频谱分析仪和数据处理机在实时处理、频率分辨率等方面的精度提高得很快，且价格越来越低，因此各种宽带激振技术越来越被大家所重视。

2. 随机激振

随机激振一般用白噪声或伪随机信号发生器作为信号源，是一种宽带激振方法。白噪声发生器能产生连续的随机信号，其自功率谱为平直谱，在所有频率上都是等强度的。其产生的信号为非周期性信号，会使有限频率范围内的信号分析由于信号的截断而产生泄漏误差。伪随机信号的自功率谱也为平直谱，但它在测量周期内具有重复性，因此导致信号分析由于信号截断引起的泄漏误差较小。然而，由于每次处理分析的信号样本来自同一随机信号，所以不能通过样本的总体平均数来消除噪声所引起的误差。周期性随机信号由许多段互不相关的伪随机信号组成，它既具有周期重复性，又具有随机性，所以处理分析后的误差较小，它综合了白噪声和伪随机信号激振的优点。

随机激振测量系统虽有可实现快速甚至实时测量的优点，但它所用的设备复杂，价格也较高。许多机械或结构工作时受到的干扰力和动载荷往往具有随机性质，随机激振测量用传感器通过分析仪器模拟在线分析。

3. 瞬态激振

瞬态激振也属于宽带激振，该激振方式施加于被测对象上的力是瞬间变化力，激振力的自功率谱不是平直谱，常用快速正弦扫描激振、脉冲激振、阶跃激振等方式，具体测量方法可参阅有关书籍。

8.4.3 激振器

激振的目的是通过激振器使被测对象处于一种受迫振动的状态中，从而达到实验的目的，因此激振器应该能在所要求的频率范围内提供稳定的激振力。另外，为了减小激振器对被测对象的影响，激振器的体积应小，质量应轻。

激振器的种类很多，按工作原理可分为机械式、电动式、电磁式和电液式等。机械式激振器主要有力锤和机械惯性式激振器，分别是靠重力、偏心质量转动产生惯性力提供激振力的。

1. 电动式激振器

电动式激振器是利用电磁感应原理将电能转换为机械能为被测对象提供激振力的装置，按照其磁场形成的方法可分为永磁式和励磁式两种。前者多用于小型激振器，后者多用于较大型的激振器（振动台）。电动式激振器主要用于对被激对象的绝对激振。

图 8.36 所示为一种永磁电动式激振器，它主要由永磁铁 3、激励线圈 4（动圈）、芯杆 6、顶杆 1 及弹簧片组 2 组成，由动圈产生的激振力经芯杆和顶杆组件传给试件，采用做成拱形的弹簧片组来支撑传感器中的运动部分，弹簧片组具有很低的弹簧刚度，并能在试件与顶杆之间保持一定预压力，防止它们在振动时发生脱离。激振力的幅值与频率由输入电流的强度和频率所控制。

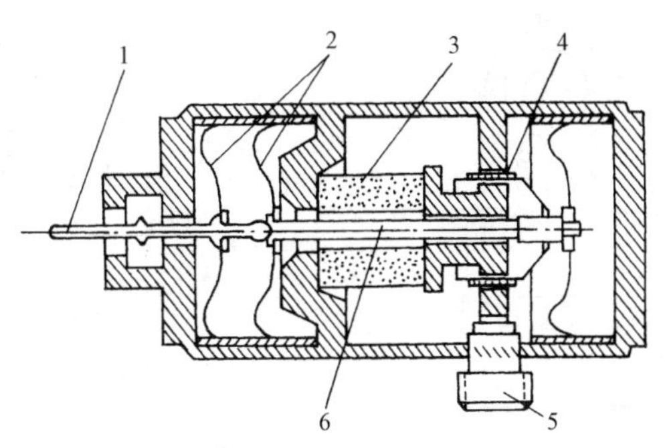

1—顶杆；2—弹簧片组；3—永磁铁；4—动圈；5—接线头；6—芯杆

图 8.36　永磁电动式激振器

顶杆与试件的连接一般可用螺钉、螺母来直接连接，也可采用预压力使顶杆与试件相顶紧。直接连接法要求在试件上打孔和制作螺钉孔，从而破坏试件。而预压力法不损伤试件，安装较为方便，但安装前需要估计预压力对试件振动的影响。在保证顶杆与试件在振动中不发生脱离的前提下，预压力越小越好。

电动式激振器的优点是频率范围大（最高可达 10000Hz），其可动部分质量较小，故对试件的附加质量和刚度的影响较小，但一般仅用于对激振力要求不大的场合。

2. 电磁式激振器

电磁式激振器直接利用电磁力作为激振力，常用于对被测对象非接触式的相对激振，其结构示意图如图 8.37 所示。铁芯 5 上装有励磁线圈 4，当励磁线圈通过电流时，铁芯将对衔铁 2（被测对象）产生电磁吸力，即激振力。励磁线圈包括一组直流线圈和一组交流线圈，恒力激振时，直流励磁线圈单独工作，铁芯内产生不变的磁感应强度，可以得到恒定的电磁吸力；交变力激振时，直流励磁线圈和交流励磁线圈共同工作，且直流励磁线圈产生的不变磁感应强度远远大于交流励磁线圈产生的交变磁感应强度峰值，可以得到与交变磁感应波形基本相同的交变电磁吸力波形。直流励磁的作用：一是提供恒定的静态电磁力；二是抑制交变电磁力中二次谐波分量，以减小输出交变激振力的波形失真。力检测线圈 3 用来检测激振力，位移传感器 1 可测量激振器与衔铁之间的相对位移，以监视、控制或反馈调节激振力。

电磁式激振器的特点是与被激对象不接触，因此可以对旋转着的对象进行激振。它没有附加质量和刚度的影响，其频率上限为 500～800Hz。

3．电液式激振器

电液式激振器是根据电液原理制成的一种激振器，其优点是激振力大（可超过 500kN），激振位移大（可达±100mm），单位力的体积小，适合大型结构做激振试验，其结构示意图如图 8.38 所示。电液伺服阀 2 由一个微型的电动式激振器、操作阀和功率阀所组成；信号发生器的信号经过放大后操纵电液伺服阀，以控制油路使活塞往复运动，经顶杆 1 去激励被激对象；活塞端部注入一定油压的压力油，形成静压力，对被激对象施加预载；力传感器 4 可以测量激振力的大小。

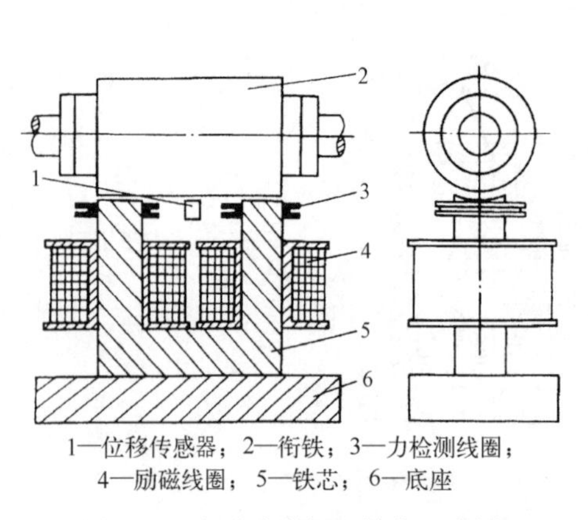

1—位移传感器；2—衔铁；3—力检测线圈；
4—励磁线圈；5—铁芯；6—底座

图 8.37　电磁式激振器结构示意图

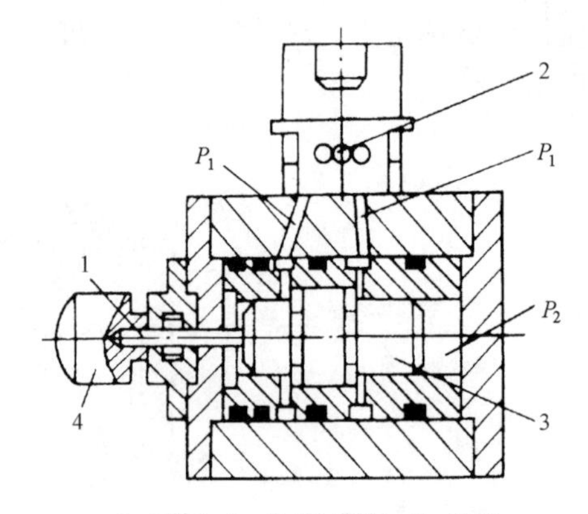

1—顶杆；2—电液伺服阀；3—活塞；
4—力传感器；P_1—交变压力；P_2—预压力

图 8.38　电液式激振器结构示意图

电液式激振台的工作原理与电液式激振器的工作原理相似，如图 8.39 所示，它用一个电驱动的伺服阀来操作主控阀，从而调节流至主驱动器油缸中的油流量，其振动力可达数千牛顿以上，承载质量能力以吨计，主要用于汽车的动态模拟试验、飞行器的动力学试验等。

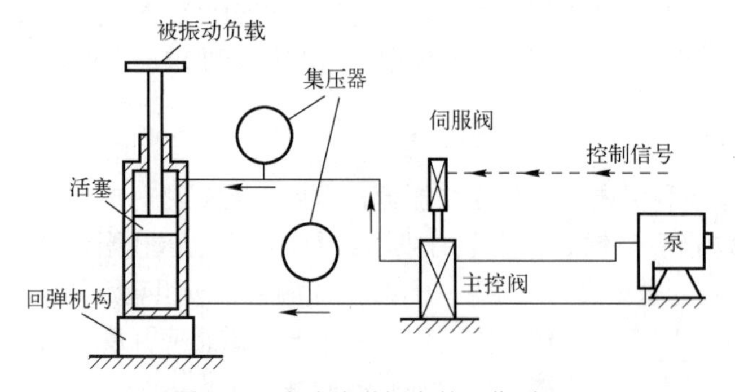

图 8.39　电液式激振台的工作原理

由于油液的可压缩性和高速流动压力油的摩擦，电液式激振器的高频特性较差，一般只适用于比较低的频率范围（0～100Hz）；其波形也比电动式激振器差。此外，电液式激振器的液压系统结构比较复杂，制造精度要求高，一般在结构疲劳试验中应用。

8.5　流量的测量

流量是指流体在单位时间内通过某一截面的体积或质量数，分别称为体积流量、质量流量。在国民经济的许多部门和人们的生产活动中，常常遇到对流体的输送计量和监测控制，因此流量测量是测量技术中的一个重要部分。由于被测流体的种类、流动的状态、测量环境条件等方面的不同，测量流量的仪器种类繁多，测量原理、方法、结构等各具特色。尽管如此，流量测量的方法不外乎直接法和间接法两种。直接法先通过准确测量出某一时间间隔内流过的总量，然后推算出单位时间内的平均流量。间接法是通过测量同流量（或流速）有对应关系的物理量的变化而得出流量的。用直接法检测可以得到准确的结果，所得数据是在某一时间间隔内流过的总量。在瞬时流量不变的情况下，用这种方法可求出平均流量，但这种方法不能用来检测瞬时流量。一般流量测量装置是以间接检测为基础，用计算方法确定流量与被测参数之间的关系的。

流量计根据测量的原理，可分为差压式流量计、涡轮流量计，容积流量计、转子流量计、旋涡流量计、电磁流量计和超声波流量计等。

8.5.1　差压式流量计

在工业过程中，应用最广泛的是差压式流量计，这种流量计是用节流装置（如孔板、文丘里管、喷嘴等）或其他检测元件与差压计（如靶式流量计、皮托管和均速管）等配套使用来测量流量的，是一种比较成熟的产品。它由于具有结构简单、使用寿命长、适应性强和价格较低等优点，因此占有很大的市场比例。

差压式流量计又称节流式流量计。其基本工作原理源于伯努利方程，当流体通过设置在管道中的节流件时，造成流束局部收缩，其流速提高，压力减小。这个节流件两侧的压差与通过的流量有关，流量越大，压差越大，所以可以利用此压差来测量流量。差压式流量计的工作原理如图 8.40 所示。装在管道中的孔板是一片带有圆孔的薄板，孔的中心位于管子的中心线上。假定流体是不可压缩的，其黏性可以忽略不计，而且是稳流的，那么，对于通过截面 1 和截面 2 的流体，流量 Q 与差压 p_1-p_2 之间的关系可用下式来表示：

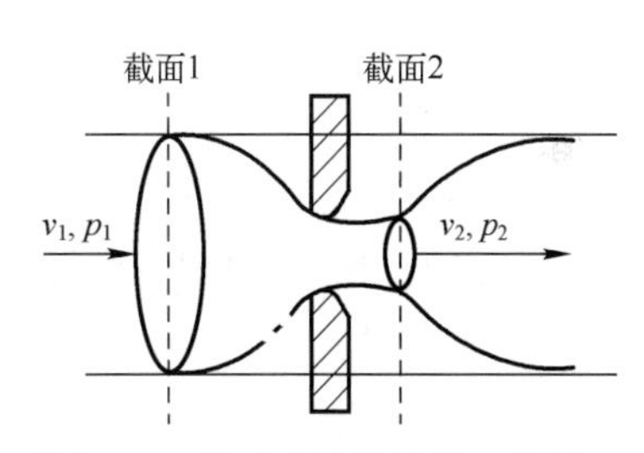

图 8.40　差压式流量计的工作原理

$$Q=\alpha\varepsilon A_0\sqrt{\frac{2(p_1-p_2)}{\rho}} \tag{8-15}$$

式中　p_1、p_2——截面 1、截面 2 处的压力；

A_0——节流装置的开口面积；

α——流量系数；

ε——膨胀修正系数或称压缩系数，通常在 0.9～1.0 之间。

由上式可知，只要能把节流机构前后的差压 p_1-p_2 求出来，就可以测出流量。流量与压差是非线性的平方根关系。如果差压降低到原差压的 1/9，那么流量将减小到原流量值的 1/3，这对一个差压上限固定的差压变送器来说，其测量的精度就下降了。

另外，孔板一般用于测量干净的液体、气体和低速蒸气，在 50mm 以上的管线上，同心孔板是最普通的节流件。由于喷嘴的坚固性，在较高的温度和流速下，它要比孔板更稳定些，所以一般对于高速（30m/s）的蒸气流的流量测量多选用喷嘴。

8.5.2 涡轮流量计

涡轮流量计是比较精确的一种流量检测装置。当被测流体通过装在管道内的涡轮叶片时，涡轮受流体的作用而旋转，并将流量转换成涡轮的转数。在很大的量程范围内（量程比可达 10∶1 至 20∶1），涡轮的转速和流体的流量成正比。涡轮的转速可以先用装在外部的电磁检测器或其他类似的检测器转换成电信号，再经前置放大器放大，由显示仪表显示和计数。根据单位时间内的脉冲数和累积脉冲数就能反映出单位时间内的流量和累积流量。

涡轮流量计按其涡轮的构造可分为切向式和轴向式两类，如图 8.41 所示。

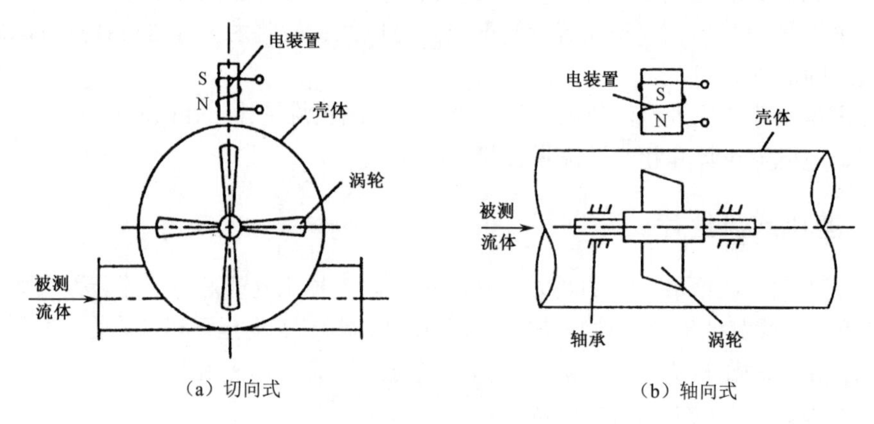

图 8.41　涡轮流量计类型

涡轮流量计主要由涡轮、导流器、磁电转换装置、壳体组成，其结构示意图如图 8.42 所示。导流器由不锈钢材料制成，它有一定数目的螺旋形叶片，安装在轴承中。考虑机械设计和二次仪表的配套问题，以及为了在最大流量时输出的频率大致相同，各种口径的涡轮叶片数目不尽相同。

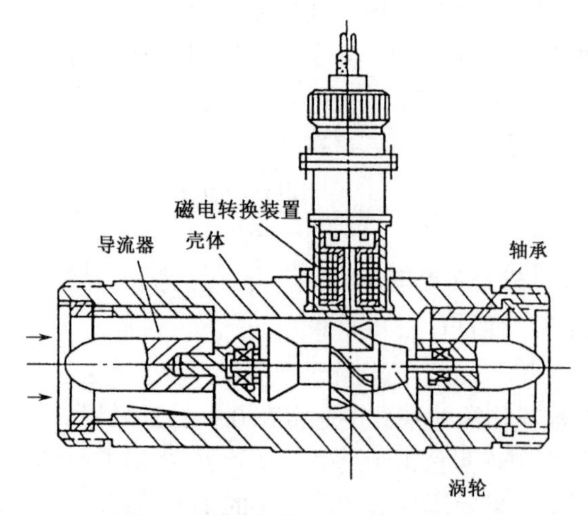

图 8.42　涡轮流量计结构示意图

磁电转换装置固定在壳体上，有磁阻式和感应式两种。磁阻式涡轮流量计是把磁钢放在线圈里，当铁磁性涡轮叶片通过磁钢时，磁路的磁阻发生周期性的变化，从而产生感应的交流信号，此信号经放大器放大和整形后，送到十进制计数器或频率计数器进行计数，显示总的累积流量。同时，将脉冲频率经 F/V 转换转换成瞬时流量。

感应式涡轮流量计是在涡轮内腔放一磁钢，转子叶片由非导磁材料制成，磁钢随转子一起旋转，在固定于壳体的线圈内感应出电信号。

由于涡轮流量计输出的是脉冲信号，易于远距离传送和定量控制，并且抗干扰能力强，因此可用于纯水、轻质油（汽油、煤油、柴油）、黏度低的润滑油及腐蚀性不大的酸碱溶液。在要求保证精度（一般在±0.5%以内）、脉冲信号输出、进行密闭输送的场合可采用涡轮流量计。

8.5.3　电磁流量计

作为导体的流体在流动时切割磁力线而产生感应电动势，电磁流量计就是利用电磁感应法则来测量流速的。与其他流量计比较，电磁流量计有许多非常优越的优点：其输出电动势正比于流体的截面平均流速，且动态范围不受限制，响应速度快，与温度、压力、密度、黏度等流体参数无关，可测量流体的正、反向流速。因此，目前它在市场中有很大的占有率。

1．电磁流量计的工作原理

电磁流量计的工作原理如图 8.43 所示，在管内壁上设置相对的两个电极，沿垂直于连接两电极的直线和液体流动方向加上磁场。由于作为导体的流体在流动时切割磁力线，则在两电极间产生电动势 e：

$$e = BvD \tag{8-16}$$

式中　D——管道内径，单位为 m；

B——磁通密度，单位为 T；

v——液体平均流速，单位为 m/s；

电动势 e 与体积流量 Q 的关系为

$$Q = \frac{\pi}{4}D^2 v = \frac{\pi D}{4B}e \tag{8-17}$$

只要测出 e，就能得到与之成正比的流量，因此电磁流量计适用于处于层流或紊流状态的所有导电流体。

2．电磁流量计的结构形式

电磁流量计的结构形式主要有两种，即管道式和插入式。

（1）管道式电磁流量计。管道式电磁流量计如图 8.44 所示，它主要由测量导管、绝缘衬里、电极、两个励磁线圈、叠片铁芯、外壳及测量管端头的连接管件等组成。

测量导管支撑着整个流量计，由于它处于磁场中，为使磁力线穿过测量导管，导管材料必须采用不导磁的不锈钢、玻璃纤维、高强度塑料等材料制成。导管内壁上附有一层不导电的绝缘衬里，以保证感应电势引起的信号电极间的电位差不被金属导管所短路。用叠片铁芯和铜导线绕制的两个鞍形线圈分别夹持在测量导管的上、下两侧，它们所产生的磁场方向与被测流体的流向垂直，在测量导管上径向位置安装的两个小电极用来检测所产生的电动势。

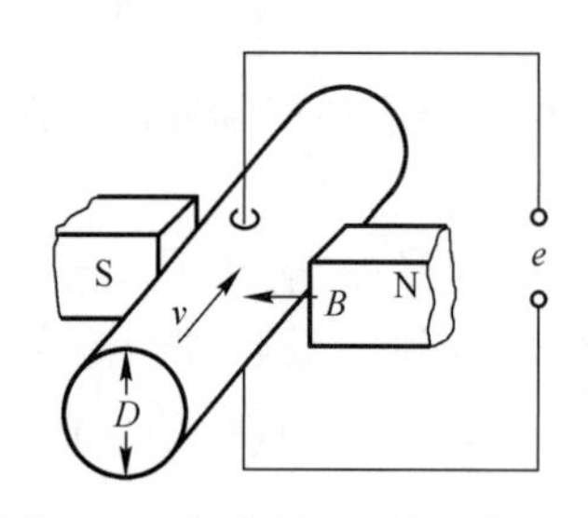

图 8.43　电磁流量计的工作原理

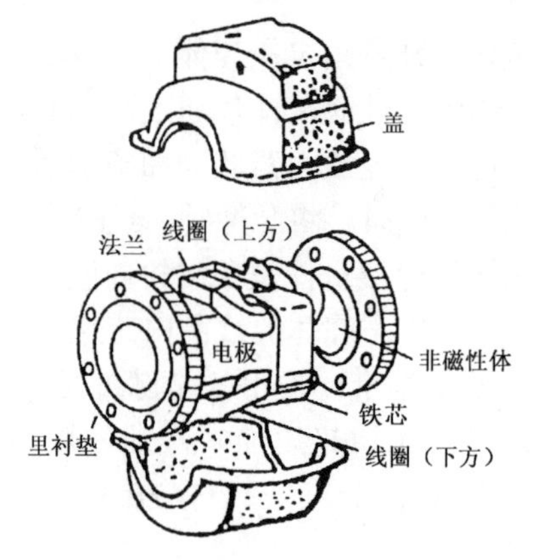

图 8.44　管道式电磁流量计

产生磁感应强度 B 的方法主要有三种：采用永久磁铁、直流励磁、50Hz 工业用交流电进行励磁或一定频率的脉冲进行励磁。

采用直流励磁的电磁流量计适用于对脉动流及高电导率的流体(如熔融的金属)的流量测量，然而对于电导率较低的流体或利用离子进行导电的流体，由于在电极上会产生时变的极化现象，因此不宜采用直流励磁。对于这些流体，常采用交流励磁或持续时间很短的直流脉冲励磁，其原因是利用这些励磁法可去除极化电势。

（2）插入式电磁流量计。除了管道连接，还有用于测量大管径用的插入式电磁流量计，从较小口径圆筒将传感器插入大管道中，通过测量管道中的局部流量来推算整体流量，虽然在测量精度上有所下降，但投资费用有较大节省。

对于市政工程排水系统中污水流量的测量，由于其计量的精度不如其他方面要求的那么高，因此装备流量计的投资不宜过大，并且由于污水管道直径大，又都处于地下，不太可能做很大的仪表井以安装流量计和配套的截断阀，如果用管道式电磁流量计来测量污水，有些大材小用（其测量精度为 0.5%，污水流量测量精度在 5%以内即可）。此外，其管径越大，价格越高。因此可采用一种专用于污水、泥浆、纸浆和化工流体的插入式电磁流量计，如美国 Marsh-McBirney 公司生产的插入式电磁流量计，不像线圈管道式那样，线圈绕在管道外面的绝缘层上，该传感器的线圈和一对电极都很小，密封装在一个很小的流线型探头内，可用手柄将探头通过一个装在传感器支架上的球阀伸出缩进，传感器拉出后，关闭球阀就可以在不漏水的情况下拆装和清洗。这种传感器特别适用于含有大量杂质和腐蚀性介质的原生污水，即使有油污吸附，也可以方便地拔出清洗。其价格便宜，一般只有线圈管道式电磁流量计的几分之一，而且不受管径大小的影响。

8.5.4　超声波流量计

超声波是一种机械波，可分为纵波、横波及表面波等。它与可闻声波不同，可以被聚焦，能用于集成电路的焊接、显像管内部的清洗及超声波探测等。超声波传感器的应用有两种基本类型：透射型和反射型。其在工业上最常用的主要有两种：一种是传播时间差式，另一种是多普勒反射式，这两种流量计都用于液体。基于传播时间差原理的流量计可用于干净的液体，对于含有微粒的液体则可采用多普勒反射式流量计，这是因为信号反射需要有微粒物质。传播时间差式超声波流量计根据测量方法的不同又分为时间差式超声波流量计和频率差式超声波流量计。

1. 时间差式超声波流量计

超声波在流动着的液体中传播时，若顺流方向传播，则声波的速度会增大；若逆流方向传播，则声波的速度会减小，从而会有不同的传播时间。时间差式超声波流量计正是根据这样一个基本的物理现象而工作的。通过测量不同的传播时间，就可以推算出管道中流体的流速。在实际工程中，为了更好地估算平均流速和平均体积流量，采用的传声通道已多达四个。

这种超声波流量计的工作原理图如图 8.45 所示。在被测管道上下游的一定距离上，分别安装两对超声波发射器和接收器 F_1-T_1、F_2-T_2，其中 F_1-T_1 的超声波是顺流传播的，而 F_2-T_2 的超声波是逆流传播的。根据这两束超声波在液体中传播速度的不同，测量两接收器上超声波传播的时间差，就可测量出流体的平均流速及流量。在这种方法中，流量与声速有关，而声速一般随介质的温度变化而变化，因此会造成温度漂移。为了克服此缺点，可用频率差法测量流量。

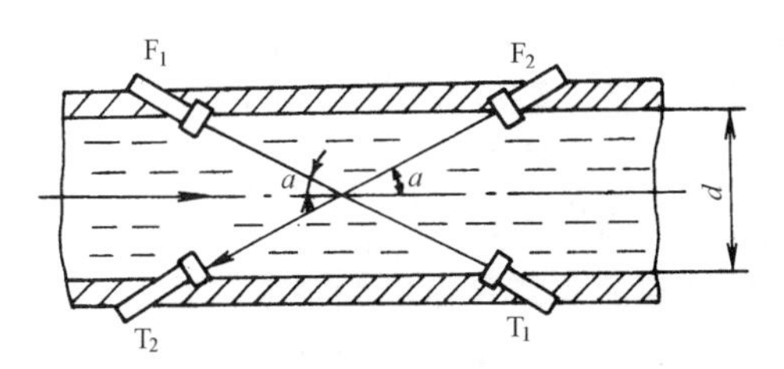

图 8.45　超声波流量计的工作原理图

2. 频率差式超声波流量计

频率差法测量流量的原理如图 8.46 所示。F_1、F_2 是完全相同的超声波探头，安装在管壁的外面，通过电子开关的控制交替地作为超声波发射器和接收器使用。

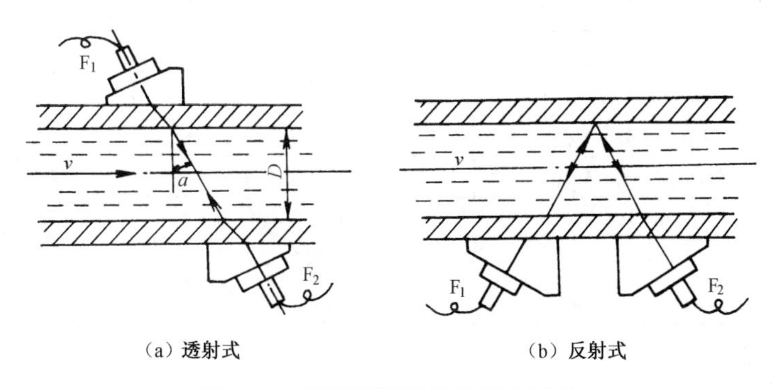

图 8.46　频率差法测量流量的原理

首先由 F_1 发射出第一个超声脉冲，它通过管壁、流体及另一侧管壁被 F_2 接收，此信号经放大后再次去触发 F_1 的驱动电路，使 F_1 发射第二个超声脉冲，以此类推。设在一个时间间隔 t_1 内，F_1 共发射了 n_1 个脉冲，脉冲的发生频率 $f_1=n_1/t_1$。

在接下去的另一个相同的时间间隔 t_2（$t_1=t_2$）内，与上述过程相反，由 F_2 发射超声波脉冲，而 F_1 作为接收器。同理可以测得 F_2 的脉冲重复频率为 f_2。经推导，顺流发射频率 f_1 与逆流发射频率 f_2 的频率差 Δf 为

$$\Delta f = f_1 - f_2 \approx \frac{\sin 2a}{D} v \tag{8-18}$$

Δf 只与被测流速 v 成正比，而与声速无关，所以频率差法的温度漂移较小。

8.5.5 流量计的选用

目前使用的流量计有上百种，测量原理、方法和结构特性各不相同，系统地予以分类是比较困难的。一般来说，一种测量原理是不能适用于所有情况的，必须充分地研究测量条件，根据仪表的价格、管道尺寸、被测流体的特性、被测流体的状态（气体、液体或蒸气）、流量计的测量范围及所要求的精度来选择流量计。

为了给确定的使用场所选择一个合适的流量计，首先必须考虑特定领域内某一种流量计的优势；其次，应该考虑测量的目的、被测介质的种类、测量的条件等。所以，选用流量计时一般应考虑以下几个方面。

（1）确定流体的类型。考虑被测流体是气体、液体还是蒸气，是清洁的还是脏污的，是否为一种浆液，是否具有腐蚀性等。

（2）确定工艺过程的操作条件、温度和压力的界限值。

（3）流量计的安装条件。管道布置的方向、流动方向、上下游直管段长度、管径、维护空间、管道振动、接地、电源及附属设备等。

（4）要考虑到仪表的性能和流量测量方面的要求。要求总的精度，流量计使用是在特定的流量下还是在一定的流量范围内，流量计是否仅为了进行流量自控，被测流量的范围及可能会遇到的最大和最小的流量等。

另外，在满足性能要求的同时要进行经济性的分析，尽量做到价廉物美，不同类型的流量计价位的高低可参考表 8.3。此外，经济方面要考虑的问题还包括基本建设费、劳务及安装费、设备的运行维护费用及将来试用一种新型流量计的风险等。

表 8.3 流量计按相对价格的分类

价位	低	中	高
类型	弯头、皮托管、均速管	漩涡	文丘里管
	转子流量计（玻璃）	涡轮（D<300mm）	电磁波
	金属管转子流量计（D<50mm）	金属管转子流量计	超声（传输时间式）
	孔板	通用文丘里管	容积式（D>100mm）
	靶式流量计	喷嘴	
	容积式流量计（D<50mm）	多普勒超声波	

8.6 温度的测量

温度是表征物体冷热程度的物理量，是工业生产过程中一个重要又普遍的参数。在许多生产过程中，对温度的测量和控制始终占据着重要地位。

温度传感器是开发最早、应用最广的一类传感器，其种类很多。如果按测量方法可分为接触式和非接触式两大类。接触式温度传感器使测温元件与被测物体保持热接触，两者进行充分的热交换而达到同一温度，并根据测温元件的温度来确定被测物体的温度。接触式温度传感器主要有膨胀式温度计、压力式温度计、电阻式温度计和热电偶等。

非接触式温度传感器的测温元件无须与被测物体直接接触，热量通过被测物体的热辐射或对流传到测温元件上，达到测温的目的，从而不会干扰被测物体的原始温度场。非接触式温度传感器主要有辐射高温计、光学高温计和比色高温计等。

接触式温度传感器与非接触式温度传感器各有特点。接触式温度传感器结构简单，稳定可靠，测量精确，成本低，可以测得物体的真实温度，而且可以测得物体内部某点的温度。但其滞后现象一般较严重，且不适于测量小物体、腐蚀性强的物体及运动着的物体的温度。受耐高温材料的限制，其一般不用于测量很高的温度。非接触式温度传感器是通过被测对象的热辐射进行的，所以反应速度快，适用于测量高温和测量有腐蚀性的物体，也可以测量导热性差的、微小目标的、小热容量的、运动的物体及各种固体和液体的表面温度。但由于受物体的发射率、被测对象与仪表之间距离、烟尘和水蒸气等的影响，所以其测温准确度较差，使用也不甚方便。

按照温度测量范围，可分为低温测量、中温测量和高温测量。800K 以下为低温，800～1900K 为中温，1900K 以上为高温。

8.6.1　中低温测量

低温测量主要采用电阻式温度传感器，它是利用导体或半导体的电阻值随温度变化而变化的特性来测量温度的，一般常用于-200～+500℃的温度测量。按热电阻性质的不同，一般把由金属导体铂、铜、镍等制成的测温元件称为热电阻，把由半导体材料制成的测温元件称为热敏电阻。

集成温度传感器常用来进行中低温测量，尤其适用于室温环境中。典型产品型号有 AD590、AD592、TMP17 和 LM135 等。

热电偶是工业上最常用的温度检测元件之一。与其他传感器相比，它的测量精度高；测量范围大，常用的热电偶从-50～+1600℃均可连续测量，某些特殊热电偶最低可测到-269℃，最高可达 2800℃；构造简单，使用方便；测温点小、准确度高、动态响应快；结构简单，便于维修；可做远距离测量，便于集中检测和自动控制；产品规格多，并且已标准化、系列化，易于选用。另外，热电偶是一种有源传感器，测量时虽不需要外加电源，但需要进行冷端补偿。

8.6.2　高温测量

高温测量除采用热电偶外，还常采用辐射式高温计、光学高温计和光电高温计。

1．辐射式高温计

辐射式高温计是根据物体表面发出的热辐射能量进行非接触式温度测量的，是一种高温测量仪表。其具有响应快、热惰性小等优点；感温部分不与被测介质直接接触，主要用于腐蚀性物体及运动状态物体的高温测量；测量精度不如热电偶等高，测量误差较大，其测温范围一般在 400～3200℃。在我国工业生产中，使用的主要型号有 WFT-201、WFT-202 等。辐射式高温计的工作原理如图 8.47 所示。

测温时，首先通过目镜对准被测物体，该物体的辐射能经物镜聚集后，通过补偿光栏照射在热电堆上，热电堆把辐射能转变成电信号，再经过导线和适当的外接电阻接到显示仪上进行显示。

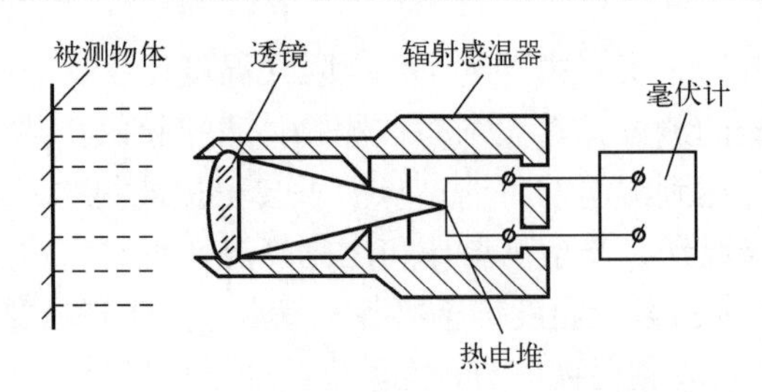

图 8.47　辐射式高温计的工作原理

因为辐射式高温计在测温时，热电堆不直接与测温介质接触，所以尽管测量的温度很高，但热电堆所处的温度不会超过 300℃。另外，热电堆安放在密封性能特别好的辐射感温器内，腐蚀性气体不会进入内部腐蚀热电堆。因此，它的稳定性和使用寿命都能得到保证，从而优于热电偶测温。

2．光学高温计

光学高温计是非接触式温度传感器，可测量的温度范围为 1000～3000℃。它是一种便携式测温仪表，不能连续、自动地测量温度，也不能自动记录和控制温度，但是可以非常方便、快速地测出物体较高的温度，所以在冶金、化工和机械行业得到广泛应用。

光学高温计的种类很多，按亮度比较法可分为隐丝式和恒定亮度式两大类，常用的 WGG2-202 型就属于隐丝式。它由光学系统和电测系统两部分组成。其工作原理类似于单目望远镜，如图 8.48 所示。光学高温计的光学系统将被测物体成像于灯丝平面上，灯丝是一个已标定过的参考辐射源，调节显微镜的目镜位置可以清楚地看到被测物体的像，可用眼睛判断被测物体的辐射亮度和灯丝亮度是否相同。若不同，则可调节变阻器改变灯丝的电流，即调节灯丝亮度；若灯丝亮度与被测物体亮度相同，则灯丝隐灭在热源亮度的背景里。灯丝隐灭的电流与温度刻度相对应，通过指示仪表即可得知被测物体的温度。

在图 8.48 中，滤光片 4 的作用是减少进入仪表灯丝的亮度，即将被测对象的亮度按一定比例进行减弱，以保证灯丝在不过热的情况下，扩大仪表测量范围。红色滤光片 6 的作用是限制一定的工作波长，使人眼能感觉到的波长在 0.62～0.7μm 之间。我国工业用光学高温计的波长一般限定在 0.65μm 左右。由于光学高温计在测温时，是用眼睛直接观察和判断的，所以可能产生较大的人为误差。

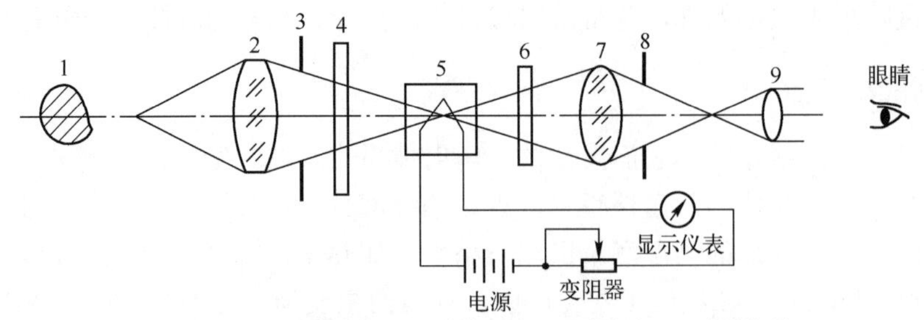

1—被测物体；2—聚焦物镜；3—物镜光栏；4—滤光片；5—标准灯丝；
6—红色滤光片；7—显微镜物镜；8—显微镜孔径光栏；9—显微镜目镜

图 8.48　隐丝式光学高温计的工作原理

3．光电高温计

光电高温计是在光学高温计的基础上发展起来的，它克服了光学高温计的缺点，能够连续、自动地测量温度，而且能够自动记录和控制温度。它和光学高温计的本质区别就在于它利用光电元件作为敏感元件，代替人的眼睛判断辐射源和灯丝亮度的变化，并将亮度转换成电信号。光电高温计的工作原理如图 8.49 所示。

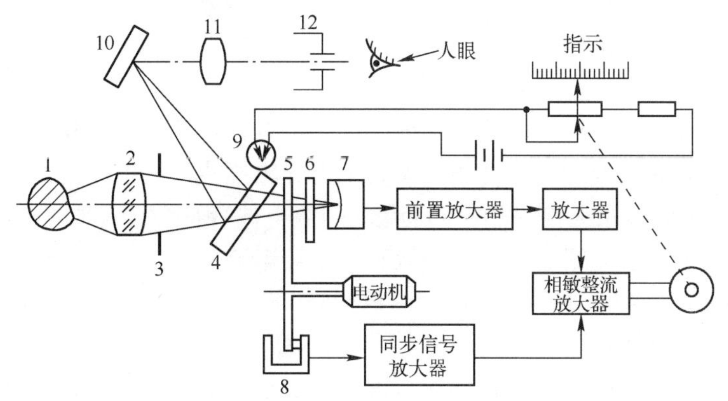

1—被测物体；2—聚焦物镜；3—孔径光栏；4—反射镜；5—光学调制器；6—滤光片；
7—光电元件；8—相位同步信号发生器；9—标准灯；10—反光镜；11—目镜；12—观测孔

图 8.49　光电高温计的工作原理

被测辐射体的亮度 B_1 和标准灯丝的亮度 B_2 经过光学调制器的调制，交替地照射到光电元件 7 上，并在光电元件上叠加。由于 B_1 和 B_2 成 180° 的相位差，因此在光电元件上产生 $\Delta B = B_1 - B_2$ 的复合光亮。在 ΔB 的作用下，光电元件输出与 ΔB 成正比的差值信号 $\Delta\mu$，经前置放大器及放大器放大后，送到相敏整流放大器中。与此同时，由同一调制器调制的同步信号发生器产生一个与 $\Delta\mu$ 同频率、与 B_1（或 B_2）同相的同步信号，经同步信号放大器放大后也送到相敏整流放大器中，作为相敏检波器所必需的相位鉴别信号。经全波相敏整流后得到直流信号，其值正比于 ΔB，被送到平衡显示仪表，带动可逆电动机旋转来改变指示刻度，并带动滑线电阻触点以改变电阻器的电阻值。同时改变灯丝回路的电流，以减少灯丝与物体的亮度差 ΔB。当被测物体的亮度与灯丝亮度接近时，ΔB=0，使 $\Delta\mu$=0，系统处于平衡状态，这时标准灯丝的电流值或滑线电阻触点的位置反映了被测物体的表面温度。同时，被测物体的亮度由反射镜 4 部分反射到反光镜 10，由瞄准系统进行观察。

除了上面介绍的温度传感器，还有其他种类的温度传感器。如果要测量无法直接观测到的目标的温度，可选用光纤型红外辐射温度计。因为光纤有较好的柔韧性，可以弯曲，并且不受外界电磁场的干扰。如果在有烟雾和灰尘场所快速测量物体表面温度，可选用比色高温计。它是利用测得同一辐射体两种波长所对应的亮度的变化来求出相应的温度，不受中间介质吸收能量的影响，测量误差较小。

8.6.3　温度传感器的选用

一个理想的温度传感器应具备多种性能，如测温范围大、精度高、可靠性好、小型、响应速度快、价格便宜等。但能同时满足以上所有条件的温度传感器是不存在的，由各种材料制成的温度传感器只能在一定范围内选用，所以应按不同的用途、不同的测量对象及不同的测温范围，灵活选用。

在大多数情况下，对温度传感器的选用，需要考虑以下几个方面。

（1）被测对象的温度是否需要记录、报警和自动控制，是否需要远距离测量和传送。

（2）测温范围的大小和精度要求。

（3）测温元件大小是否适当。

（4）在被测对象温度随时间变化的场合，测温元件的滞后能否适应测温要求。

（5）被测对象的环境条件对测温元件是否有损害。

（6）价格如何，使用是否方便。

容器中的流体温度一般用热电偶或热电阻探头测量，但当整个系统的使用寿命比探头的预计使用寿命长得多时，或者预计会相当频繁地拆卸出探头以校准或维修却不能在容器上开口时，可在容器壁上安装永久性的热电偶套管。用热电偶套管会显著地延长测量的时间常数。当温度变化很慢且导热误差很小时，热电偶套管不会影响测量的精度；但如果温度变化很迅速，敏感元件跟踪不上温度的迅速变化，而且导热误差可能增加时，测量精度就会受到影响。因此要综合考虑可维修性和测量精度这两个因素。

热电偶或热电阻探头的全部材料都应与可能和它们接触的流体适应。使用裸露元件探头时，必须考虑与所测流体接触的各部件材料（敏感元件、连接引线、支撑物、局部保护罩等）的适应性；使用热电偶套管时，只需要考虑套管的材料。

热电偶或热电阻探头在浸入液体及多数气体时，通常是密封的，至少要有涂层，裸露元件不能浸入导电或污染的流体中。当需要其快速响应时，可将其用于干燥的空气和有限的几种气体及某些液体中。如果将其用在停滞的或慢速流动的流体中，通常需要有某种壳体罩住以进行机械保护。

当管子、导管或容器不能开口或禁止开口，因而不能使用探头或热电偶套管时，可通过在外壁钳夹或固定一个表面温度传感器的方法进行测量。为了确保合理的测量精度，传感器必须与环境大气热隔离并与热辐射源隔离，而且必须通过传感器的适当设计与安装使壁对敏感元件的热传导达到最佳状态。

温度传感器的选择主要是根据测量范围。若测量范围预计在总量程之内，可选用铂电阻传感器。较窄的量程通常要求传感器必须具有相当高的基本电阻，以便获得足够大的电阻变化。热敏电阻所提供的足够大的电阻变化使这些敏感元件非常适用于窄的测量范围。若测量范围相当大，热电偶更适用。最好将冰点也包括在此范围内，因为热电偶的分度表是以此温度为基准的。已知范围内的传感器线性度也可作为选择传感器的附加条件。

响应时间通常用时间常数表示，它是选择传感器的另一个基本依据。当要监视贮槽中温度时，时间常数就不那么重要了。然而，当使用过程中必须测量振动管中的温度时，时间常数就成为选择传感器的决定因素。珠型热敏电阻和铠装露头型热电偶的时间常数比较小，而浸入式探头，特别是带有保护套管的热电偶，时间常数比较大。

动态温度的测量比较复杂，只有通过反复测量，尽量接近地模拟出传感器使用中经常发生的情况，才能获得传感器动态性能的合理近似。总之，选用温度传感器比选择其他类型的传感器所需要考虑的内容更多。

习　题　8

8.1　图 8.50 所示为等强度梁测力系统，R_1 为电阻应变片，应变片的灵敏度系数 K=2.05，未受应变时，R_1=120Ω。当试件受力 F 时，应变片承受的平均应变 $\varepsilon = 800\mu m/m$，求：

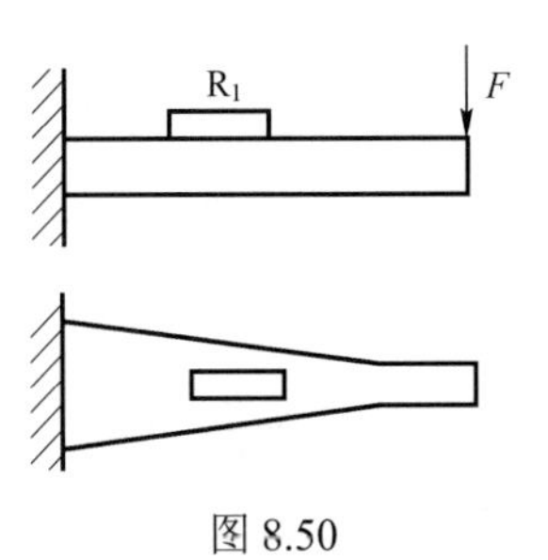

图 8.50

（1）应变片的电阻变化量 ΔR_1 和电阻相对变化量。

（2）将电阻应变片 R_1 置于单臂测量电桥，电桥的电源电压为直流 3V，求电桥的输出电压及非线性误差。

（3）若要减小非线性误差，应采取何种措施？分析其电桥的输出电压及非线性误差的变化。

8.2　一简单拉伸试件上贴有两片电阻应变片，一片沿轴向，一片与之垂直，分别接入电桥相邻两臂。已知试件的弹性模量 $E = 2.0\times10^{11}\text{Pa}$，泊松比 $\mu = 0.3$，应变片的灵敏度系数 K=2，供桥电压 $U = 5\text{V}$，若测得电桥的输出电压 $U_o = 8.26\text{V}$，求试件上的轴向应力是多少？

8.3　哪些类型的传感器适合 100mm 以上的大量程位移测量？哪些类型的传感器适合高精度、微小位移的测量？

8.4　当热电偶的参考温度不为 0℃时，应怎样测量温度？举例说明。

8.5　试利用弹簧管作为压力敏感元件，设计一种霍尔式压力变送器。

8.6　流量主要有哪些测量方法？

8.7　图 8.51 所示为测量吊车起吊物质量的拉力传感器，电阻应变片 R_1、R_2、R_3、R_4 粘贴在等截面轴上。已知等截面轴的截面积为 0.00196m²，弹性模量 $E = 2.0\times10^{11}\text{N/m}^2$，泊松比 $\mu = 0.3$；应变片 $R_1 = R_2 = R_3 = R_4$=120Ω，灵敏度系数为 2.0。四片应变片组成全桥电路，电源电压为 2V，输出电压 $U_o = 2.6\text{mV}$。试求：

（1）等截面轴的纵向应变及横向应变是多少？

（2）起吊重物的质量是多少？

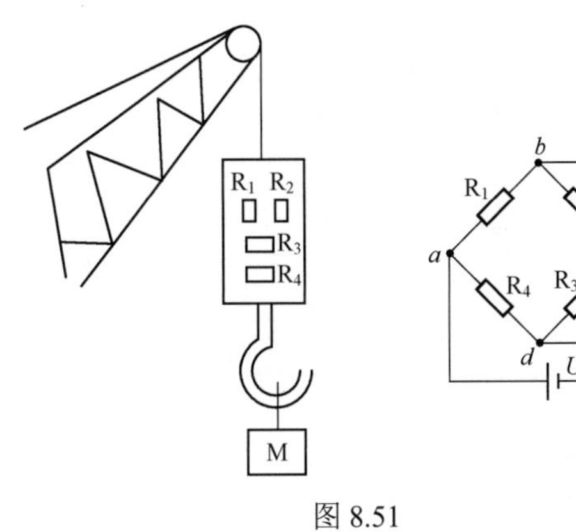

图 8.51

第9章

实验与实训项目

内容提要

“传感器与检测技术”是一门理论性和实践性强的课程，实践教学环节的教学质量和效果直接影响到学生对该课程的知识和技能的掌握水平，决定了学生的职业素养和职业能力。该课程的实践教学过程主要包括验证性实验、操作性训练和设计性实践。

项目 1　霍尔传感器及应用方法

通过该项目，学生应掌握的基本技能如下。

（1）选用霍尔传感器，通过设计简单的传感器应用电路，实现转速和位移的测量。

（2）其拓展能力是运用所学的知识和基本技能设计磁学量传感器应用电路。

学习该项目之前，学生必备知识如下。

（1）常用电子元器件的功能。

（2）万用表的使用。

（3）传感器的概念。

（4）霍尔传感器的工作原理和特性。

项目所需设备与器件如下。

（1）集成霍尔传感器 3144EU 和 AH20 各一个。

（2）集成音乐片 9300 一片、小功率扬声器一个。

（3）三极管 NPN 型 9014 和 PNP 型 9015 各一个。

（4）数字电路实验板一块。

（5）阻值为 4.7kΩ、1kΩ等的电阻。

项目内容如下。

（1）验证性实验：利用开关型集成霍尔传感器制作接近开关。

（2）设计性实训：设计和实现一种音乐控制电路。

1．利用开关型集成霍尔传感器制作接近开关

实验目的如下。

（1）了解开关型集成霍尔传感器及其转换电路的工作原理。

（2）掌握开关型集成霍尔传感器的使用方法。

（3）设计利用开关型集成霍尔传感器制作接近开关等控制电路。

实验步骤如下。

（1）按照图 9.1 所示电路图，在实验板上搭建电路，当磁铁靠近霍尔元件和离开霍尔元件

时，观察发光二极管的变化，记录变化，并分析电路工作原理。

（2）按照图 9.2 所示电路图，在实验板上搭建电路，当磁铁靠近霍尔元件和离开霍尔元件时，观察发光二极管的变化，记录变化，并分析电路工作原理。

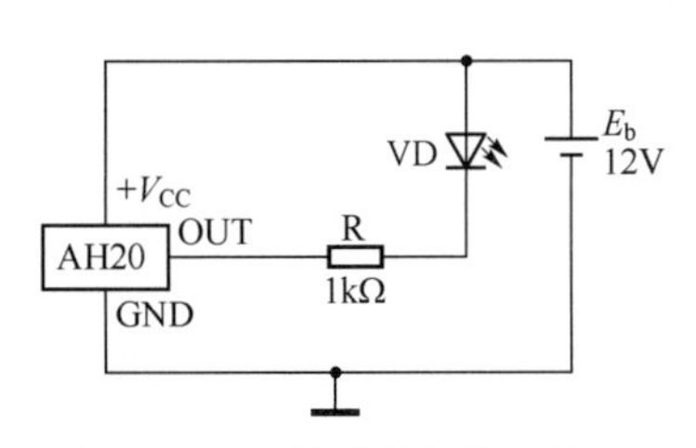

图 9.1　霍尔传感器实验电路图 1

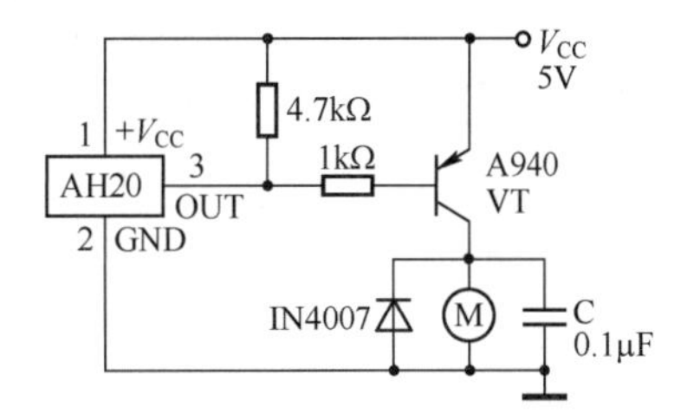

图 9.2　霍尔传感器实验电路图 2

2．设计和实现一种音乐控制电路

实训目的如下。

（1）了解集成霍尔元件特性参数的测试方法。

（2）学会利用给定的霍尔传感器设计一种音乐控制电路。当磁钢靠近霍尔传感器时，电路发出乐曲；当磁钢极性翻转或被撤离传感器时，音乐停止。

实训要求如下。

（1）按照要求查阅相关电路和元件功能的资料，设计出电路图。

（2）在数字实验面板上插接电路，注意集成霍尔传感器的极性，确定无误后再接线。

（3）检查接线无误后加 3V 直流工作电压，进行调试。

（4）测量磁场变化时霍尔传感器的输出电压值。

（5）编写实训报告。内容包括目的、任务，实训框图及电路设计，调试方法及调试中遇到的问题和分析解决问题的方法，测量数据记录（霍尔传感器的工作电压、工作电流、磁场变化的静态输出）。

附 1：集成霍尔传感器 3144EU 简介

3144EU 开关型集成霍尔传感器由霍尔元件 HG、放大器 A、输出晶体管 VT、施密特电路和稳定电源等组成。其输出信号明快，传送过程无抖动现象，而且功耗低，对温度的变化是稳定的，灵敏度与磁场移动速度无关。其内部结构示意图、输出特性和引脚如图 9.3 所示。传感器通过晶体管 VT 的集电极单端输出，是以一定磁场电平值进行开关工作的。由于内设有施密特电路，开关特性具有时滞，因此有较好的抗噪声效果。工作电源的电压范围较大，可为 3～6V。

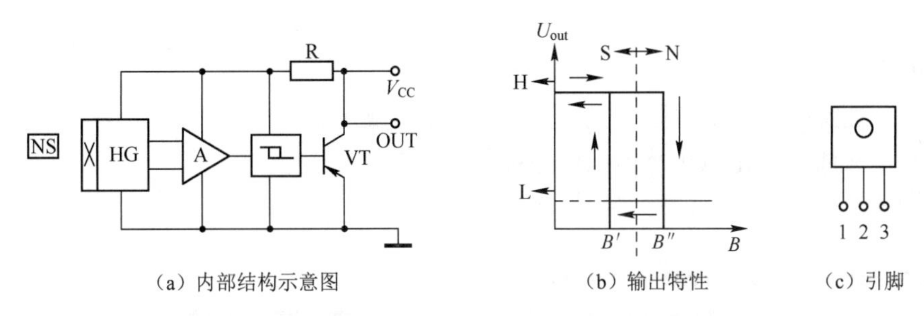

图 9.3　3144EU 开关型集成霍尔传感器内部结构示意图、输出特性和引脚

附2：集成音乐片9300的应用电路简介

集成音乐片9300的应用电路如图9.4所示。集成音乐片9300的工作电压较低，直流电源为3V即可工作。使用时，电压不可过大，以免烧坏器件。

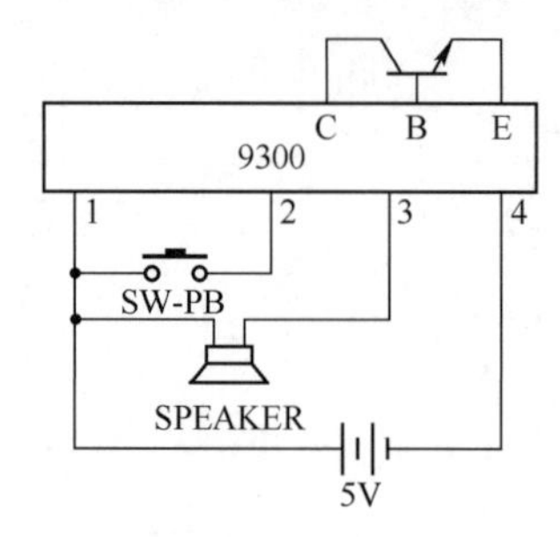

图9.4　集成音乐片9300的应用电路

思考题：

（1）一个霍尔元件在一定电流控制下，其霍尔电势与哪些因素有关？

（2）试利用霍尔传感器设计一个转速测量系统。

项目2　光电传感器及应用方法

通过该项目，学生应掌握的基本技能如下。

（1）光敏电阻、光敏晶体管的特性测试方法。

（2）能在实验板上搭建简单的光电传感器应用电路。

（3）其拓展能力是运用所学的知识和基本技能设计光电传感器。

学习该项目之前，学生必备知识如下。

（1）常用电子元器件的功能。

（2）万用表的使用。

（3）传感器的概念。

（4）光电传感器的工作原理和特性。

项目所需设备与器件如下。

（1）光敏电阻、光敏二极管、开关三极管、发光二极管。

（2）电位器、电阻、手电筒、蜂鸣器和电线若干。

（3）直流稳压电源一台、万用表一个。

（4）数字电路实验板一块。

项目内容如下。

（1）验证性实验：光敏电阻、光敏晶体管的特性测试。

（2）操作性训练：光电传感器应用电路的制作。

（3）设计性实训：光电传感器应用电路的设计。

1．光敏电阻、光敏晶体管的特性测试

（1）测量光敏电阻的暗电阻与亮电阻。在正常光照情况下用万用表测光敏电阻，记下亮

电阻 $R_{亮}$=（　　）；先用手遮住光敏电阻，再用万用表测光敏电阻，记下暗电阻 $R_{暗}$=（　　）。

（2）判断光敏二极管的正负极性。正常光照下，用万用表的电阻挡测光敏二极管的正、反向电阻，两个阻值中较小的称为正向电阻，此时万用表负表笔所接的那端为光敏二极管的正端。

（3）在正常光照与手电筒光照两种情况下分别测量光敏二极管的正、反向电阻。注意：此时正常光照下测得的电阻为暗电阻 $R_{暗}$，手电筒光照下测得的电阻称为亮电阻 $R_{亮}$。测量结果如下。

正向电阻：$R_{暗}$=（　　　），$R_{亮}$=（　　　）。

反向电阻：$R_{暗}$=（　　　），$R_{亮}$=（　　　）。

通过以上实验，总结出光敏电阻和光敏二极管的特性。

2．光电传感器应用电路的制作

（1）图 9.5 所示为自动路灯工作原理图，其特性为“天黑时发光二极管亮，天亮时发光二极管暗”，R_2 的阻值根据实际情况而定，一般可选择 0 至几百欧。在数字实验板上按图连接电路，调节 R_P，使手遮盖光敏电阻时，三极管饱和，发光二极管亮。正常光照时，三极管截止，发光二极管不亮。

通过以上实验，总结出当 R_P 变大或变小后，对电路功能的影响是什么？

（2）图 9.6 所示为模拟报警电路图。实验时，将手电筒和光敏二极管分别安装在建筑物走廊两侧，按图接线。调节 R_P 和手电筒与光敏二极管的最远距离，使手电筒的光照射到光敏二极管时，VT 截止，蜂鸣器不报警；当有人走过，挡住光线时，VT 饱和，蜂鸣器报警。此时，距离 L=（　　），R_P=（　　）。

通过以上实验，总结出当 R_P 变大或变小时，距离 L 的变化是怎样的？

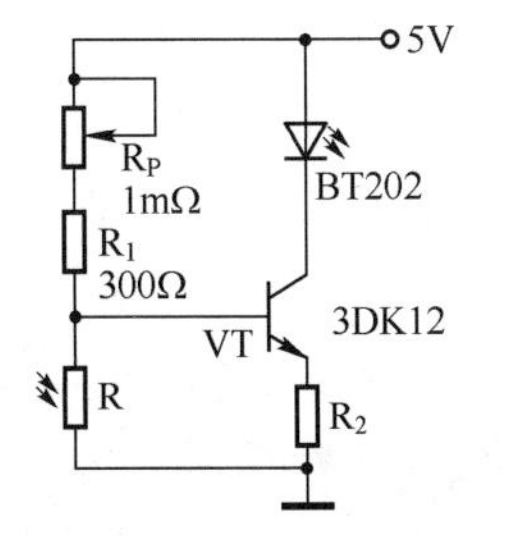

图 9.5　自动路灯工作原理图

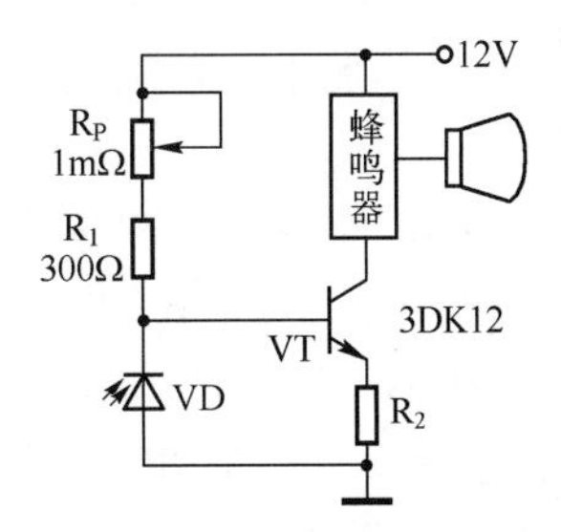

图 9.6　模拟报警电路图

（3）实验注意事项如下。

① 由于亮电阻和暗电阻的测量与光照强度有关，因而每组的数据不尽相同，只要符合其理论特性即可。

② 手电筒照射光敏二极管时，两者应在同一直线上，可用长尺子作为参照物。这样既可固定位置，又可测量距离。

3．光电传感器应用电路的设计

（1）设计任务。用容积法计量包装的成品，除了对质量有一定误差范围要求，一般还对充填高度有一定的要求，以保证商品的外观质量，不符合充填高度的成品将不许出厂。试利用光电传感器实现充填高度的控制。当充填高度 h 偏差太大时，光电接头没有电信号，即由执行机构将包装物品推出进行处理。要求完成总体设计原理图，并制作出该光电传感器的应用电路。

（2）总体框图如图 9.7（a）所示，部分参考检测电路，如图 9.7（b）所示。

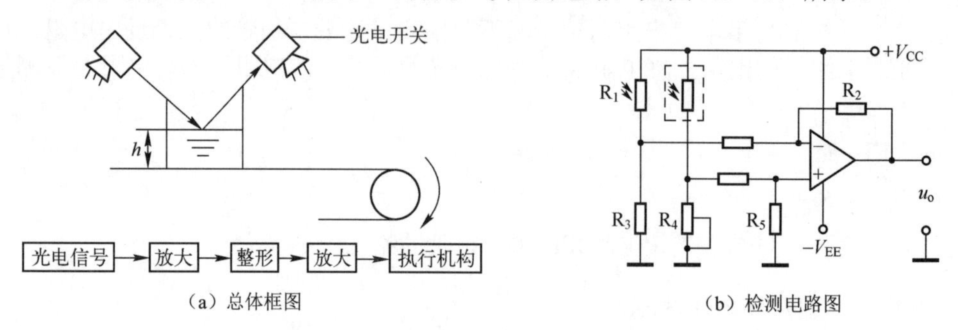

（a）总体框图　　（b）检测电路图

图 9.7　利用光电传感器控制充填高度

（3）设计步骤如下。

① 根据总体框图，对每个小方框图进行设计并选择元器件。

② 画出总控制原理图，并写出详细工作原理。画原理图的原则如下。

a. 一般电路输入端在左，输出端在右，或者输入端在上，输出端在下。

b. 原理图大于一张纸时，应标出信号从一张到另一张的引出点和引入点。

c. 连接线有交叉时，用圆点标出；若连接拥挤而将通道分开时，应在断口两端标记。

d. 所有元器件应使用标准逻辑符号。

③ 列元器件清单。要求分类列出所有元器件，每种元器件必须有完整的型号、规格及数量，尽量为标准值。

④ 根据元器件清单购置电路中所需的传感器和元器件，通过测试、查手册等了解元器件的性能。

⑤ 在逻辑插件实验板上根据原理图完成硬件接线。布线时应注意以下几点。

a. 一般选择 0.2～0.5mm 的塑料硬导线布线。

b. 最好选择不同颜色的线表示不同的信号，如红色线——+5V、黄色线——+12V、黑色线——地线、白色线——负电源、紫色线——控制线、橙色线——数据母线等。

c. 布线时先插集成块，然后连接电源线、地线等固定电平端点，再按信号的流向依次接线。

d. 集成电路插入时要使所有的引线均对准小孔，用专用拔钳插入和拔出。

e. 布线时不准跨过元器件，线必须走直线，且应贴在实验板上。

⑥ 在检查了布线后，通电调试实验板。通电后首先检查有无元器件冒烟、发热、产生噪声等现象，若有，则应立即断电排除故障。然后进行功能测试，反复调整、测试，直到功能稳定。

⑦ 功能测试完后，必须对该测试电路进行性能的标定，如标定测试精度、测试环境等。

⑧ 设计印制电路板，制作样机，并写出产品说明书。

思考题：

（1）试设计验证光电耦合器好坏的测试电路。

（2）用光敏二极管及晶闸管设计一种天黑时灯亮、天亮时灯暗的路灯电路。路灯用 220V 电压供电，共 5 盏。

项目 3　力传感器及应用方法

通过该项目，学生应掌握的基本技能如下。

（1）力传感器的使用方法。

（2）设计并制作电子秤。

（3）其拓展能力是运用所学的知识和基本技能设计力传感器的应用电路。

学习该项目之前，学生的必备知识如下。

（1）电路实训知识。

（2）A/D 转换器、显示器等器件知识。

（3）传感器的基本知识。

实训的目的与任务如下。

通过实训使学生掌握箔金属电阻应变式传感器的使用方法，了解称重传感器的工作原理及其在电子秤中的应用，并通过设计、安装、调试电路等实践环节，提高学生的动手能力及分析问题、解决问题的能力。

项目所需设备与器件如下。

（1）直流稳压电源±4V，称重传感器一个。

（2）电阻应变式传感器实验模板，托盘、砝码。

（3）直流平衡电位器 W_D，A/D 转换芯片。

（4）数字电路实验板一块。

（5）万用表，电阻、导线若干。

项目内容如下。

（1）验证性实验：单臂电桥、半桥、全桥的性能比较测试。

（2）操作性训练：电阻应变式传感器灵敏度测试。

（3）设计性实践：电子秤的设计。

该项目的操作性训练可以和验证性实验同时进行。

1．电阻应变式传感器灵敏度测试

实验目的如下。

（1）了解电阻应变片的转换原理和直流应变桥的特性。

（2）掌握电阻应变式传感器电压输出灵敏度的测量方法。

实验原理：电阻丝在外力作用下发生机械变形时，其电阻值发生变化，这就是电阻应变效应，描述电阻应变效应的关系式为

$$\frac{\Delta R}{R}=K\varepsilon$$

式中　$\Delta R/R$——电阻丝电阻相对变化；

K——应变灵敏度系数；

ε——电阻丝长度相对变化，$\varepsilon=\Delta l/l$。

箔式金属电阻应变片是通过光刻、腐蚀等工艺制成的应变敏感元件，通过电阻应变效应把被测部位受力状态的变化转换为电阻的变化。

电桥的作用是实现电阻到电压的比例变化，电桥的输出电压反映了相应的受力状态。单臂电桥输出电压$U_o = UK\varepsilon/4$。将不同受力方向的两片应变片接入电桥作为邻边，电桥输出灵敏度提高，非线性得到改善。当应变片阻值和应变量相同时，其桥路输出电压$U_o = UK\varepsilon/2$。全桥测量电路中，将受力性质相同的两应变片接入电桥对边，当应变片初始阻值$R_1=R_2=R_3=R_4$，其变化值$\Delta R_1=\Delta R_2=\Delta R_3=\Delta R_4$时，其桥路输出电压$U_o = UK\varepsilon$。其输出灵敏度比半桥又提高了一倍，非线性误差得到改善。（具体工作原理可参见 6.1 节）

实验步骤如下。

（1）如图 9.8 所示，四片应变片已粘贴在实验板上。用万用表测量可知，$r_1 =$________，$r_2 =$________，$r_3 =$________，$r_4 =$________。注意：r_1、r_2、r_3 和 r_4 分别为实验板上应变片 1、2、3、4 的阻值。

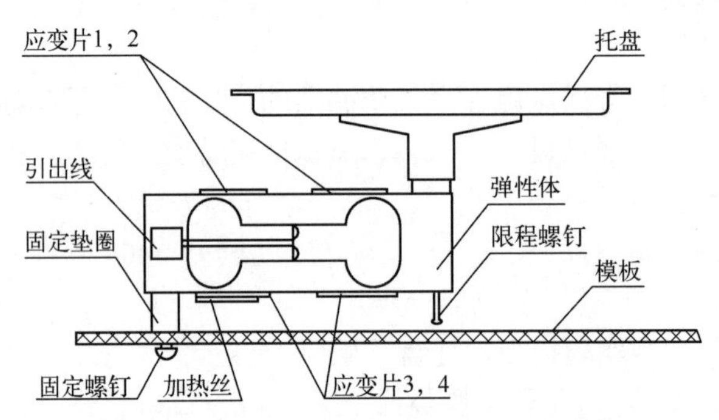

图 9.8　应变式传感器实验模板安装示意图

（2）按图 9.9 所示直流电桥接线，R_1 接入应变式传感器实验模板中的应变片 1（图 9.8 左上方的应变片），R_2、R_3、R_4 均为电阻值为 350Ω的固定电阻。检查无误后，接上桥路电源±4V，调节调零电位器 W_D，先不在托盘上添加砝码，使桥路输出为零。然后在传感器托盘上放置一只砝码，用电压表读取输出电压值。依次增加砝码和读取相应的电压值，直到 500g 砝码加完。将实验结果填入表 9.1。计算系统灵敏度 S 和非线性误差δ。

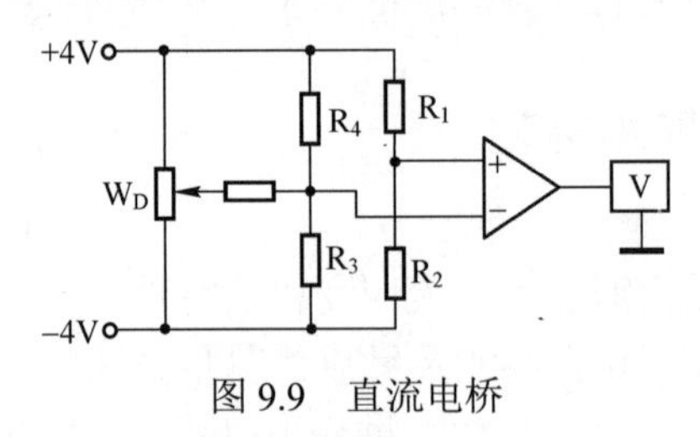

图 9.9　直流电桥

表 9.1　单臂电桥输出电压与加负载质量值

质量（g）										
电压（mV）										

系统灵敏度 S 为：

非线性误差δ为：

（3）将图 9.9 电桥中的 R_2 改接成应变式传感器实验模板中的应变片 2 和 4（图 9.8 下方的应变片），即将传感器中两片受力相反（一片受拉、一片受压）的应变片作为电桥的相邻边进行半桥实验。调节调零电位器 W_D，先不在托盘上添加砝码，使桥路输出为零。然后在传感器托盘上放置一只砝码，用电压表读取输出电压值。依次增加砝码和读取相应的电压值，直到 500g 砝码加完。将实验结果填入表 9.2。计算系统灵敏度 S 和非线性误差 δ。

表 9.2　半桥电桥输出电压与加负载质量值

质量（g）										
电压（mV）										

系统灵敏度 S 为：

非线性误差 δ 为：

（4）将传感器四片应变片接成全桥电路。重复上面步骤，将实验结果填入表 9.3；计算系统灵敏度 S 和非线性误差 δ。

表 9.3　全桥电桥输出电压与加负载质量值

质量（g）										
电压（mV）										

系统灵敏度 S 为：

非线性误差 δ 为：

2．电子秤的制作

（1）设计任务。设计并制作一个电子秤。量程为 0～2kg；传感器采用悬臂梁式的称重传感器 AAL-130（悬臂梁上贴有应变片）；显示电路采用 12 位 A/D 转换电路、共阳极数码管。

（2）设计步骤如下。

① 按照要求查阅相关电路和元器件功能的资料，完成称重传感器放大电路、A/D 转换及显示电路的设计，画出方框图、原理图和安装图。

进行放大电路的设计时应注意以下几点：由于传感器的测量范围是 0～2kg，灵敏度为 1mV/V，其输出信号只有 0～10mV；而 A/D 转换器的输入应为 0～2kg，当量为 1mV/g，因此要求放大器的放大倍数约为 200 倍，一般采用两级放大器。

在电源选择上应注意传感器要求的激励电源是±10 V 电压。对于给定的传感器，其输入电阻为 400Ω，输出电阻为 350Ω。采用恒流源比采用恒压源可以减小非线性误差，因此本实训中要求恒流源供电，即采用电流为 25mA 左右的恒流源。

在电路设计过程中，应考虑电路抗干扰环节、稳定性，选择低失调电压、低漂移、高稳定性、经济性的芯片。

此外，电路中还应有调零和调增益的环节，才能保证电子秤没有称重时显示零读数，称重时读数正确反映被称质量。

② 在实验板上调试电路（可用实验室电源）。

③ 先对电路进行调零、定标，然后对电路进行稳定性、漂移（零漂、温漂）、重复性和非线性等参数的测试和分析。

调试电路时，将±10V 电压接到传感器的输入端，测量传感器的输出。在空载时，传感器的输出应为零，但由于有一个秤盘，输出不为零，记下初始数据，然后在秤盘上放砝码，测量传感器输出的变化。正确的变化应为测量 0～2kg，输出电压变化为 0～10mV。

调零：当传感器上不放砝码时，放大电路的输出应为零。若不为零，调整放大器的调零环节，使其输出为零。

定标：当在秤盘上放上 2kg 的砝码时，放大器的输出应为 2V。小于 2V 或大于 2V 时应调节放大器的增益。

④ 制作整机。

⑤ 写出实训报告。

（3）实训注意事项如下。

① 为避免损坏传感器，定标时，要先把放大器的放大倍数调小，定标过程中，根据实际需要再往大方向逐步调整，直到满足要求为止。

② 使用过程中对砝码要轻拿轻放。

③ 在电路调试、定标等过程中，应使用电压表、电流表监测传感器的供电电源（用数字万用表电压挡测量输出电压，用模拟表电流挡测量电流）。必须保证供给传感器的电压、电流是恒定值，才能保证传感器的输出信号与被测量呈线性关系。

④ 接线或插拔元器件、芯片时，要先断电再操作，切忌带电操作。

思考题：

（1）单臂电桥时，作为桥臂电阻应变片应选用______。

A．正（受拉）应变片　　B．负（受压）应变片　　C．正、负应变片均可以

（2）电桥测量时，两片不同受力状态的电阻应变片接入电桥时，应放在______。

A．对边　　B．邻边

（3）桥路（差动电桥）测量时存在非线性误差，是因为______。

A．电桥测量原理上存在非线性

B．应变片应变效应是非线性的

C．调零值不是真正为零

（4）电桥测量中，当两组对边（R_1、R_3为对边）的值 R 相同时，即 $R_1=R_3$，$R_2=R_4$，而 $R_1 \neq R_2$ 时，________组成全桥。

A．可以　　B．不可以

（5）实训中的电子秤与超市的电子秤有什么区别？试画出超市的电子秤的工作原理框图。

项目 4　温度传感器及应用方法

通过该项目，学生应掌握的基本技能如下。

（1）能在实验板上搭建简单的温度传感器应用电路。

（2）学会实用测控系统的设计与实现。

（3）其拓展能力是具备能运用所学知识分析问题的能力。

学习该项目之前，学生必备知识如下。

（1）继电器的使用方法。

（2）常用电子元器件的功能。

（3）热敏传感器的工作原理和特性。

项目所需设备与器件如下。

（1）热电偶、热敏电阻各一个。

（2）自动温控仪一台（福建机械研究院制造的 TDW 温控仪）。

（3）220V 交流电源；电压表；运算放大器和发光二极管各一个；电阻若干。

（4）电炉一台。

项目内容如下。

（1）验证性实验：热电偶测温实验。

（2）操作性训练：利用热电阻制作电冰箱温度超标指示电路。

（3）设计性实践：基于热电偶的温控电路制作。

1．热电偶测温实验

实验目的如下。

（1）了解热电偶的工作原理、结构特点。

（2）学会使用热电偶进行温度检测。

（3）掌握构成传感器应用电路的方法。

（4）培养学生的动手能力。

实验原理如下。

当热电偶的冷端和热端温度不同时，会在两端产生热电动势，而产生的热电动势随着两端温差的增加而增加。热电动势由接触电动势和温差电动势两部分组成。通过对热电动势的测量即可知热电偶两端的温差大小。(实验时可采用铜-康铜材料的热电偶)。

实验步骤如下。

（1）拆开热电偶，观察其结构，找出热端与冷端。

（2）检测电源的极性后，接入温控仪背面接线排标有“中”“相”的接线柱上。在接入时不要带电操作，正负极分开。注意：仪表背面接线排的“中”“相”为仪表供电的交流 220V 输入。

（3）把温度仪调零。将热电偶正、负极分别接入温度仪的 1 脚和 2 脚。

（4）记录室温，用电压表测量室温下热电偶两端的电压值，并填入表 9.4。

（5）打开加热器（电炉）对热电偶的敏感端加热，观察仪表输出电压的变化，并把相应的温度和电压值填入表 9.4。

表 9.4　热电偶温度-电压表

T（℃）						
V_0（V）						

（6）根据实验数据，画出热电偶的温度-电压曲线，并分析实验结果。

2．利用热电阻制作电冰箱温度超标指示电路

实训目的如下。

（1）了解热电阻的工作原理、结构特点。

（2）学会使用热电阻进行温度控制系统设计。

实训原理如下。

电冰箱温度超标指示电路如图 9.10 所示。电路由热敏电阻 R_T 和作为比较器用的运算放大器 IC 等元件组成。运算放大器 IC 反相输入端加有 R_1 和热敏电阻 R_T 的分压电压。该电压随电冰箱冷藏室温度的变化而变化。在运算放大器 IC 同相输入端加有基准电压，此基准电压数值对应电冰箱冷藏室最高温度的预定值，可通过调节电位器 R_P 来设定电冰箱冷藏室最高温度的预定值。当电冰箱冷藏室的温度上升，负温度系数热敏电阻 R_T 的阻值变小，加于运算放大器 IC 反相输入端的分压随之减小。当分压电压减小至设定的基准电压时，运算放大器 IC 输出端呈现高电平，使 VD 指示灯点亮报警，表示电冰箱冷藏室温度已超过 5℃。

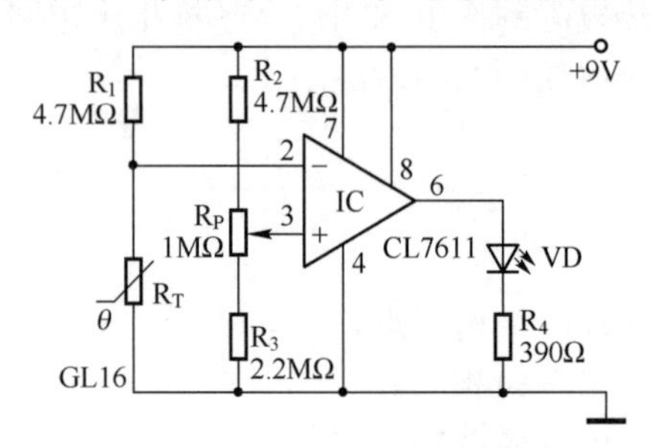

图 9.10　电冰箱温度超标指示电路

实训步骤如下。

（1）准备电路板和元器件，认识元器件。

（2）在实验板上装配和调试电路。

（3）测量电路各点电压。

（4）记录实验过程和结果。

（5）调节电位器 R_P，观察和记录不同 R_P 值时的报警温度，进行电路参数和实验结果分析。

3．基于热电偶的温控电路制作

实训目的如下。

（1）掌握构成传感器应用电路的方法。

（2）培养学生的动手能力。

实训步骤如下。

（1）根据自动温控仪说明书，了解温控仪表的使用方法。

（2）自己设计连接电路，使电路具备以下功能。

接通电源，温控仪表绿灯亮，电炉通电，热电偶测量炉温。炉温升高，温控仪表显示的温度值也随之改变。在温控仪表中设置控制温度。当炉温达到设定的温度时，仪表红灯亮，绿灯暗，同时切断电炉的电源，并且启动电风扇。随着风扇的转动，环境温度下降。当热电偶测得的温度下降到预先设定的温度时，仪表再一次绿灯亮，红灯暗，同时风扇停转，电炉通电，炉子升温。就这样周而复始，实现自动温控的目的。

（3）画出连接电路图。

（4）连接电路并调试，使其达到所要求的功能。

实训注意事项如下。

（1）本项目中，继电器的动合触点与动断触点分别控制电风扇和电炉的通电。温控仪、电风扇和电炉的地线应连在一起。

（2）接线时要注意感温元件引线（有电源或继电器的连线）尽量不要捆扎或绞在一起，也不能放在同一金属管内，以防产生电磁干扰。热电偶与仪表的连线应采用对应热电偶的补偿导线，其极性不得接反。

（3）电炉的加热功率应能与所需温度值匹配。进入控制后，若绿灯亮的时间长，说明加热功率不够；若红灯亮的时间长，则说明加热功率太大，红、绿灯亮的时间一致，说明功率匹配，调节效果好。

（4）初始加热时，由于电炉的热惯性，尽管炉丝已断电，但炉内温度还会上升，故每次开机前最好把设定值定在所需温度值的 80%左右。待几次开关动作后再把设定值定在所需值，可避免开机的温升过高现象。

（5）当设定钮松动时，应将设定轴反时针旋足，把设定钮白线对准面板上的小黑点紧固即可。

（6）如果通电后仪表指针马上打到满度，那么应检查感温元件是否断路。

4．TDW 温控仪使用说明

TDW 温控仪的外部结构如图 9.11 所示。面板上有设定钮、指示电表、调零器、指示灯、安装孔等。设定钮用于设定所需的温度值，指示电表用来显示实际的温度值，调零器在仪表未通电时把指针调至机械零点，指示灯（绿）亮表示升温，指示灯（红）亮表示温度已到设定值。

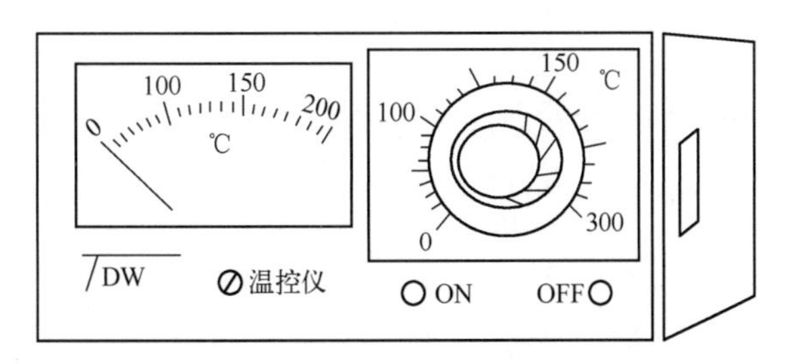

图 9.11　TDW 温控仪的外部结构

该温控仪工作原理框图如图 9.12 所示。热电偶（或热电阻）的信号经桥路处理进行放大后，一路使电能表偏转而直接显示被测温度值，另一路与设定值比较后控制开关电路，通过继电器输出，同时控制红、绿灯的工作状态来指示输出状态。其主要性能指标如下。

（1）设定误差：小于全量程的±1%、±1.5%两挡。

（2）设定范围：0～100%。

（3）显示范围：全量程。

（4）二位调节切换差：≤0.5%。

（5）指示基本误差：不超过全量程的±2.5%。

（6）继电器触点容量：交流 220V，3A（阻性）或 1A（感性）。

（7）外形尺寸：160mm×80mm×150mm。

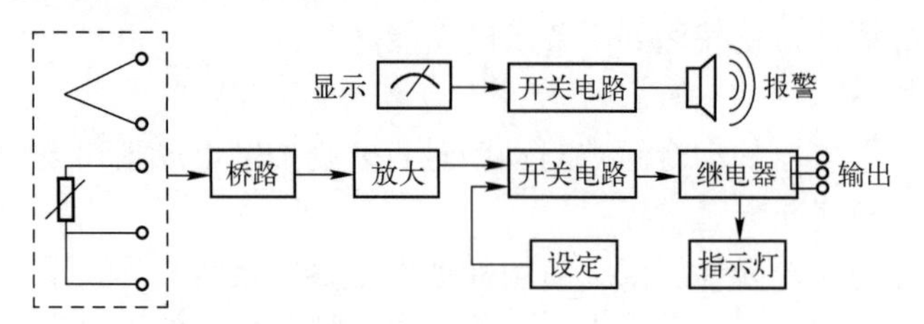

图 9.12　TDW 温控仪工作原理框图

当电加热时，TDW 温控仪的接线图如图 9.13 所示。当仪表绿灯亮时，输出“总-低”线接通，“高-总”线断。仪表红灯亮时输出“高-总”线接通，“总-低”线断。

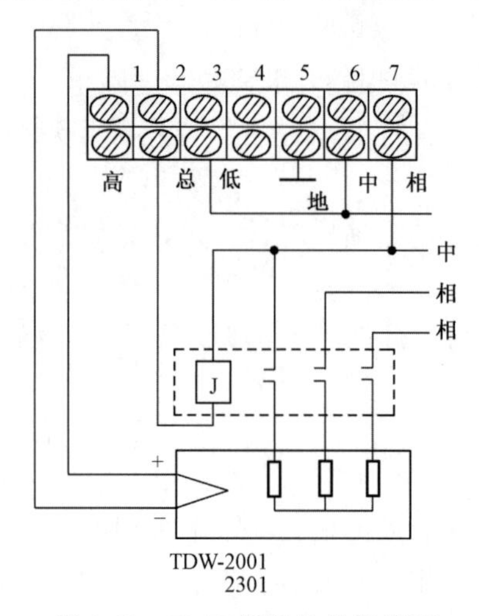

图 9.13　TDW 温控仪的接线图

思考题：

（1）试思考图 9.10 所示的电冰箱温度超标指示电路还有其他用途吗？

（2）试分析比较热电阻和热电偶的工作原理及应用。

附录A

标准化热电偶分度表

表 A.1　铂铑$_{10}$-铂热电偶分度表

分度号：LB-3，S　　　　　　　　　　　　　　　　（参比端温度为 0℃）

工作端温度（℃）	热电动势（mV）		工作端温度（℃）	热电动势（mV）	
	LB-3	S		LB-3	S
0	0.000	0.000	300	2.315	2.323
10	0.056	0.055	310	2.407	2.414
20	0.113	0.113	320	2.498	2.506
30	0.173	0.173	330	2.591	2.599
40	0.235	0.235	340	2.684	2.692
50	0.299	0.299	350	2.777	2.786
60	0.364	0.365	360	2.871	2.880
70	0.431	0.432	370	2.963	2.974
80	0.500	0.502	380	3.060	3.069
90	0.571	0.573	390	3.155	3.164
100	0.643	0.645	400	3.250	3.260
110	0.717	0.719	410	3.346	3.356
120	0.792	0.795	420	3.441	3.452
130	0.869	0.872	430	3.538	3.549
140	0.946	0.950	440	3.634	3.645
150	1.025	1.029	450	3.731	3.743
160	1.106	1.109	460	3.828	3.840
170	1.187	1.190	470	3.925	3.938
180	1.269	1.273	480	4.023	4.036
190	1.352	1.356	490	4.121	4.135
200	1.436	1.440	500	4.220	4.234
210	1.521	1.525	510	4.318	4.333
220	1.607	1.611	520	4.418	4.432
230	1.693	1.698	530	4.517	4.532
240	1.780	1.785	540	4.617	4.632
250	1.867	1.873	550	4.717	4.732
260	1.955	1.962	560	4.817	4.832
270	2.044	2.051	570	4.918	4.933
280	2.134	2.141	580	5.019	5.034
290	2.224	2.232	590	5.121	5.136
600	5.222	5.237	990	9.441	9.470
610	5.324	5.339	1000	9.556	9.585

续表

工作端温度（℃）	热电动势（mV）		工作端温度（℃）	热电动势（mV）	
	LB-3	S		LB-3	S
620	5.427	5.442	1010	9.671	9.700
630	5.530	5.544	1020	9.787	9.816
640	5.633	5.648	1030	9.902	9.932
650	5.735	5.751	1040	10.019	10.048
660	5.839	5.855	1050	10.136	10.165
670	5.943	5.960	1060	10.252	10.282
680	6.046	6.064	1070	10.370	10.400
690	6.151	6.169	1080	10.488	10.517
700	6.256	6.274	1090	10.605	10.635
710	6.361	6.380	1100	10.723	10.754
720	6.466	6.486	1110	10.842	10.872
730	6.572	6.592	1120	10.961	10.991
740	6.677	6.699	1130	11.080	11.110
750	6.784	6.805	1140	11.198	11.229
760	6.891	6.913	1150	11.317	11.348
770	6.999	7.020	1160	11.437	11.467
780	7.105	7.128	1170	11.556	11.587
790	7.213	7.236	1180	11.676	11.707
800	7.322	7.345	1190	11.795	11.827
810	7.430	7.454	1200	11.915	11.947
820	7.539	7.563	1210	12.035	12.067
830	7.648	7.672	1220	12.155	12.188
840	7.757	7.782	1230	12.275	12.308
850	7.867	7.892	1240	12.395	12.429
860	7.978	8.003	1250	12.515	12.550
870	8.088	8.114	1260	12.636	12.671
880	8.199	8.225	1270	12.756	12.792
890	8.310	8.336	1280	12.875	12.913
900	8.421	8.448	1290	12.996	13.034
910	8.534	8.560	1300	13.116	13.155
920	8.646	8.673	1310	13.236	13.276
930	8.758	8.786	1320	13.356	13.397
940	8.871	8.899	1330	13.475	13.519
950	8.985	9.012	1340	13.595	13.640
960	9.098	9.126	1350	13.715	13.761
970	9.212	9.240	1360	13.835	13.883
980	9.326	9.355	1370	13.955	14.004
1380	14.074	14.125	1500	15.504	15.576
1390	14.193	14.247	1510	15.623	15.697

续表

工作端温度（℃）	热电动势（mV）		工作端温度（℃）	热电动势（mV）	
	LB-3	S		LB-3	S
1400	14.313	14.368	1520	15.742	15.817
1410	14.433	14.489	1530	15.860	15.937
1420	14.552	14.610	1540	15.979	16.057
1430	14.671	14.731	1550	16.097	16.176
1440	14.790	14.852	1560	16.216	16.296
1450	14.910	14.973	1570	16.334	16.415
1460	15.029	15.094	1580	16.451	16.534
1470	15.148	15.215	1590	16.569	16.653
1480	15.266	15.336	1600	16.688	16.771
1490	15.385	15.456			

表 A.2　铂铑$_{30}$–铂铑$_{6}$热电偶分度表

分度号：LL-2，B　（参比端温度为 0℃）

工作端温度（℃）	热电动势（mV）		工作端温度（℃）	热电动势（mV）		工作端温度（℃）	热电动势（mV）	
	LL-2	B		LL-2	B		LL-2	B
0	0.000	0.000	220	0.220	0.220	440	0.957	0.957
10	−0.001	−0.002	230	0.243	0.243	450	1.002	1.002
20	−0.002	−0.003	240	0.267	0.266	460	1.048	1.048
30	−0.002	−0.002	250	0.291	0.291	470	1.096	1.095
40	0.000	0.000	260	0.317	0.317	480	1.143	1.143
50	0.003	0.002	270	0.344	0.344	490	1.192	1.192
60	0.007	0.006	280	0.372	0.372	500	1.242	1.241
70	0.012	0.011	290	0.401	0.401	510	1.293	1.292
80	0.018	0.017	300	0.431	0.431	520	1.345	1.344
90	0.025	0.025	310	0.462	0.462	530	1.397	1.397
100	0.034	0.033	320	0.494	0.494	540	1.451	1.450
110	0.043	0.043	330	0.527	0.527	550	1.505	1.505
120	0.054	.0053	340	0.561	0.561	560	1.560	1.560
130	0.065	0.065	350	0.596	0.596	570	1.617	1.617
140	0.078	0.078	360	0.632	0.632	580	1.674	1.674
150	0.092	0.092	370	0.670	0.669	590	1.732	1.732
160	0.107	0.107	380	0.708	0.707	600	1.791	1.791
170	0.123	0.123	390	0.747	0.746	610	1.851	1.851
180	0.141	0.140	400	0.787	0.786	620	1.912	1.912
190	0.159	0.159	410	0.828	0.827	630	1.973	1.974
200	0.178	0.178	420	0.870	0.870	640	2.036	2.036
210	0.199	0.199	430	0.913	0.913	650	2.099	2.100
660	2.164	2.164	1050	5.297	5.297	1440	9.420	9.405

续表

工作端温度（℃）	热电动势（mV）		工作端温度（℃）	热电动势（mV）		工作端温度（℃）	热电动势（mV）	
	LL-2	B		LL-2	B		LL-2	B
670	2.229	2.230	1060	5.393	5.391	1450	9.534	9.519
680	2.295	2.296	1070	5.488	5.487	1460	9.619	9.634
690	2.362	2.363	1080	5.585	5.583	1470	9.753	9.748
700	2.429	2.430	1090	5.683	5.680	1480	9.878	9.863
710	2.498	2.499	1100	5.780	5.777	1490	9.993	9.979
720	2.5667	2.569	1110	5.879	5.875	1500	10.108	10.094
730	2.638	2.639	1120	5.978	5.973	1510	10.224	10.210
740	2.709	2.710	1130	6.078	6.073	1520	10.339	10.325
750	2.781	2.782	1140	6.178	6.172	1530	10.455	10.441
760	2.853	2.855	1150	6.279	6.273	1540	10.571	10.558
770	2.927	2.928	1160	6.380	6.374	1550	10.687	10.674
780	3.001	3.003	1170	6.482	6.475	1560	10.803	10.790
790	3.076	3.078	1180	6.585	6.577	1570	10.919	10.907
800	3.152	3.154	1190	6.688	6.680	1580	11.035	11.024
810	3.229	3.231	1200	6.792	6.783	1590	11.451	11.441
820	3.307	3.308	1210	6.896	6.887	1600	11.268	11.257
830	3.385	3.387	1220	7.001	6.991	1610	11.384	11.374
840	3.464	3.466	1230	7.106	7.096	1620	11.501	11.491
850	3.544	3.546	1240	7.212	7.202	1630	11.617	11.608
860	3.624	3.626	1250	7.319	7.308	1640	11.734	11.725
870	3.706	3.708	1260	7.426	7.414	1650	11.850	11.842
880	3.788	3.790	1270	7.533	7.521	1660	11.966	11.959
890	3.871	3.873	1280	7.641	7.628	1670	12.083	12.076
900	3.955	3.957	1290	7.749	7.736	1680	12.199	12.193
910	4.039	4.041	1300	7.858	7.854	1690	12.315	12.310
920	4.124	4.126	1310	7.967	7.953	1700	12.431	12.426
930	4.211	4.212	1320	8.076	8.063	1710	12.547	12.543
940	4.297	4.298	1330	8.186	8.172	1720	12.663	12.659
950	4.385	4.386	1340	8.297	8.283	1730	12.778	12.776
960	4.473	4.474	1350	8.408	8.393	1740	12.894	12.892
970	4.562	4.562	1360	4.519	8.504	1750	13.009	13.008
980	4.651	4.652	1370	8.630	8.616	1760	13.124	13.124
990	4.741	4.742	1380	8.742	8.727	1770	13.239	13.239
1000	4.832	4.833	1390	8.854	8.839	1780	13.354	13.354
1010	4.924	4.924	1400	8.967	8.952	1790	13.468	13.470
1020	5.016	5.016	1410	9.089	9.065	1800	13.582	13.585
1030	5.109	5.109	1420	9.193	9.178			
1040	5.202	5.202	1430	9.307	9.291			

表 A.3　镍铬-镍硅（镍铝）热电偶分度表

分度号：EU-2，K　　（参比端温度为 0℃）

工作端温度（℃）	热电动势（mV）		工作端温度（℃）	热电动势（mV）	
	EU-2	K		EU-2	K
-50	-1.86	-1.889	310	12.62	12.623
-40	-1.50	-1.527	320	13.04	13.039
-30	-1.14	-1.156	330	13.45	13.456
-20	-0.77	-0.777	340	13.87	13.874
-10	-0.39	-0.392	350	14.30	14.292
-0	-0.00	0.000	360	14.72	14.712
+0	0.00	0.000	370	15.14	15.132
10	0.40	0.397	380	15.56	15.552
20	0.80	0.798	390	15.99	15.974
30	1.20	1.203	400	16.40	16.395
40	1.61	1.611	410	16.83	16.818
50	2.02	2.022	420	17.25	17.241
60	2.43	2.436	430	17.67	17.664
70	2.85	2.850	440	18.09	18.088
80	3.26	3.266	450	18.51	18.513
90	3.68	3.681	460	18.94	18.938
100	4.10	4.095	470	19.37	19.363
110	4.51	4.508	480	19.79	19.788
120	4.92	4.919	490	20.22	20.214
130	5.33	5.327	500	20.65	20.640
140	5.73	5.733	510	21.08	21.066
150	6.13	6.137	520	21.50	21.493
160	6.53	6.539	530	21.93	21.919
170	6.93	6.939	540	22.35	22.346
180	7.33	7.338	550	22.78	22.772
190	7.73	7.737	560	23.21	23.198
200	8.13	8.137	570	23.63	23.624
210	8.53	8.537	580	24.05	24.050
220	8.93	8.938	590	24.48	24.476
230	9.34	9.341	600	24.90	24.902
240	9.74	9.745	610	25.32	25.327
250	10.15	10.151	620	25.75	25.751
260	10.56	10.560	630	26.18	26.176
270	10.97	10.969	640	26.00	26.599
280	11.38	11.381	650	27.03	27.022
290	11.80	11.793	660	27.45	27.445
300	12.21	12.207	670	27.87	27.867
680	28.29	38.288	1030	42.43	42.432

续表

工作端温度（℃）	热电动势（mV）		工作端温度（℃）	热电动势（mV）	
	EU-2	K		EU-2	K
690	28.71	28.709	1040	42.83	42.817
700	29.13	29.128	1050	43.21	43.202
710	29.55	29.547	1060	43.59	43.585
720	29.97	29.965	1070	43.97	43.968
730	30.39	30.388	1080	44.34	44.349
740	30.81	30.799	1090	44.72	44.729
750	31.22	31.214	1100	45.10	45.108
760	31.64	31.629	1110	45.48	45.486
770	32.06	32.042	1120	45.85	45.863
780	32.46	32.455	1130	46.23	46.238
790	32.87	32.866	1140	46.60	46.612
800	33.29	33.277	1150	46.97	46.985
810	33.69	33.686	1160	47.34	47.356
820	34.10	34.095	1170	47.71	47.726
830	34.51	34.502	1180	48.08	48.095
840	34.91	34.909	1190	48.44	48.462
850	35.32	35.314	1200	48.81	48.828
860	35.72	35.718	1210	49.17	49.192
870	36.13	36.121	1220	49.53	49.555
880	36.53	36.524	1230	49.89	49.916
890	36.93	36.925	1240	50.25	50.276
900	37.33	37.325	1250	50.61	50.633
910	37.73	37.724	1260	50.96	50.990
920	38.13	38.122	1270	51.32	51.344
930	38.53	38.519	1280	51.67	51.697
940	38.93	38.915	1290	52.02	52.049
950	39.32	39.310	1300	52.37	52.398
960	39.72	39.703	1310		52.747
970	40.10	40.096	1320		53.093
980	40.49	40.488	1330		53.439
990	40.88	40.897	1340		53.782
1000	41.27	41.264	1350		54.125
1010	41.66	41.657	1360		54.466
1020	42.04	42.045	1370		54.807

表 A.4 镍铬-考铜热电偶分度表

分度号：EA-2　　　　（参比端温度为 0℃）

工作端温度（℃）	热电动势（mV）	工作端温度（℃）	热电动势（mV）	工作端温度（℃）	热电动势（mV）
−50	−3.11	230	17.12	520	41.90
−40	−2.50	240	17.95	530	42.78
−30	−1.89	250	18.76	540	43.67
−20	−1.27	260	19.59	550	44.55
−10	−0.64	270	20.42	560	45.44
−0	−0.00	280	21.24	570	46.33
+0	0.00	290	22.07	580	47.22
10	0.65	300	22.90	590	48.11
20	1.31	310	23.74	600	49.01
30	1.98	320	24.59	610	49.89
40	2.66	330	25.44	620	50.76
50	3.35	340	26.30	630	51.64
60	4.05	350	27.15	640	52.51
70	4.76	360	28.01	650	53.39
80	5.48	370	28.88	660	54.26
90	6.21	380	29.75	670	55.12
100	6.95	390	30.61	680	56.00
110	7.69	400	31.48	690	56.87
120	8.43	410	32.34	700	57.74
130	9.18	420	33.21	710	58.57
140	9.93	430	34.07	720	59.47
150	10.69	440	34.94	730	60.33
160	11.46	450	35.81	740	61.20
170	12.24	460	36.67	750	62.06
180	13.03	470	37.54	760	62.92
190	13.84	480	38.41	770	63.78
200	14.66	490	39.28	780	64.64
210	15.48	500	40.15	790	65.50
220	16.30	510	41.02	800	66.36

表 A.5　铜-康铜热电偶分度表

分度号：CK 或 T　　　　（参比端温度为 0℃）

工作端温度（℃）	热电动势（mV）	工作端温度（℃）	热电动势（mV）	工作端温度（℃）	热电动势（mV）
-270	-6.258	-230	-6.007	-190	-5.439
-260	-6.232	-220	-5.889	-180	-5.261
-250	-6.181	-210	-5.753	-170	-5.069
-240	-6.105	-200	-5.069	-160	-4.865
-150	-4.648	30	1.196	220	10.360
-140	-4.419	40	1.611	230	10.905
-130	-4.177	50	2.035	240	11.456
-120	-3.923	60	2.468	250	12.011
-110	-3.656	70	2.908	260	12.572
-100	-3.378	80	3.357	270	13.137
-90	-3.089	90	3.813	280	13.707
-80	-2.788	100	4.277	290	14.281
-70	-2.475	110	4.749	300	14.860
-60	-2.152	120	5.227	310	15.442
-50	-1.819	130	5.712	320	16.030
-40	-1.475	140	6.024	330	16.621
-30	-1.121	150	6.702	340	17.217
-20	-0.757	160	7.207	350	17.816
-10	-0.383	170	7.718	360	18.420
-0	-0.000	180	8.235	370	19.027
0	0.000	190	8.758	380	19.638
10	0.391	200	9.286	390	20.252
20	0.780	210	9.820	400	20.869